JN234402

機械系 教科書シリーズ 4

機械設計法

博士(学術) 三田 純義
博士(工学) 朝比奈奎一
博士(学術) 黒田 孝春
工学博士 山口 健二

共著

コロナ社

機械系 教科書シリーズ編集委員会

編集委員長	木本　恭司	（元大阪府立工業高等専門学校・工学博士）
幹　　　事	平井　三友	（大阪府立工業高等専門学校・博士(工学)）
編 集 委 員	青木　　繁	（東京都立産業技術高等専門学校・工学博士）
（五十音順）	阪部　俊也	（奈良工業高等専門学校・工学博士）
	丸茂　榮佑	（明石工業高等専門学校・工学博士）

（2007年3月現在）

刊行のことば

　大学・高専の機械系のカリキュラムは，時代の変化に伴い以前とはずいぶん変わってきました。

　一番大きな理由は，機械工学がその裾野を他分野に広げていく中で境界領域に属する学問分野が急速に進展してきたという事情にあります。例えば，電子技術，情報技術，各種センサ類を組み込んだ自動工作機械，ロボットなど，この間のめざましい発展が現在の機械工学の基盤の一つになっています。また，エネルギー・資源の開発とともに，省エネルギーの徹底化が緊急の課題となっています。最近では新たに地球環境保全の問題が大きくクローズアップされ，機械工学もこれを従来にも増して精神的支柱にしなければならない時代になってきました。

　このように学ぶべき内容が増えているにもかかわらず，他方では「ゆとりある教育」が叫ばれ，高専のみならず大学においても卒業までに修得すべき単位数が減ってきているのが現状です。

　私は1968年に高専に赴任し，現在まで三十数年間教育現場に携わってまいりました。当初に比べて最近では機械工学を専攻しようとする学生の目的意識と力がじつにさまざまであることを痛感しております。こうした事情は，大学をはじめとする高等教育機関においても共通するのではないかと思います。

　修得すべき内容が増える一方で単位数の削減と多様化する学生に対応できるように，「機械系教科書シリーズ」を以下の編集方針のもとで発刊することに致しました。

1. 機械工学の現分野を広く網羅し，シリーズの書目を現行のカリキュラムに則った構成にする。
2. 各書目においては基礎的な事項を精選し，図・表などを多用し，わかり

やすい教科書作りを心がける。
3. 執筆者は現場の先生方を中心とし，演習問題には詳しい解答を付け自習も可能なように配慮する。

　現場の先生方を中心とした手作りの教科書として，本シリーズを高専はもとより，大学，短大，専門学校などで機械工学を志す方々に広くご活用いただけることを願っています。

　最後になりましたが，本シリーズの企画段階からご協力いただいた，平井三友 幹事，阪部俊也，丸茂榮佑，青木繁の各委員および執筆を快く引き受けていただいた各執筆者の方々に心から感謝の意を表します。

2000年1月

編集委員長　木本　恭司

まえがき

　機械工学で学習する内容は，材料，工作法，力学，流体，熱，さらに，計測，制御，コンピュータ，電気・電子工学と技術の進歩に伴いますます増えつづけている．さらに，近年では安全性，環境やエネルギー問題など技術に求められる課題も多くなってきている．このようななかで，ものづくりの根幹となる機械設計は，これらの個々の学問を総合化・体系化したうえに成立することになる．

　1台の機械を設計するにも，設計の解はさまざまであり，機械を設計するということは，そのなかから一つの最適解を見つけだし，役に立つ機械を実現するという創造的な営みであり，技術者としてはあこがれの仕事であるが，同時によい設計をするには，豊富な知識と経験の積上げが必要である．

　従来，機械設計教育では，機械設計＝機械要素設計として機械要素に関する教育と，壊れない機械を設計するための材料の強さに関する教育が中心になされてきた．機械設計を初めて学ぶ者にとって大切なことは，機械を分解したときに，それを構成する部品の名称がいえること，つぎにその働きがわかること，そして，機械全体における役割がわかることが大切であるから，機械要素について理解していることは不可欠である．また，適切な材料や寸法を決め，形を工夫して，壊れたり，変形したりしない機械を設計するために，材料の強さと選択に関する知識を身に付けることも重要である．

　しかし，動いている機械をじっくり見ると，歯車やばねや軸などが規則正しく動くことによって，一定の仕事をしていることがわかる．したがって，機械のメカニズムやそれを動かすモータなどのアクチュエータに関することも知っていなければならない．また，機械を構成する部品をどのような方法で，どれくらいの精度で加工したらよいか，できあがった部品やユニットをどのように

組み立てるかなど，作るうえでの配慮も機械設計では重要となる。

　本書では，機械要素に関する内容を厳選し，必要最小限の内容とし，新たに，1章では作ることを考慮した機械設計法を，3章では慣性を考察した動力系の設計の基礎を取り上げた。さらに，10章ではメカニズムの設計の基礎となるカムやリンクの機構を，11章では油空圧駆動の基礎とそれを応用したハンドリングロボットの設計事例を取り上げた。

　章末に演習問題を設けたので，学習したらすぐに問題に取り組み，本文に対する理解を深め，問題解決力を養ってほしい。

　巻末には機械要素のメーカーのカタログとホームページのURLを掲載した。インターネットによって設計に必要なさまざまな情報を収集できる時代なので，ぜひ活用してほしい。また，現在，機械設計技術者に対する資格試験が実施されているので，本書で学習したことを生かしてぜひ挑戦してほしい。

　著者らは日ごろからものづくりが好きで，みずから工作機械を操作し実験設備を製作してきた。また，企業の技術指導やロボットづくりなどを通じ，学生にものづくりの楽しさを啓蒙してきた。また，これらの経験をもとに知恵を出し合ってきたが，本書を執筆するにはなにぶんにも浅学非才の身であり，思わぬ考え違いがあるのではと心配している。読者の皆様のご指摘をいただければ幸いである。

　なお，本書を執筆するにあたって，巻末に掲げた多くの著書，文献，JIS規格，技術資料を参照させていただいた。ここに著者の方々，日本規格協会，各企業に対して深く謝意を表する。また，執筆をお勧めいただいた東京工業高等専門学校　吉村靖夫先生，ならびに本書の編集について貴重なご意見をいただいた本シリーズ編集委員の東京都立工業高等専門学校　青木　繁先生にお礼を申し上げるとともに，原稿の整理や編集にあたられたコロナ社の方々に対して心からお礼を申し上げる。

2000年2月

著者しるす

第17刷発行に際して

　本書は発行から16年が経過し，その間に技術も進展しJISも改訂された。第17刷の発行に際しては，全体にわたってJISを見直し，最新のJISにもとづいて加筆・修正した。また，単位についてもSI単位にもとづいた表記に改めた。ただし，回転する速さについては，実用的には回転数といい，単位にはrpmが使われているが，本書では回転速度とし，単位はmin^{-1}で統一する。JISにおいても回転数は回転速度，単位はrpmからmin^{-1}に変更されている。しかし，改訂されていないJISでは回転数，rpmのままのものもあり，その場合には，JISの表記のあとに「一部変更」と記している。

　2016年7月

　　　　　　　　　　　　　　　　　　　　　　　　　　　　　　著　者

目　　　　次

1.　機械設計の基礎

1.1　機 械 と 設 計 ……………………………………………………… 1
　1.1.1　機械を構成する要素 …………………………………………… 1
　1.1.2　機械製作の手順と機械設計 …………………………………… 3
1.2　製品精度と標準 ……………………………………………………… 5
　1.2.1　サイズと標準数 ………………………………………………… 5
　1.2.2　サ イ ズ 公 差 ……………………………………………………… 7
　1.2.3　は　め　あ　い …………………………………………………… 8
　1.2.4　幾何学的精度と表面粗さ ……………………………………… 12
1.3　加工しやすい設計 …………………………………………………… 18
　1.3.1　加工しやすい材料の選択 ……………………………………… 19
　1.3.2　加工しやすい部品形状 ………………………………………… 19
1.4　製品としての設計 …………………………………………………… 21
　1.4.1　製品設計における標準化 ……………………………………… 21
　1.4.2　組立と分解を考慮した設計 …………………………………… 22
　1.4.3　信頼性を考えた設計 …………………………………………… 23
　1.4.4　環境を考えた設計 ……………………………………………… 24
1.5　CAD による設計 …………………………………………………… 24
　1.5.1　図面作成の効率化 ……………………………………………… 25
　1.5.2　3 次元 CAD の活用 …………………………………………… 27
演 習 問 題 ………………………………………………………………… 28

2.　材料の強さ

2.1　材料に加わる荷重の種類 …………………………………………… 29

2.1.1　荷重の加わり方による分類 ……………………………………… 29
　　2.1.2　荷重を加える速度による分類 …………………………………… 30
　2.2　材料の引張強さと圧縮強さ …………………………………………… 30
　　2.2.1　応　　　　力 ………………………………………………………… 30
　　2.2.2　ひ　ず　み …………………………………………………………… 31
　　2.2.3　応力－ひずみ線図 …………………………………………………… 32
　2.3　材料のせん断強さ ……………………………………………………… 34
　2.4　材料の曲げと強さ ……………………………………………………… 35
　　2.4.1　はりのせん断力と曲げモーメント ……………………………… 35
　　2.4.2　抵抗曲げモーメントと曲げ応力 ………………………………… 38
　　2.4.3　断面二次モーメントと断面係数 ………………………………… 40
　2.5　はりのたわみと曲げこわさ …………………………………………… 42
　2.6　ねじりと強さ …………………………………………………………… 43
　　2.6.1　軸のねじりモーメントとせん断応力 …………………………… 43
　　2.6.2　断面二次極モーメントと極断面係数 …………………………… 44
　　2.6.3　ねじれ角とねじり剛性 …………………………………………… 46
　2.7　材料の破壊と強さ ……………………………………………………… 46
　　2.7.1　疲　　　　労 ………………………………………………………… 47
　　2.7.2　応　力　集　中 ……………………………………………………… 48
　　2.7.3　ク　リ　ー　プ ……………………………………………………… 49
　　2.7.4　許容応力と安全率 ………………………………………………… 49
　演習問題 ………………………………………………………………………… 51

3.　機械の駆動

　3.1　モータの種類 …………………………………………………………… 53
　3.2　モータの性能 …………………………………………………………… 55
　3.3　機械を動かす力とトルク ……………………………………………… 56
　　3.3.1　物体を持ち上げるのに必要な力 ………………………………… 56
　　3.3.2　平面に沿って物体を動かすのに必要な力 ……………………… 57
　　3.3.3　回転体を回転するのに必要なトルク …………………………… 58
　3.4　機械の効率 ……………………………………………………………… 59

3.5　機械を駆動するのに必要なトルク …………………………… 60
演習問題 ……………………………………………………………… 64

4. ね　　　じ

4.1　ねじの使われ方 ………………………………………………… 65
4.2　ねじの基礎 ……………………………………………………… 66
4.3　ねじの種類と規格 ……………………………………………… 68
4.4　ね　じ　部　品 ………………………………………………… 72
4.5　ボルトとナットの使い方 ……………………………………… 74
　4.5.1　めねじの下穴 …………………………………………… 74
　4.5.2　座　　　金 …………………………………………… 74
　4.5.3　ゆるみ止め ……………………………………………… 74
4.6　ね じ の 力 学 …………………………………………………… 75
4.7　ボルトとナットによる結合と締付けトルク ………………… 78
4.8　ね じ の 効 率 …………………………………………………… 79
4.9　ね じ の 強 さ …………………………………………………… 79
　4.9.1　ねじの強度区分 ………………………………………… 79
　4.9.2　引　張　強　さ ………………………………………… 80
　4.9.3　軸方向に力を受けながらねじられるねじの強さ …… 81
　4.9.4　せん断強さ ……………………………………………… 82
　4.9.5　ねじのはめあい長さ …………………………………… 82
4.10　ねじによる送りと駆動用モータのトルク ………………… 85
演習問題 ……………………………………………………………… 87

5. 軸 と 要 素

5.1　軸　の　種　類 ………………………………………………… 89
5.2　軸といろいろな要素 …………………………………………… 90
5.3　動力伝達と軸 …………………………………………………… 90
5.4　軸　の　強　さ ………………………………………………… 91
　5.4.1　軸の動力とトルク ……………………………………… 91

5.4.2　ねじりだけが作用する軸 ……………………………… 91
　　5.4.3　曲げだけが作用する軸 ………………………………… 93
　　5.4.4　ねじりと曲げが同時に作用する軸 …………………… 93
　　5.4.5　軸径が変化する場合 …………………………………… 93
5.5　軸のこわさ ………………………………………………………… 94
5.6　危　険　速　度 …………………………………………………… 94
5.7　軸　継　手 ………………………………………………………… 96
　　5.7.1　固定軸継手 ……………………………………………… 96
　　5.7.2　たわみ軸継手 …………………………………………… 97
　　5.7.3　こま形自在継手 ………………………………………… 98
　　5.7.4　ク　ラ　ッ　チ ………………………………………… 99
5.8　キ　ー　と　ピ　ン ……………………………………………… 103
　　5.8.1　キ　　　　　ー ………………………………………… 103
　　5.8.2　ピ　　　　　ン ………………………………………… 104
　　5.8.3　スプラインとセレーション …………………………… 105
5.9　軸　　　受 ………………………………………………………… 106
　　5.9.1　滑り軸受の設計 ………………………………………… 107
　　5.9.2　転がり軸受の設計 ……………………………………… 111
5.10　潤　滑　と　密　封 ……………………………………………… 118
演習問題 …………………………………………………………………… 120

6. 歯　　　車

6.1　歯　車　の　種　類 ……………………………………………… 122
6.2　歯車の歯形曲線 …………………………………………………… 122
6.3　インボリュート平歯車 …………………………………………… 124
　　6.3.1　インボリュート歯形 …………………………………… 124
　　6.3.2　非　転　位　平　歯　車 ……………………………… 126
　　6.3.3　非転位平歯車の速度伝達比と中心距離 ……………… 129
　　6.3.4　か　み　合　い　率 …………………………………… 130
　　6.3.5　歯の干渉と切下げ ……………………………………… 131
　　6.3.6　転　位　平　歯　車 …………………………………… 132

6.3.7　バックラッシ ………………………………………… *133*
6.4　平歯車の強さ ………………………………………………… *135*
　6.4.1　歯に加わる力 ……………………………………… *136*
　6.4.2　歯の曲げ強さ ……………………………………… *136*
　6.4.3　歯の歯面強さ ……………………………………… *140*
6.5　はすば歯車 …………………………………………………… *142*
6.6　かさ歯車 ……………………………………………………… *144*
6.7　ウォームギヤ ………………………………………………… *144*
6.8　歯車列 ………………………………………………………… *145*
6.9　歯車伝動装置 ………………………………………………… *147*
　6.9.1　減速歯車装置 ……………………………………… *147*
　6.9.2　変速歯車装置 ……………………………………… *147*
　6.9.3　遊星歯車装置 ……………………………………… *148*
　6.9.4　差動歯車装置 ……………………………………… *149*
演習問題 ……………………………………………………………… *150*

7.　ベルトとチェーン

7.1　平ベルト伝動 ………………………………………………… *151*
　7.1.1　平ベルトとプーリ …………………………………… *152*
　7.1.2　ベルトの長さ ………………………………………… *152*
　7.1.3　速度比 ………………………………………………… *153*
7.2　Vベルト伝動 ………………………………………………… *154*
　7.2.1　Vベルトとプーリ …………………………………… *154*
　7.2.2　細幅Vベルト ………………………………………… *156*
　7.2.3　ベルトに作用する力と伝達動力 …………………… *157*
　7.2.4　Vベルト伝動装置の設計 …………………………… *159*
7.3　歯付きベルト伝動 …………………………………………… *163*
7.4　ローラチェーン伝動 ………………………………………… *167*
　7.4.1　ローラチェーン ……………………………………… *167*
　7.4.2　スプロケット ………………………………………… *169*
　7.4.3　伝動装置の設計 ……………………………………… *170*

7.5　サイレントチェーン伝動 ……………………………………………… *172*
演習問題 ……………………………………………………………………… *173*

8. ブ レ ー キ

8.1　ブロックブレーキ ………………………………………………………… *174*
8.2　複ブロックブレーキと内側ブレーキ（ドラムブレーキ）………… *177*
8.3　帯ブレーキ（バンドブレーキ）………………………………………… *179*
8.4　ディスクブレーキ ………………………………………………………… *180*
演習問題 ……………………………………………………………………… *181*

9. ば　　　　ね

9.1　ばねの機能と用途 ………………………………………………………… *182*
9.2　ば ね 材 料 ………………………………………………………………… *183*
9.3　ば ね の 種 類 …………………………………………………………… *184*
9.4　コイルばねの設計 ………………………………………………………… *186*
　9.4.1　ばね材料に作用する応力 ………………………………………… *186*
　9.4.2　たわみとばね定数の計算 ………………………………………… *188*
　9.4.3　有 効 巻 き 数 ……………………………………………………… *189*
9.5　板ばねの設計 ……………………………………………………………… *190*
9.6　トーションバーの設計 …………………………………………………… *191*
演習問題 ……………………………………………………………………… *192*

10.　カムとリンク

10.1　カ　　　　ム …………………………………………………………… *193*
　10.1.1　カ ム の 種 類 …………………………………………………… *194*
　10.1.2　カ ム 線 図 ……………………………………………………… *194*
　10.1.3　カム輪郭曲線の作図 ……………………………………………… *197*
10.2　リ　　ン　　ク ………………………………………………………… *198*
　10.2.1　リ ン ク 機 構 …………………………………………………… *198*
　10.2.2　四節リンク機構 …………………………………………………… *199*

10.2.3　機　構　の　設　計 ……………………………… *202*
　　10.2.4　リンクの応用 ……………………………………… *203*
演習問題 ………………………………………………………… *204*

11.　油 空 圧 機 器

11.1　油空圧機器の構成 ……………………………………… *206*
　　11.1.1　圧　　力　　源 ……………………………………… *207*
　　11.1.2　圧 力 制 御 弁 ……………………………………… *207*
　　11.1.3　流 量 制 御 弁 ……………………………………… *209*
　　11.1.4　方 向 制 御 弁 ……………………………………… *210*
　　11.1.5　アクチュエータ ……………………………………… *211*
　　11.1.6　シリンダの速度と推力 ……………………………… *213*
11.2　配管と管継手 ……………………………………………… *214*
　　11.2.1　配　　　　管 ……………………………………… *214*
　　11.2.2　管　継　　手 ……………………………………… *214*
11.3　ハンドリングロボット …………………………………… *214*
　　11.3.1　設　計　課　題 ……………………………………… *215*
　　11.3.2　設　　　　計 ……………………………………… *216*
演習問題 ………………………………………………………… *221*

付　　　　　録 ………………………………………………… *222*

引用・参考文献 ………………………………………………… *224*

演習問題解答 …………………………………………………… *226*

索　　　引 ……………………………………………………… *240*

1

機械設計の基礎

　機械を設計する際には，設計者の創造性，独自性が求められることはいうまでもないが，併せて設計された機械が製作されるとき，市場に出たときのことも考慮しなければならない。本章では互換性を確保するために不可欠な標準化，ものづくりにあたっての精度や生産性について，さらに最近では環境への配慮が求められていることから，リサイクル設計についてなど，設計の際に考えられるべき基礎的知識について解説する。

1.1 機 械 と 設 計

　設計の対象としての機械の仕組みとそれができるまでのプロセスを理解することで，機械設計の基本的な役割を考える。

1.1.1 機械を構成する要素

　産業用として広く利用されているハンドリングロボットの構造を見てみよう。**図 *1.1*** に示すロボットはスカラ形ロボット（SCARA：selective compliance assembly robot arm）といわれ，組立作業の自動化に使われているロボットである。このロボットでは，関節ごとに駆動用のモータがあり，その回転運動によって腕を回転したり，把握部を上下に動かす。また，モータの回転角を検知するためのセンサ（オプティカルエンコーダ）が取り付けられ，腕の位置を知ることができる。その結果をもとに腕や把握部を制御するためには，コンピュータが使われている。組立作業では部品をつかんだり装着したりなどの動きを高速で行う必要がある。それには急加速・急減速が要求されるので，ロ

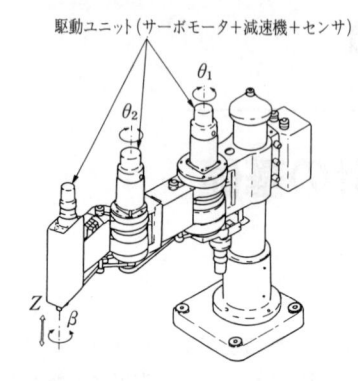

駆動ユニット(サーボモータ+減速機+センサ)

図 1.1 組立工程に多用される
スカラ形ロボット

ボットには高い剛性，モータには高パワーが要求される。

以上のことからロボットは，アームを動かすモータや空気圧シリンダなどの「駆動源」，回転数を変え運動を伝達する歯車などの「動力を伝達する要素」，アームの動きを制御するブレーキやクラッチなどの「動力を制御する要素」，アームの動きを変えるリンクなどの「動きを変換する機構」，ボルトやナットなどの機械要素を固定する「締結要素」，フレームなどの機械要素を「支える部分」，スイッチやロータリーエンコーダなどのセンサ，アームの「動きを制

表 1.1 機械を構成する要素

機能・目的	例
機械を動かす駆動源	モータ，油空圧シリンダ，エンジン
トルク・回転数・動力を伝達する要素	軸，軸受，軸継手，歯車 ベルトとベルト車，チェーンとスプロケット
動きを変換する要素・機構	ねじ，リンク，カム
制動・緩衝・エネルギーを吸収する要素	ブレーキ，クラッチ，ばね，ダンパ
要素やユニットを固定する締結要素	キー，ピン，ボルト，ナット，リベット
回転や直線運動を案内する要素	滑り軸受，転がり軸受 スライドユニット
流体を伝え制御する要素	管，管継手，バルブ
密封する要素	シール
機械要素を支える部分	フレーム，支持
機械を制御する要素	コンピュータ，インタフェース， 制御プログラム，リレー，スイッチ

御」するコンピュータやインタフェース回路，制御プログラムなど電気・電子，情報処理部などから構成されていることがわかる。これらの構成要素やユニットは，ロボット以外のさまざまな機械にも共通的に使われるもので，**機械要素**（machine element）という。**表1.1**は，機械要素を機能や働きで分類したものである。

1.1.2 機械製作の手順と機械設計

機械は**図1.2**に示す手順で製作される。機械の性能すなわち**仕様**（specification）が決められると，それを満足するような機構や構造と作り方を考え，最後に顕在化するための図面化を行うことで機械を設計する。図面をもとに材料をそろえ，部品を加工し，できあがった部品や購入した部品・ユニットを組み立て，機械は完成する。そして，最終製品としての機械の性能が仕様を満たしているかどうか検査し，合格であれば製品として出荷する。

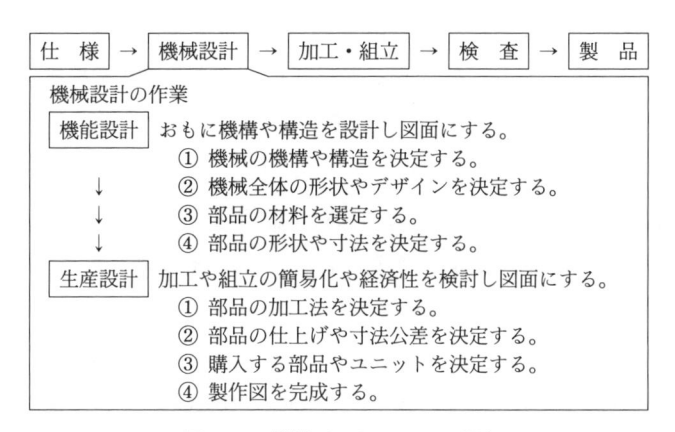

```
仕 様 → 機械設計 → 加工・組立 → 検 査 → 製 品
```

機械設計の作業	
機能設計	おもに機構や構造を設計し図面にする。 ① 機械の機構や構造を決定する。 ② 機械全体の形状やデザインを決定する。 ③ 部品の材料を選定する。 ④ 部品の形状や寸法を決定する。
生産設計	加工や組立の簡易化や経済性を検討し図面にする。 ① 部品の加工法を決定する。 ② 部品の仕上げや寸法公差を決定する。 ③ 購入する部品やユニットを決定する。 ④ 製作図を完成する。

図1.2 機械ができるまでの手順

このなかで**機械設計**（machine design）は，工程の最上流に位置することから，後に続く生産方法を決定してしまうなど，重要な役割をもっている。つまり，設計の善し悪しが全体の生産性に影響を与え，結果としてコストを決定してしまう。設計においては，製品の機能・性能を考えた**機能設計**（functional design）を行うとともに，生産を考慮した**生産設計**（production design）を

実施することも大切な仕事である。

　機械設計の内容をより詳しく述べる。

　〔**1**〕　**機械の仕様を決定し構想を練る**——**概念・構想設計の段階**　機械を作るには，はじめにどのような機能や性能をもった機械が必要とされているのかなどの市場調査をもとに，機械の仕様を決定する。

　すでに使われている原理や機械要素・機械ユニットの使い方や組合せ方を工夫して，仕様を満たす機械の構造や機構を考える。また，これまでに使われていない新しい原理を適用したり，新しい機械要素やユニットを開発して，機械の構造や機構を考える。

　構想した機械の構造や機構をフリーハンドで図面にし，もっとよい構造や機構がないか，実現できないところや作れないところがないかを検討し，構造や機構を変更したりして作る機械の構想を徐々に明確にしていく。

　〔**2**〕　**機械に関する情報を図面に表す**——**基本設計・詳細設計の段階**　機械の構造や機構が決まったら，正確に素早く目的の仕事ができるか，また，機械が壊れたり変形したりしないかなどを検討し，機械の機構や機械の各部の材料，形状，寸法を決める。また，技術資料を集め使う機械要素を選定する。この段階で仕様を満たす機械を実現できない，また，もっとよい構造や機構が出てきた場合には，構想を練り直し，詳細を検討する。

　このようにして機械の機構，形状，寸法，材料，機械要素が決まったら，それらは設計書と図面にまとめられる。この段階の図面（計画図）は実際の寸法で描く。これで実質的に機械設計が完了する。

　〔**3**〕　**機械の作り方を図面に表す**——**生産設計の段階**　計画図をもとに，加工のしやすさ，組立・分解のしやすさを検討し，機械各部の図面（部品図）を描く。さらに，機械のユニットごとに部品を組み合わせた図面（部分組立図）と機械全体を組み立てた図（組立図）を描く。これらの図面には作るための情報が描き込まれていて，まとめて製作図という。

　つまり，設計とは概念設計・構想設計から始まり，基本設計，詳細設計さらには図面作成といった具合に，機械の構造，機構，形状をより具体的な姿にま

とめあげていくプロセスである。

　機械を設計する際には，つぎの事項を絶えず念頭において作業を進めることが望ましい。

1） 正確に素早く目的の仕事ができる機構，構造であること。
2） 機構が簡単で，効率がよく，寿命が長くしかも，運転費が安価にすむこと。
3） 十分な強さと剛性，耐摩耗性，耐環境性があること。
4） 振動や騒音が少ないこと。
5） 大きさと重さが適当であること。
6） 容易に加工でき，組み立てられること。
7） 操作しやすく，安全であること。
8） ものづくりの規格や標準に適合していること。
9） 形や色彩などのデザインがよく，商品価値が高いこと。
10） 制御方式が適切であること。

　これらのことを総合的に満たした機械がよい機械といえる。同じ仕様の機械を設計するのにも最適な解はさまざまである。よい設計をするには設計する設計者の創造力が必要となる。それには，機構，材料，力学などの機械工学の基礎知識ばかりでなく，電気・電子・情報工学，さらには特許や法規などに関する幅広い知識と豊富な経験の積み重ねが大切となる。

1.2 製品精度と標準

1.2.1 サイズと標準数

　身の回りにある工業製品はさまざまな部品で構成されているが，これらの部品に標準化されたものを使えれば，部品の生産性の観点から，また破損時の交換における互換性のうえからも好ましいことである。これらの工業上必要となる標準をまとめたものが工業規格であり，日本では**日本産業規格**である **JIS** (Japanese Industrial Standards)，国際的には国際標準化機構である **ISO**

(Internatinal Organization for Standardization) によって制定された国際規格が使われている。

表 1.2 標 準 数

基本数列の標準数				特別数列の標準数	基本数列の標準数				特別数列の標準数
R 5	R 10	R 20	R 40	R 80	R 5	R 10	R 20	R 40	R 80
1.00	1.00	1.00	1.00	1.00 1.03	4.00	4.00	4.00	4.00	4.00 4.12
			1.06	1.06 1.09				4.25	4.25 4.37
		1.12	1.12	1.12 1.15			4.50	4.50	4.50 4.62
			1.18	1.18 1.22				4.75	4.75 4.87
	1.25	1.25	1.25	1.25 1.28		5.00	5.00	5.00	5.00 5.15
			1.32	1.32 1.36				5.30	5.30 5.45
		1.40	1.40	1.40 1.45			5.60	5.60	5.60 5.80
			1.50	1.50 1.55				6.00	6.00 6.15
1.60	1.60	1.60	1.60	1.60 1.65	6.30	6.30	6.30	6.30	6.30 6.50
			1.70	1.70 1.75				6.70	6.70 6.90
		1.80	1.80	1.80 1.85			7.10	7.10	7.10 7.30
			1.90	1.90 1.95				7.50	7.50 7.75
	2.00	2.00	2.00	2.00 2.06		8.00	8.00	8.00	8.00 8.25
			2.12	2.12 2.18				8.50	8.50 8.75
		2.24	2.24	2.24 2.30			9.00	9.00	9.00 9.25
			2.36	2.36 2.43				9.50	9.50 9.75
2.50	2.50	2.50	2.50	2.50 2.58					
			2.65	2.65 2.72					
		2.80	2.80	2.80 2.90					
			3.00	3.00 3.07					
		3.15	3.15	3.15 3.25					
			3.35	3.35 3.45					
		3.55	3.55	3.55 3.65					
			3.75	3.75 3.87					

(JIS Z 8601-1954)

製品や部品における標準化にはさまざまな分野（カテゴリー）があるが，その中に形状の大きさ（長さや直径）を表すサイズの標準化がある．設計で使う部分や材料のサイズは，一定のとりうる値の範囲を定めておき，設計者はこれらのなかから適当な数値を選択するようにすれば，標準サイズが実現できるので好ましい．この基準となるのが**標準数**（standard number）である．

JIS では標準数を等比級数的配列によって**表 1.2** に示すように定めている．この数値は $\sqrt[5]{10}$，$\sqrt[10]{10}$，$\sqrt[20]{10}$，$\sqrt[40]{10}$ および $\sqrt[80]{10}$ を公比として 1 から 10 までの間を配列したものである．それぞれ R5，R 10，R 20，R 40 および R 80 の記号で表す．例えば 10 個の配列であれば $\sqrt[10]{10} \fallingdotseq 1.25$ が公比となるので，各項の近似値は 1.00，1.25，1.60…8.00，10.00 という値が得られるわけである．

実際に標準数を使う場合には，なるべく**表 1.2** 中の基本数列を使うこととし，適用できないときには R 80 の特別数列を使う．

1.2.2 サイズ公差

部品形状のサイズを図面のなかでいくら細かく表示しても，加工の段階でそのサイズにぴったりの値に仕上げることは至難のわざである．また，なによりもこの実現のためには多くの製作コストがかかってしまう．そこで，機能を損なわないサイズの範囲を加工精度や測定精度を考慮しながら決定しなければならない．このときに範囲を示すための標準値があれば，たいへん便利である．この基準となるのが**サイズ公差**（tolerance）という概念である．

サイズ公差を**図 1.3** に示すような穴と軸の場合で説明をする．サイズは図示サイズと上の許容サイズならびに下の許容サイズで規定される．上の許容サイズとは実際のサイズ（当てはめサイズ）の許される最大サイズを示し，下の許容サイズとは当てはめサイズの許される最小サイズを示しており，両者を合わせて許容限界サイズと呼んでいる．

上の許容サイズと下の許容サイズの差をサイズ公差という．また，許容限界サイズからその図示サイズを引いた値を許容差といい，上の許容サイズとの差を上の許容差，下の許容サイズとの差を下の許容差という．

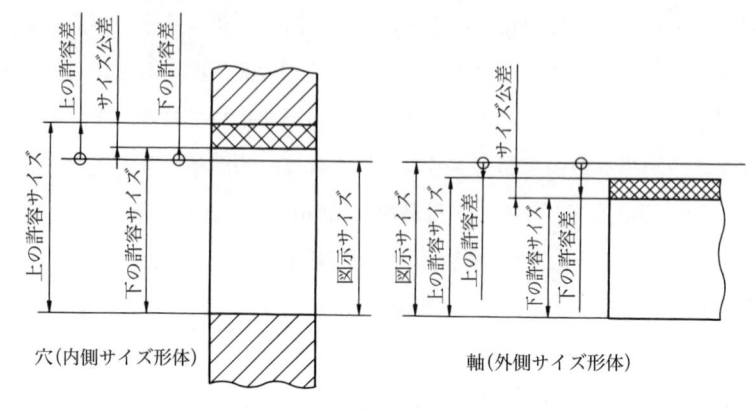

図 1.3 穴と軸の場合のサイズ公差

JIS においては，ISO 方式の**基本サイズ公差**である **IT**（international tolerance）がサイズ公差の大きさを表す方法として定められている。これはサイズ公差の値の小さいものから 01 級，0 級，1 級…18 級といったように公差等級として表示するものである。実際には等級の数字の前に IT を付けて IT01，IT0，IT1…IT18 のように表す。

それぞれの等級ごとのサイズ公差の値は，**表 1.3** に示されるとおりであるが，表からわかるように，同じ等級でも図示サイズの範囲によってサイズ公差の数値は異なる。サイズが大きくなるほどサイズ公差の値はゆるくなる。このことは同じサイズ公差でもサイズが大きくなるほど，これを実現するための加工は容易になるからである。したがって基本サイズ公差の等級は，サイズ公差実現の難しさの度合いを示している。

1.2.3 は め あ い

穴と軸におけるサイズ許容区間（旧 JIS では公差域）の位置は，**図 1.4** に示すように穴はアルファベットの大文字記号で，軸は小文字記号で示す。これにサイズ公差を示す**表 1.3** の基本サイズ公差等級の数字を付加することで，穴と軸のサイズの精度（公差クラス）を表示することができる。具体的にはつぎのように表す。

表1.3 3〜150mmまでの図示サイズに対する基本サイズ公差等級の数値

図示サイズ [mm]		公差等級 基本サイズ公差値																		
		[μm]													[mm]					
超	以下	IT01	IT0	IT1	IT2	IT3	IT4	IT5	IT6	IT7	IT8	IT9	IT10	IT11	IT12	IT13	IT14	IT15	IT16	IT17	IT18
—	3	0.3	0.5	0.8	1.2	2	3	4	6	10	14	25	40	60	0.1	0.14	0.25	0.4	0.6	1	1.4
3	6	0.4	0.6	1	1.5	2.5	4	5	8	12	18	30	48	75	0.12	0.18	0.3	0.48	0.75	1.2	1.8
6	10	0.4	0.6	1	1.5	2.5	4	6	9	15	22	36	58	90	0.15	0.22	0.36	0.58	0.9	1.5	2.2
10	18	0.5	0.8	1.2	2	3	5	8	11	18	27	43	70	110	0.18	0.27	0.43	0.7	1.1	1.8	2.7
18	30	0.6	1	1.5	2.5	4	6	9	13	21	33	52	84	130	0.21	0.33	0.52	0.84	1.3	2.1	3.3
30	50	0.6	1	1.5	2.5	4	7	11	16	25	39	62	100	160	0.25	0.39	0.62	1	1.6	2.5	3.9
50	80	0.8	1.2	2	3	5	8	13	19	30	46	74	120	190	0.3	0.46	0.74	1.2	1.9	3	4.6
80	120	1	1.5	2.5	4	6	10	15	22	35	54	87	140	220	0.35	0.54	0.87	1.4	2.2	3.5	5.4
120	180	1.2	2	3.5	5	8	12	18	25	40	63	100	160	250	0.4	0.63	1	1.6	2.5	4	6.3
180	250	2	3	4.5	7	10	14	20	29	46	72	115	185	290	0.46	0.72	1.15	1.85	2.9	4.6	7.2
250	315	2.5	4	6	8	12	16	23	32	52	81	130	210	320	0.52	0.81	1.3	2.1	3.2	5.2	8.1
315	400	3	5	7	9	13	18	25	36	57	89	140	230	360	0.57	0.89	1.4	2.3	3.6	5.7	8.9
400	500	4	6	8	10	15	20	27	40	63	97	155	250	400	0.63	0.97	1.55	2.5	4	6.3	9.7
500	630			9	11	16	22	32	44	70	110	175	280	440	0.7	1.1	1.75	2.8	4.4	7	11
630	800			10	13	18	25	36	50	80	125	200	320	500	0.8	1.25	2	3.2	5	8	12.5
800	1000			12	15	21	28	40	56	90	140	230	360	560	0.9	1.4	2.3	3.6	5.6	9	14
1000	1250			13	18	24	33	47	66	105	165	260	420	660	1.05	1.65	2.6	4.2	6.6	10.5	16.5
1250	1600			15	21	29	39	55	78	125	195	310	500	780	1.25	1.95	3.1	5	7.8	12.5	19.5
1600	2000			18	25	35	46	65	92	150	230	370	600	920	1.5	2.3	3.7	6	9.2	15	23
2000	2500			22	30	41	55	78	110	175	280	440	700	1100	1.75	2.8	4.4	7	11	17.5	28
2500	3150			26	36	50	68	96	135	210	330	540	860	1350	2.1	3.3	5.4	8.6	13.5	21	33

(JIS B 0401-1 : 2016)

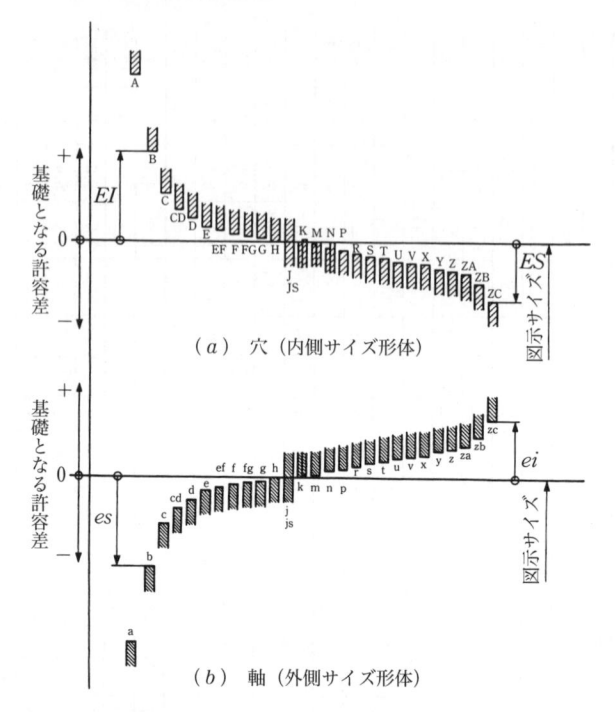

図1.4 図示サイズに関するサイズ許容区間の配置（基礎となる許容差）の概要図（JIS B 0401-1：2016）

軸の場合：φ50g6　これは　φ50 $^{-0.009}_{-0.025}$ とも記載できる。

穴の場合：φ50g8　これは　φ50 $^{+0.039}_{0}$ とも記載できる。

　軸と穴は組み合わされて一つの機能を発揮する場合が多い。このとき軸と穴のサイズの関係が**はめあい**（fit）であり，軸の直径が穴の直径よりも小さいときの，穴と軸とのサイズの差を**すきま**と呼び，軸の直径が穴の直径より大きいときの，はまり合う前の穴と軸とのサイズの差を**しめしろ**という。

　はめあいには穴と軸をはめ合わせたとき，つねにすきまができるはめあいを**すきまばめ**（clearance fit），つねにしめしろができるはめ合いを**しまりばめ**（interference fit）という。また，穴と軸との間にすきま，または，しめしろのいずれかができるはめあいを**中間ばめ**（transition fit）と呼ぶ。

1.2 製品精度と標準

一例として，図 **1.5** に各はめあいの際のすきまとしめしろの関係を示す。ここに，最小すきまとは，すきまばめのときに発生し，穴の下の許容サイズと軸の上の許容サイズとの差であり，最大すきまとは，すきまばめまたは中間ばめで穴の上の許容サイズと軸の下の許容サイズとの差で求めることができる。

最小しめしろとは，しまりばめにおけるはまり合う前の軸の下の許容サイズと穴の上の許容サイズとの差であり，最大しめしろとは，しまりばめまたは中間ばめにおけるはまり合う前の軸の上の許容サイズと穴の下の許容サイズとの差である。

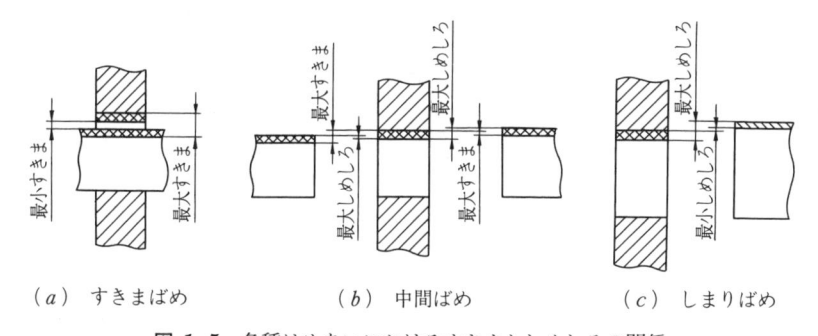

(a) すきまばめ　　(b) 中間ばめ　　(c) しまりばめ

図 1.5 各種はめあいにおけるすきまとしめしろの関係

ISO はめあい方式には，穴基準はめあい方式と軸基準はめあい方式の二つがある。前者は種々のサイズ公差をもった軸と一つの公差クラスの穴を組み合わせることで，必要なすきま，またはしめしろを与えるはめあい方式で，このときの穴の下の許容サイズが図示サイズに等しい H 穴となる。基準として選んだ穴を基準穴と呼ぶ。

軸基準はめあいとは，種々のサイズ公差をもった穴と一つの公差クラスの軸を組み合わせるもので，この規格では軸の上の許容サイズが図示サイズに等しい h 軸となる。基準となる軸を基準軸という。一般的には，穴より軸の加工や計測が容易であるために，穴基準はめあい方式が採用される。

例題 1.1 ISO はめあい方式において，穴および軸について**表 1.4**のデータが示されているとき以下の設問に答えよ。

1. 機械設計の基礎

表 1.4 （単位：μm）

穴の許容差				軸の許容差			
図示サイズの区分〔mm〕		穴の公差クラス		図示サイズの区分〔mm〕		軸の公差クラス	
を超え	以下	G6	H7	を超え	以下	g6	h6
40	50	+25 +9	+25 0	40	50	−9 −25	0 −16
80	100	+34 +12	+35 0	80	100	−12 −34	0 −22

（1） 図面中に「φ50G6」と記述されていたとき，図示サイズ，上の許容サイズ，下の許容サイズ，サイズ公差はいくらになるか。

（2） 図面中に「φ45h6」と記述されていたときは，それぞれの値はいくらになるか。

（3） 穴のサイズ「φ100H7」と軸のサイズ「φ100g6」とのはめあいにおいて，はめあいの種類はなにか，また最小すきま，最大すきまはいくらになるか。

【解答】
（1） 図示サイズ：50mm，上の許容サイズ：50.025mm，下の許容サイズ：50.009mm，サイズ公差：0.016mm
（2） 図示サイズ：45mm，上の許容サイズ：45.000mm，下の許容サイズ：44.984mm，サイズ公差：0.016mm
（3） はめあいの種類：しきまばめ，最小すきま：0.012mm，最大すきま：0.069mm。

1.2.4 幾何学的精度と表面粗さ

部品の精度は，上述したサイズにかかわる精度だけではない。最近の工業製品の部品精度はますます高くなっていることから，形状の正確さや仕上げ面粗さに対しても要求が高まっている。

形状精度は対象部品や製品の形状，姿勢，位置，振れに関する正確さを示し，

許容差は**幾何公差**（geometrical tolerance）で表す。サイズに関する精度指示だけでは設計者の意図を正確に伝えることができないということで，今後，幾何公差は設計・生産においてその重要性が高まる。そのために ISO では **GPS**（geometrical product specifications：製品の**幾何特性仕様**）の国際規格が整備されてきている。ISO 規格に沿って日本の JIS も改定や整備がされてきており，サイズ公差の規格もその延長線上のものである。なお，幾何公差をベースに設計や図面を作成する方法を幾何公差設計法（GD & T：geometric dimensioning & tolerancing）と呼んでいる。

幾何公差の定義と図面に使われる記号を**表 1.5** に示す。表中の**データム**（datum）とは，形状の姿勢偏差，位置偏差，振れなどを決めるために設定した理論的に正確な幾何学的基準であり，それらが点，直線，軸直線，平面および中心平面の場合には，それぞれデータム点，データム直線，データム軸直線，データム平面およびデータム中心平面という。公差域の定義法の詳細は JIS B 0021 に規定されている。

表面性状（surface texture）は，物体の表面を構成する各種の要因を総括したものである。その定義は JIS B 0601 に示されているが，この中で重要なのは**表面粗さ**（surface roughness）である。そこで，表面粗さに関して以下に述べる。まず測定しようとする対称面に，指定した平面で切断したときに表れる輪郭形状を，**実表面の断面曲線**（surface profile）と呼ぶ。さらに，カットオフ値 λ_s の低域フィルタを適用して得られる曲線を**断面曲線**（primary profile）と呼ぶ。断面曲線から波長の長い**うねり**成分を除去した曲線が**粗さ曲線**（roughness profile）（**図 1.6** にその概念を示す）で，表面粗さを定義する基準となるものである。実際には表面を先端の鋭利な針で引っかき，このときの針の上下を電気的に拡大して求めることができる。この方式の粗さ測定機を触針式粗さ計と呼んでいる。

JIS においての表面粗さの表示は粗さ曲線から計算される**粗さパラメータ**（R-parameter）によって示す。その代表的なものを**表 1.6** に示す。

サイズ公差，幾何公差，粗さ公差（許容される表面粗さの大きさを公差と呼ぶこ

1. 機械設計の基礎

表 1.5 幾何公差の種類と記号

公差の種類	特 性	定 義	記 号
形状公差	真直度	真直度とは，直線形体の幾何学的に正しい直線（幾何学的直線）からの狂いの大きさをいう。	－
	平面度	平面度とは，平面形体の幾何学的に正しい平面（幾何学的平面）からの狂いの大きさをいう。	▱
	真円度	真円度とは，円形形体の幾何学的に正しい円（幾何学的円）からの狂いの大きさをいう。	○
	円筒度	円筒度とは，円筒形体の幾何学的に正しい円筒（幾何学的円筒）からの狂いの大きさをいう。	⌭
	線の輪郭度	線の輪郭度とは，理論的に正確な寸法によって定められた幾何学的に正しい輪郭（幾何学的輪郭）からの線の輪郭の狂いの大きさをいう。なお，データムに関連する場合と関連しない場合とがある。	⌒
	面の輪郭度	面の輪郭度とは，理論的に正確な寸法によって定められた幾何学的輪郭からの面の輪郭の狂いの大きさをいう。なお，データムに関連する場合と関連しない場合とがある。	⌓
姿勢公差	平行度	平行度とは，データム直線またはデータム平面に対して平行な幾何学的直線または幾何学的平面からの平行であるべき直線形体または平面形体の狂いの大きさをいう。	∥
	直角度	直角度とは，データム直線またはデータム平面に対して直角な幾何学的直線または幾何学的平面からの直角であるべき直線形体または平面形体の狂いの大きさをいう。	⊥
	傾斜度	傾斜度とは，データム直線またはデータム平面に対して理論的に正確な角度をもつ幾何学的直線または幾何学的平面からの理論的に正確な角度をもつべき直線形体または平面形体の狂いの大きさをいう。	∠
	線の輪郭度	上記参照	⌒
	面の輪郭度	上記参照	⌓
位置公差	位置度	位置度とは，データムまたは他の形体に関連して定められた理論的に正確な位置からの点，直線形体または平面形体の狂いの大きさをいう。	⌖

表 1.5 （続き）

位置公差	同心度（中心点に対して）	同軸度とは，データム軸直線と同一直線上にあるべき軸線のデータム軸直線からの狂いの大きさをいう（平面図形の場合には，データム円の中心に対する他の円形図体の中心の位置の狂いの大きさを同心度という）。	◎
	同軸度（軸線に対して）		
	対称度	対称度とは，データム軸直線またはデータム中心平面に関してたがいに対称であるべき形体の対称位置からの狂いの大きさをいう。	=
	線の輪郭度	上記参照	⌒
	面の輪郭度	上記参照	⌓
振れ公差	円周振れ	円周振れとは，データム軸直線を軸とする回転面をもつべき対象物またはデータム軸直線に対して垂直な円形平面であるべき対象物をデータム軸直線のまわりに回転したとき，その表面が指定した位置または任意の位置で指定した方向に変位する大きさをいう。	↗
	全振れ	全振れとは，データム軸直線を軸とする円筒面をもつべき対象物またはデータム軸直線に対して垂直な円形平面であるべき対象物をデータム軸直線のまわりに回転したとき，その表面が指定した方向に変位する大きさをいう。	⌿

(JIS B 0021-1998)

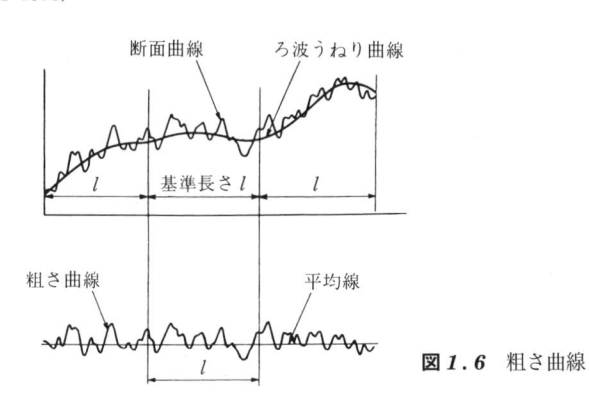

図 1.6 粗さ曲線

ともできる）の関係は，どうなっているのであろうか．経験的に幾何公差はサイズ公差と同じくらいに，粗さはサイズ公差の 1/10 以下にとるのが一般的である．

表1.6 粗さパラメータの事例

算術平均粗さ Ra	(図)	粗さ曲線からその平均線の方向に基準長さだけ抜き取り、この抜取り部分の平均線の方向にX軸を、縦倍率の方向にY軸を取り、粗さ曲線を$y=f(x)$で表したときに、つぎの式によって求められる値をマイクロメートル(μm)で表したものをいう $$Ra = \frac{1}{l}\int_0^l |f(x)|dx$$ ここに、l：基準長さ
最大高さ粗さ Rz	(図) $Rz = Zp + Zv$	粗さ曲線からその平均線の方向に基準長さだけ抜き取り、この抜取り部分の山頂線と谷底線との間隔を粗さ曲線の縦倍率の方向に測定し、この値をマイクロメートル(μm)で表したものをいう
十点平均粗さ RzJIS	(図)	粗さ曲線からその平均線の方向に基準長さだけ抜き取り、この抜取り部分の平均線から縦倍率の方向に測定した、最も高い山頂から5番目までの山頂の標高(Zp)の絶対値の平均値と、最も低い谷底から5番目までの谷底の標高(Zv)の絶対値の平均値との和を求め、この値をマイクロメートル(μm)で表したものをいう

1.2 製品精度と標準

表 1.6（続き）

平均長さ RS_m		粗さ曲線からその平均線の方向に基準長さだけ抜き取り、この抜き取り部分において一つの山およびそれに隣り合う一つの谷に対応する平均線の長さの和（以下、凹凸の間隔という）を求め、この多数の凹凸の間隔の算術平均値をミリメートル(mm)で表したものをいう $$RS_m = \frac{1}{m}\sum_{i=1}^{m} X_{s_i}$$ ここに、X_{s_i}：凹凸の間隔 m：基準長さ内での凹凸の間隔の個数
負荷長さ率 $Rmr(c)$		粗さ曲線からその平均線の方向に評価長さだけ抜き取り、この抜取り部分の粗さ曲線を山頂線に平行な切断レベルで切断したときに得られる切断長さの和（負荷長さ η_p）の評価長さ l に対する比を百分率で表したものをいう $$Rmr(c) = \frac{\eta_p}{l} \times 100$$ ここに、$\eta_p：b_1 + b_2 + \cdots + b_n$ l：評価長さ
負荷曲線（アボットの負荷曲線）		切断レベル c の関数として表された粗さ曲線の負荷長さ率の曲線

(JIS B 0601：2013 を参照にして作成)

例題 1.2 図 1.7 に示す精度の図示法・指示法の意味を説明せよ。

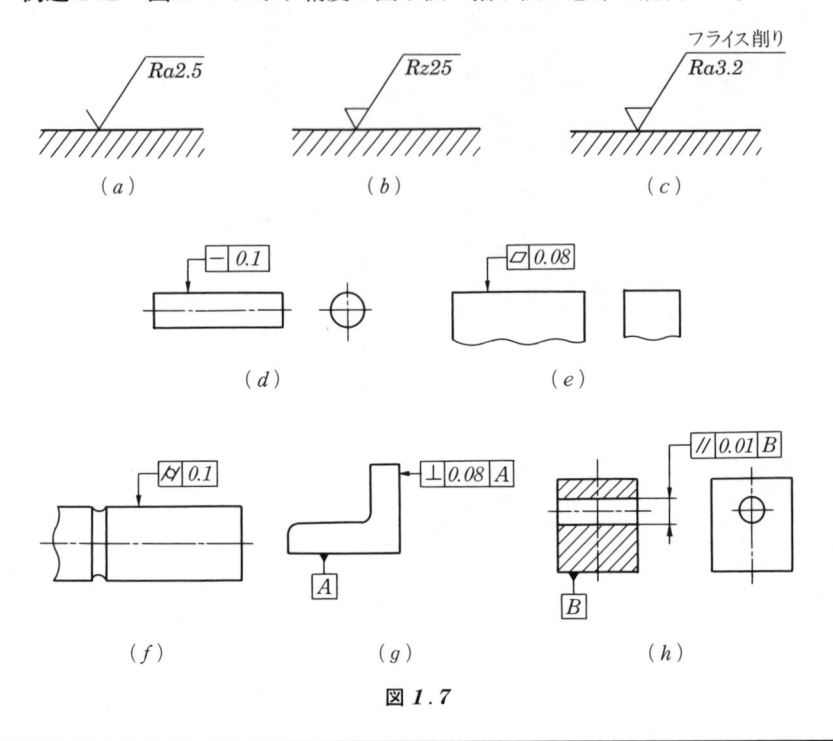

図 1.7

【解答】
(a) 算術平均粗さ Ra の上限の指示値が $2.5\,\mu\text{m}$ である。
(b) 除去加工による面の最大高さ粗さ Rz の上限の指示値が $25\,\mu\text{m}$ である。
(c) フライス加工による面の算術平均粗さ Ra の上限の指示値が $3.2\,\mu\text{m}$ である。
(d) 円筒表面上の任意の母線の真直度が $0.1\,\text{mm}$ 以下である。
(e) 表面の平面度が $0.08\,\text{mm}$ 以下である。　(f) 円筒度が $0.1\,\text{mm}$ 以下である。
(g) 指示面の直角度が平面 A に対して $0.08\,\text{mm}$ 以下である。
(h) 指示した軸線の平行度が平面 B に対して $0.01\,\text{mm}$ 以下である。　◇

1.3　加工しやすい設計

生産の効率性の評価として**生産性**（productivity）という言葉が頻繁に使わ

れているが，これに対応して**製造性**（producibility）を考えるのがここでの目的である。製造性とは簡単にいえば部品加工から組立に至るまであらゆる工程における作りやすさを追求することをいう。まさに生産の出発点である設計においては，この製造性が十分に考慮されていなければならない。

はじめに製造工程のうちの部品加工プロセスを事例に，製造性を考慮したよい設計（DFM：design for manufacturing）とは何かを考えてみたい。加工においての作りやすさとは，加工しやすさに相当し，一つは部品材料の観点から，もう一つは部品形状の観点から評価される。

1.3.1 加工しやすい材料の選択

部品に使われる材料は，まず部品の使用目的に適合する機能や強度のあるものが選択される。機能を中心にして選ばれる材料を機能材料，構造体としての強度を目安に選定されるのが構造材料である。当然これらの特性を維持したうえで，加工しやすい材料を選択することが生産設計の立場である。

加工法には切削加工，塑性加工，鋳造，溶接などさまざまな技術が実用化されているわけであるから，それぞれの加工に合わせた加工性のよい材料を選ばなくてはならない。例えば，切削加工では加工性の評価法として**被削性**（machinability）という概念が使われている。これは，おもに工具寿命を基本においた経済性の観点からの基準である。被削性がよい材料は一般的に寿命が長いだけでなく，加工精度がよく，切削抵抗も少なく，高速で加工できることになる。さらに，近年はコンピュータ援用により自動化，無人化指向の工作機械が普及していることから，切くず処理の容易性も材料の被削性評価の重要な要因となってきている。

1.3.2 加工しやすい部品形状

部品形状についても，はじめは機能や強度を満たすように設計されるであろうが，生産する側から形状を検討することも大切である。形状は加工方法に依存する場合が多いので，加工を熟知したうえで適合する形状を決める。ここで

は切削加工における事例を考える。切削加工では以下の点を考慮する。

1) 意匠デザインを重視しない場合には，できるだけ単純な形状を考える。
2) 同一の機械で加工可能な形状にする。
3) 段取替えの必要のない形状にする。
4) 工具形状を考えた形状にする。
5) 加工を考慮した形状とする。
6) 加工の基準を考えた形状にする。
7) 機械への取付けが容易にできる形状にする。

一部の事例を図 1.8 に示す。

最近では，マシニングセンターやターニングセンターなど多工程を1台の機械で加工することが多くなってきている。この場合にも上述の原則はそのまま

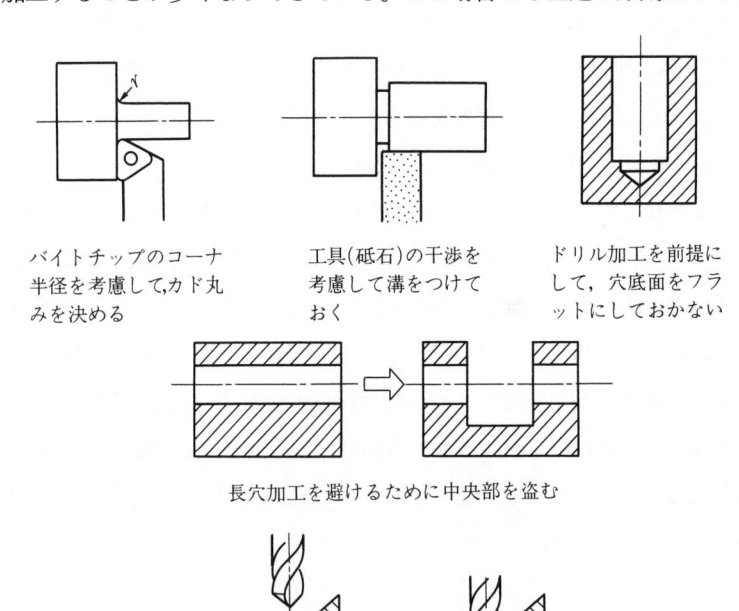

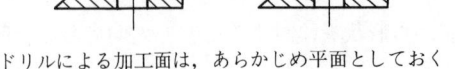

バイトチップのコーナ半径を考慮して,カド丸みを決める

工具(砥石)の干渉を考慮して溝をつけておく

ドリル加工を前提にして，穴底面をフラットにしておかない

長穴加工を避けるために中央部を盗む

ドリルによる加工面は，あらかじめ平面としておく

図 1.8　加工を考慮した部品形状事例

当てはまるが，自動運転の長時間化や精度確保の観点から，1回の段取りで加工が終了するような形状を考えることが特に重要である．また，ロボットなどによるローディング，アンローディングを考えると，ハンドによる把持や工作機械へのセッティングなどを考慮した部品形状が望まれるところである．

　これらをスムーズに実行するためには設計者が加工の知識をもっていることが望ましいが，大規模な設計では設計段階から生産技術者とともに設計作業を進めることも多い．また，加工に関する作業標準を設計に反映できる体制を整備することも必要である．

1.4 製品としての設計

　部品レベルの設計における留意点はいままでに述べてきたので，ここでは部品集合体としての製品にかかわる設計を考える．

1.4.1 製品設計における標準化

　ニーズの多様化により，製品の種類は増加の一途をたどっているが，支障のない範囲で製品の種類を減らすとともに標準品を設定することを考える．まったく同一の製品では市場が満足できないときには，形状が同じで大きさが異なるなどのシリーズ化によって製品バラエティーを整えるようにする．

　製品の標準化が難しいときには，部品のレベルで標準化ができないかを考える．さらに部品を組み合わせたサブアセンブリー（半製品）の標準化を追求する．これらの部品や半製品は異なる製品でも使えるように共通化・共用化を考慮することも大切である．

　組立においては部品点数ができるかぎり少ないほうが効率的である．そこで機能を集約した部品を設計して部品数を低減したり，一定の機能を果たす部品群を構成して見かけ上の部品点数を削減するユニット化を進めることが有効である．

　現在のものづくりの主流となっている方式に**部品中心生産**（parts-oriented

production) というものがある。これは部品，半製品レベルで徹底的に標準化しておき，製品レベルではこれらを適宜組み合わせることで多様な客先仕様に対応しようとするものである。このコンセプトは単に生産効率を上げるだけではなく，納入期間の短縮化にも役立つために，多くの企業で導入されている。

1.4.2 組立と分解を考慮した設計

機械加工の自動化などに比べて，組立工程では人手による作業が主体であったが，最近では家電製品などの量産品については，**図 1.1** にあるようなスカラ形ロボット（水平多関節形ロボット）などを活用した自動化が促進されている。組立の効率化を図るためには**組立性**を考慮した設計（DFA：design for assemblability）が不可欠となる。

ロボットによる組立のための設計上の留意点をあげてみると

1） 単純化・標準化・共用化を考慮したユニット化・モジュール化設計を進める。特に機能ごとの単位でのまとまりを心がける。
2） ロボットの作業は，上から重ねる動作が基本であるから，設計においても製品の構造をこれに合わせる。
3） 組立作業で多い挿入に関して，上からの作業が可能で，位置決めが容易であるような部品形状とする（**図 1.9**）。
4） 組立作業で不可欠な部品の締結に関しては，上から押さえ付ければ止まるようなスナップなど単純な機構を採用する。
5） 自動ねじ絞め機が組立では多用されるが，ねじの規格を標準化して種類を減らすことでねじ絞め機の種類を減らす。
6） 組立部品の供給にはロボットがつかみやすいように整列させることが必要となる。これにはパーツフィーダなどの自動供給装置が使われるので，これらの設備において姿勢がとれやすいような部品形状を考える。

組立とともに分解の容易さ（**分解性**）を配慮することも，設計時に重要な事項となってきている。分解の目的は，修理や分別廃棄などが考えられるが，環境保全や省資源の観点から注目されているのは部品や材料の**再利用**（reuse）

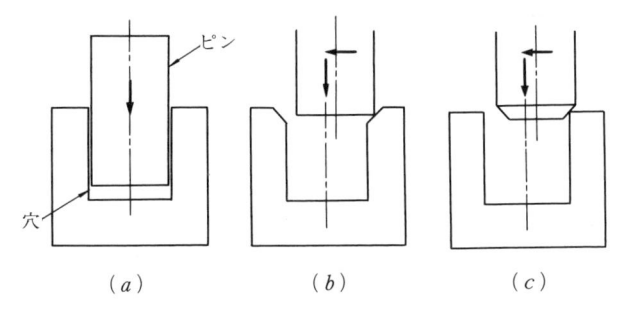

ピンと穴の位置が合致すれば，(a)でピンの挿入が可能であるが，ロボットの位置決め精度は，一般的には高くない。そこで，(b)，(c)のように，穴やピンの端面を面取りを施しておく。スカラ形ロボットでは横方向に移動することで誤差を吸収し，挿入が可能となる。

図 **1.9** 挿入を考慮した面取り

と**リサイクリング**（recycle）の重要性である。つまり，従来の生産性を中心においた製品設計から，製品のすべての**ライフサイクル**（life cycle）を考慮した設計が求められているわけである。

1.4.3 信頼性を考えた設計

製品の品質や性能は，購入時点のみならずその全寿命中に維持されていなければならない。この**信頼性**を確保するためには，設計段階において製品の使用方法，使用環境，使用条件などを十分に考慮しておく必要がある。**製造物責任**（**PL**）**法**では，これらの配慮の欠いた欠陥製品による被害に対して生産者である企業責任を明記している。

信頼性を定量的に表す指標として**信頼度**（reliability）がある。これは与えられた条件下で，製品や設備が所定の性能を発揮しつづける確率を表していて，1から0の間の値をとる。

信頼度を上げるためには，故障をなくすか少なくすればよい。故障発生の時間的頻度を**故障率**（failure rate）というが，これは製品の経過時間に沿って一般的に図 **1.10** のようになる。大きく初期故障期，偶発故障期，摩耗故障期の3区間に分類できる。実際にはメンテナンスにより故障率を下げたり，製

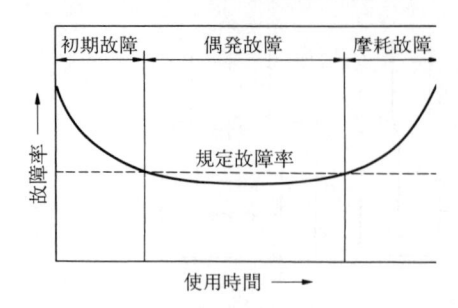

図 1.10 製品の使用時間経過に伴う故障率の変化

品寿命を延ばしたりすることも行われている。ただし，保守・保全にも経費がかかることから信頼度向上対策とのバランスを考えなければならない。

製品に作用する荷重が故障に影響する場合について信頼度を高めるには，最も簡単にはサイズアップや材質変更によって強度を高めるか，作用する外的荷重を低減する対策をとればよい。すなわち，**安全率**（safety factor）を高くして設計を行うことである。併せて強度にかかわる経年変化の少ない材料に変更することも考える。

1.4.4 環境を考えた設計

地球環境問題や資源の有効利用に対する社会の関心が高まってきており，工業製品の生産や技術開発にも厳しい目が向けられるようになっている。この結果，製品や技術が環境を考慮したものであるという事実が，一つの品質として認められるような状況が生まれ，これを規定する国際的な規格（例えば ISO 14000 シリーズ）も整備されてきている。

特に廃棄物問題も絡めて**リサイクル**に対する関心が集まっている。そこで製品設計においても性能・機能や生産性だけを考慮した開発は片手落ちで，設計に際して**図 1.11** に示すさまざまな段階での再利用やリサイクルを事前評価（製品アセスメント）することが不可欠になっている。製品のリサイクル性を評価する一つの手段としては前述の分解性がある。

1.5 CADによる設計

設計・製図業務に関して **CAD**（computer aided design）化が進展している。CAD とは，コンピュータで支援を受けながら設計業務を進めることであ

1.5 CADによる設計   25

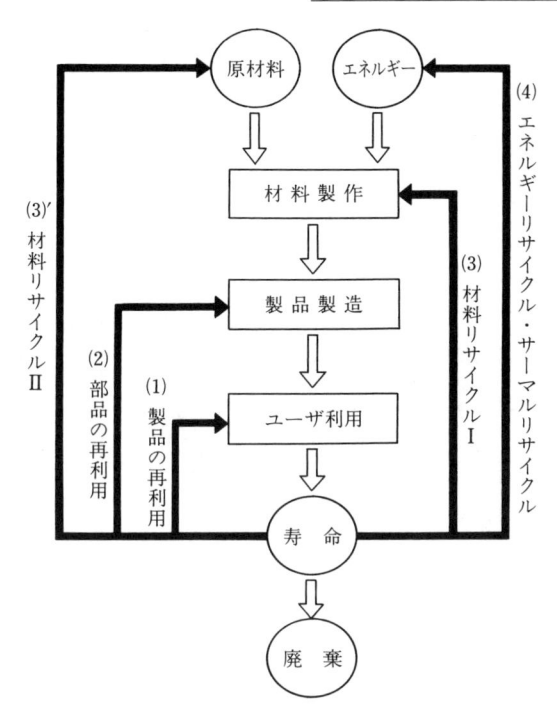

図 1.11 寿命製品の再利用・リサイクルのパターン

るが，製造工程の自動化のように無人化を実現するものではない。なぜならば設計業務は**図 1.12**に示すように上流の構想設計・概念設計になるほど人間の創造性に頼らざるをえず，まだコンピュータはそれに変わるほど知能化は進んでいないからである。むしろ，CADは設計者の不得意な部分をコンピュータの助けを受けながら共同設計を行うためのシステムととらえることができる。今後の設計者は，CADを設計のツールとして自在に利用できることが必要である。

1.5.1 図面作成の効率化

設計作業においてCADを利用することで最も期待される効果は，2次元処理としての図面作成の効率化である。このときの基本は，編集設計と配置設計を徹底的に追求することである。編集設計とは，寸法がパラメータ化された標

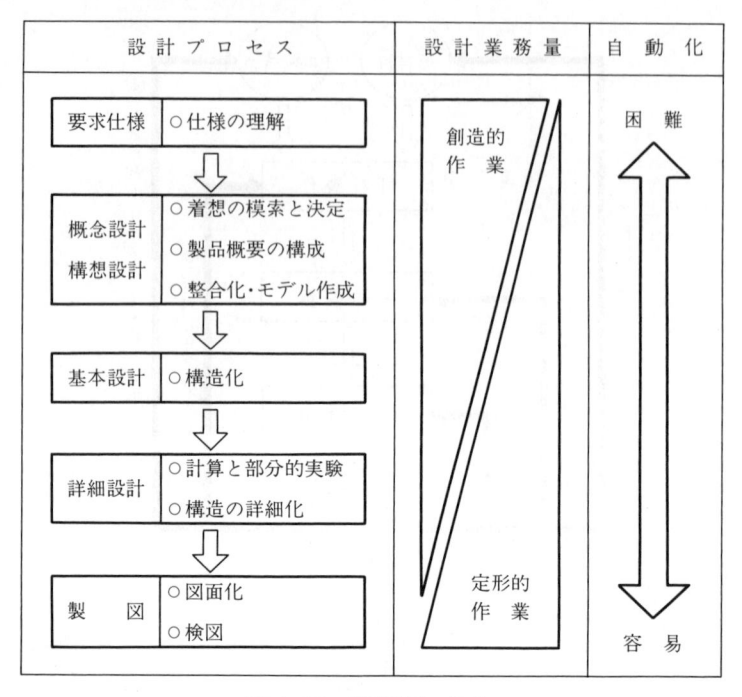

設計プロセス		設計業務量	自動化
要求仕様	○仕様の理解	創造的作業	困難 ↑
概念設計 構想設計	○着想の模索と決定 ○製品概要の構成 ○整合化・モデル作成		
基本設計	○構造化		
詳細設計	○計算と部分的実験 ○構造の詳細化		
製図	○図面化 ○検図	定形的作業	↓ 容易

図 1.12 設計業務の特性

準形状を呼び出し，これに具体的な寸法値を入力することで，新規図面を作成する方法である。配置設計とは，あらかじめ標準化してある部品や半製品をCADに登録しておき，これを呼び出して配置していくことによってさまざまな製品を設計していくことである。いずれにしても手書きで図面を作成するのに比べて効率は上がる。

これを実現するためには，CAD向きの設計内容の選定がまず必要である。新規設計より応用設計，応用設計より流用設計，流用設計より改造設計の業務のほうがCADの編集機能を有効に活かすことができる。企業においては，過去に手がけた製品をもとに新規の製品設計を行う場合が多いことから，以上述べてきたことを念頭においてCADを有効に活用している。もちろん設計の標準化が手書きのとき以上に整備されていることが前提である。

最も効率的なCADの利用方法は自動設計である。これは設計手順をプログ

ラムとしてコンピュータ内部に図形データと関連して記述しておくことで，設計仕様を入力するだけで図面を作成してしまうものである．もちろんこの場合には設計手順が明確化されていることが不可欠である．

CADの有効活用法をまとめれば，線の1本から描くという手書きのときと同じやり方を，コンピュータの長所を活かした設計方法に変更することである．

1.5.2 3次元CADの活用

CADのつぎの段階での利用は，コンピュータ内部に3次元モデルを構築し，このモデルを設計のみならず生産の各工程で活用することである．設計者は設

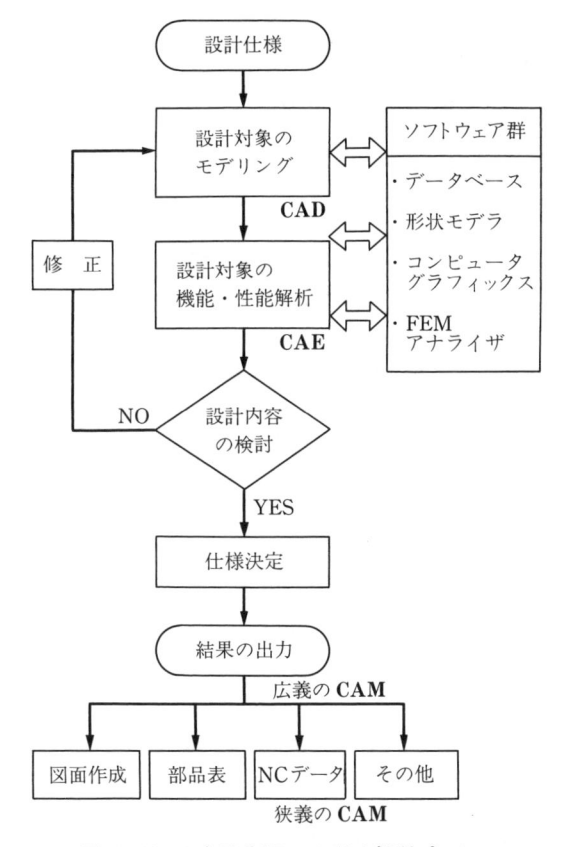

図 **1.13** 3次元CADにおける処理プロセス

計のはじめの段階では設計対象を立体としてとらえているはずで，ある意味では 3 次元 CAD での業務のほうが自然であるともいえる。

3 次元モデルデータがあれば，これから 2 次元の図面を作成することは容易である。また，このモデルをベースにして有限要素法（FEM）を活用することによって強度解析や構造解析を実施するなど，いわゆる **CAE**（computer aided engineering）も可能であり，試作品を作って実験で検証するといった試作コストは大幅に削減できる。さらに，3 次元の表面データを描出し，これに沿って工具の軌跡データを作成すれば，NC 工作機械用の加工データの出力もできる。これを **CAD/CAM** と呼んでいる。

3 次元 CAD を中核とした一連のプロセスを図 **1.13** に示す。この図でもわかるように，生産の出発点である設計段階で構築した 3 次元モデルを，データベースとして各生産工程で利用する形態をとることになる。このときには CAD は単に設計業務のツールにとどまらず，生産情報システムとしての位置づけとなる。

演 習 問 題

【1】 つぎの標準数列を求めよ。
　　　（1） R 10　　（2） R 10/3　　（3） R 10/3（…50…）

【2】 はめあいについて穴と軸の許容サイズが以下のようなとき，はめあいの種類はどのようになるか。また，最大，および最小しめしろ・すきまなどを求めよ。
　　　穴の上の許容サイズ　$A = 50.025$ mm
　　　穴の下の許容サイズ　$B = 50.000$ mm
　　　軸の上の許容サイズ　$a = 49.975$ mm
　　　軸の下の許容サイズ　$b = 49.950$ mm

【3】 さまざまな加工法と表面粗さの関係を調べよ。

【4】 身の回りにある工業製品（例えば自動車や家電製品）のリサイクル設計の事例を調べよ。

【5】 CAD と AD（自動設計）との相違点はどこにあるか。

2

材 料 の 強 さ

　航空機，自動車や産業界で使用されている機械装置をはじめとし，家庭で使用されている製品などは，外力が加わっても簡単に機能上の不都合が生じたり壊れたりしないように作られている。信頼されるものを製作するには，いろいろな材料で作られている構成部材の強度や剛性について解析し，最適な材質と形状・寸法を設計しなければならない。そのために，材料に作用する外力に対する材料の強さ，変形および強度設計が不可欠となる。

2.1 材料に加わる荷重の種類

　材料に作用する外力を**荷重**（load）と称する。荷重の加わる種類によって，材料の内部に発生する**内力**（internal force）や材料の**変形**（deformation）の仕方が異なるので，荷重の種類の分類を示す。

2.1.1 荷重の加わり方による分類

1）**引張荷重**（tensile load）　　　材料を引き伸ばす方向に加わる荷重
2）**圧縮荷重**（compressive load）　材料を押し縮める方向に加わる荷重
3）**せん断荷重**（shearing load）　　材料をはさみで押し切るような方向に加わる荷重
4）**曲げ荷重**（bending load）　　　材料を曲げる方向に加わる荷重
5）**ねじり荷重**（torsional load）　　材料をねじる方向に加わる荷重

2.1.2 荷重を加える速度による分類

(**a**) **静荷重**（static load）　きわめてゆっくり加わる大きさ一定の荷重，あるいは一定の大きさで加わっている荷重

(**b**) **動荷重**（dynamic load）　加わる荷重の大きさが時間とともに変動する荷重で，この動荷重は，荷重の大きさが周期的に変動する**繰返し荷重**（repeated load）ときわめて短時間に加わる**衝撃荷重**（impact load）に区別される。

図2.1に荷重を加える速度による分類を示す。

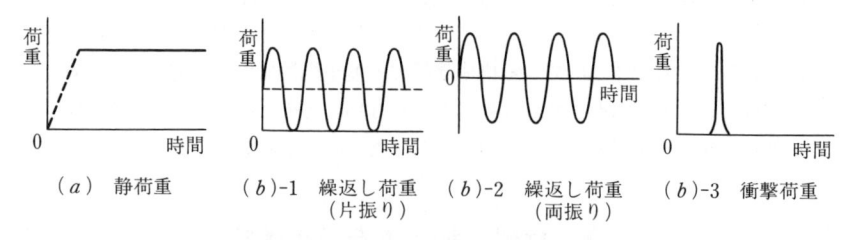

(*a*) 静荷重　　(*b*)-1 繰返し荷重　　(*b*)-2 繰返し荷重　　(*b*)-3 衝撃荷重
　　　　　　　　　　（片振り）　　　　　　（両振り）

図2.1 荷重を加える速度による分類

2.2 材料の引張強さと圧縮強さ

2.2.1 応　　　力

材料に引張りまたは圧縮の荷重が加わると，**図2.2**のように，材料内部に荷重 W と大きさが等しく逆向きの内力 W_0 が発生し，単位面積当りの内力の大きさである**応力**（stress）σ が断面に分布する。

引張荷重によって生じる応力を**引張応力**（tensile stress），圧縮荷重によって生じる応力を**圧縮応力**（compressive load）といい，いずれも断面に垂直な方向に発生する応力であるということで，総称して**垂直応力**（normal stress）という。荷重を W [N]，断面積を A [m²] とすれば，垂直応力 σ [N/m² = Pa] は式 (2.1) で表される。

$$\sigma = \frac{W}{A} \tag{2.1}$$

2.2 材料の引張強さと圧縮強さ

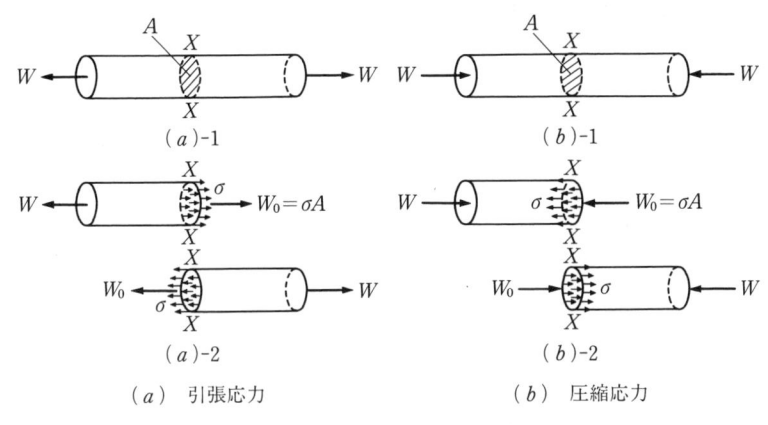

(a)-1

(b)-1

(a)-2

(b)-2

(a) 引張応力　　　　　　　　(b) 圧縮応力

図 2.2　垂直荷重・内力・応力

2.2.2　ひ　ず　み

図 2.3 のように，材料に荷重が加わると，伸びたり縮んだりして変形する。その変形量ともとの長さとの割合を**ひずみ**（strain）という。引張荷重や圧縮荷重による荷重方向のひずみを**縦ひずみ**（longitudinal strain）という。もとの長さ l〔m〕，変形量 λ_l〔m〕とすれば，縦ひずみ ε は式（2.2）で表される。

$$\varepsilon = \frac{\lambda_l}{l} \tag{2.2}$$

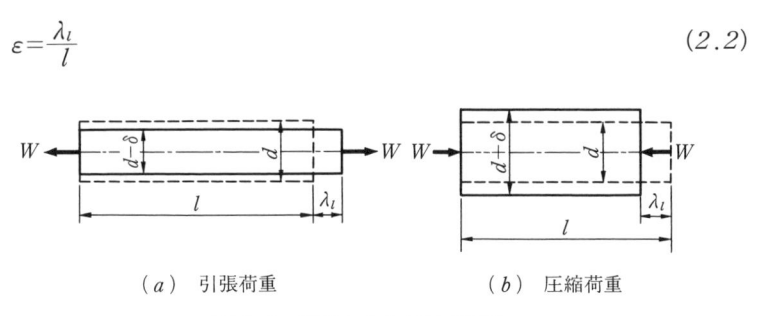

(a) 引張荷重　　　　　　　　(b) 圧縮荷重

図 2.3　荷重による材料の変形

材料を丸棒としたとき，図 2.3 のように軸方向に引張荷重や圧縮荷重が加わると，丸棒は軸方向に伸び縮みするだけでなく，直径も変形する。もとの直径に対する直径の変化量の割合を**横ひずみ**（transverse strain）という。もと

の直径を d〔m〕，直径の変形量を δ〔m〕とすれば，横ひずみ ε' は式 (2.3) になる。

$$\varepsilon' = \frac{\delta}{d} \qquad (2.3)$$

弾性限度内では，縦ひずみ ε に対する横ひずみ ε' の割合は一定値となり，これを**ポアソン比**（Poisson's ratio）という。ポアソン比 ν は式 (2.4) で表される。

$$\nu = \frac{\varepsilon'}{\varepsilon} \qquad (2.4)$$

2.2.3 応力-ひずみ線図

軟鋼の試験片を材料試験機で徐々に荷重を増加していったときの試験片に発生する応力とひずみの関係を**図 2.4** に示す。この図を**応力-ひずみ線図**（stress-strain diagram）または**応力-ひずみ曲線**（stress-strain curve）という。

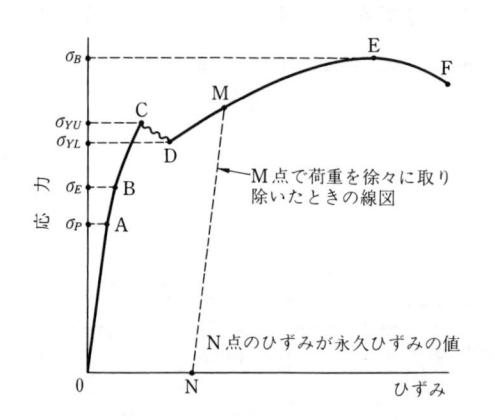

図 2.4 軟鋼の応力-ひずみ線図

この応力-ひずみ線図において，OA 間では応力とひずみは比例し，荷重を取り除くとひずみは直線的になくなる。比例する限度の A 点の応力 σ_P を**比例限度**（proportional limit）という。AB 間では応力とひずみは比例しないが，荷重を取り去ればひずみはなくなる。この性質は**弾性**（elasticity）といわれ，この弾性を保つ限界の B 点の応力 σ_E を**弾性限度**（elastic limit）という。B

点を超えると，荷重を取り去ってもひずみが残り，この残ったひずみを**永久ひずみ**（permanent strain）という．永久ひずみが生じる材料の性質を**塑性**（plasticity）という．C 点の応力 σ_{YU} を**上降伏点**（upper yield point），D 点の応力 σ_{YL} を**下降伏点**（lower yield point）という．

なお，軟鋼以外の材料では，**降伏点**（yield point）がはっきり現れないので，0.2% の永久ひずみが生じたときの応力を降伏点と見なし，この応力を**耐力**（proof stress）$\sigma_{0.2}$ という．E 点の最大応力 σ_B を**極限強さ**（ultimate strength）といい，この極限強さのことを，引張りの場合は**引張強さ**（tensile strength），圧縮の場合は**圧縮強さ**（compressive strength）という．E 点を超えると，引張試験の場合，材料にくびれが生じはじめ F 点で材料は破壊する．

設計の際，材料の強さの基準として，静荷重では，降伏点，耐力，極限強さのなかから用いられる（*2.7.4* **項**参照）．

材料の強度を解析・設計計算する際，外力によって材料内部に発生する応力は比例限度内になるようにしている．応力-ひずみ線図から，比例限度内における応力とひずみは正比例している．これを**フックの法則**（Hook's law）という．

垂直応力を σ〔Pa〕，縦ひずみを ε，比例定数を E〔Pa〕とすれば，フック

表 *2.1* おもな材料の機械的性質

材料		引張強さ〔MPa〕	降伏点(耐力)〔MPa〕	縦弾性係数 E〔GPa〕	横弾性係数 G〔GPa〕
軟 鋼	S 20 C	402 以上	245 以上	192	79.4
中硬鋼	S 35 C S 50 C	510 以上 608 以上	304 以上 363 以上	206	79.4
鋳 鋼	SC 410	410 以上	205 以上	211	81.3
ねずみ鋳鉄	FC 200 FC 300	200 以上 300 以上	— —	98	37.2
ばね鋼	SUP 3 SUP 7	1 079 以上 1 226 以上	耐力 834 以上 耐力 1 079 以上	206	83.3
ステンレス鋼	SUS 304	502 以上	205 以上	197	73.7
アルミニウム合金	A 2014 P-T 4 A 2024 P-T 4	410 以上 430 以上	耐力 245 以上 耐力 275 以上	72.5	27.4
黄銅	C 2600 P-O, R-O, BD-O C 2801 P-O, R-O	275 以上 325 以上	— —	108	41.2

の法則から式 (2.5) が得られる。この比例定数 E を**縦弾性係数** (modulus of longitudinal elasticity) といい，材料によって一定の値をもっている。

$$\sigma = E\varepsilon \tag{2.5}$$

なお，おもな材料の機械的性質を**表 2.1** に示す。

2.3　材料のせん断強さ

図 2.5 のように，材料に荷重 W が作用している部分は，材料を荷重で挟んで荷重方向にずらす作用下にあり，この荷重をせん断荷重という。材料にせん断荷重が加わると，せん断荷重を受ける間隔 l 間の任意断面 X には，せん断荷重 W と大きさが等しく逆向きの内力 W_0 が生じ，単位面積当りの内力の**せん断応力** (shearing stress) τ が分布している。せん断荷重を W [N]，せん断荷重を受ける断面積を A [m²] とすれば，せん断応力 τ [Pa] は，式 (2.6) のようになる。

$$\tau = \frac{W}{A} \tag{2.6}$$

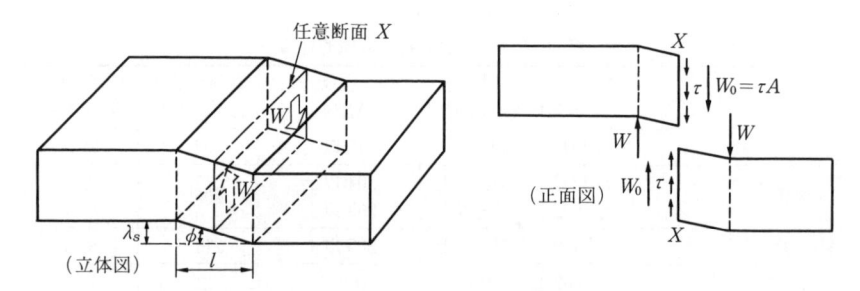

図 2.5　せん断荷重・応力・ひずみ

せん断荷重 W が加わると，間隔 l の平行 2 平面が λ_s だけずれて変形する。このせん断変形量 λ_s [m] と平行 2 平面間隔 l [m] との比を**せん断ひずみ** (shearing strain) γ という。これを式で表すと，式 (2.7) のようになる。

$$\gamma = \frac{\lambda_s}{l} = \tan\phi \fallingdotseq \phi \quad [\mathrm{rad}] \tag{2.7}$$

材料の比例限度内では，せん断応力 τ〔Pa〕とせん断ひずみ γ は比例関係が成り立ち，この場合の比例定数 G〔Pa〕を**横弾性係数**（modulus of transverse elasticity）という。これゆえ

$$\tau = G\gamma \tag{2.8}$$

となる。横弾性係数 G は材料によって一定の値をもっている（**表2.1**参照）。

2.4 材料の曲げと強さ

　機械装置や製品の部材には，引張荷重，圧縮荷重，せん断荷重だけでなく曲げ荷重も受けて，それによる材料の変形や応力が生じている。横方向の荷重により曲げ作用を受けて，その荷重を支えている細長い部材をはりという。車軸，伝動軸，板ばね，ロボットアーム，歯車の歯なども横荷重を受けており，はりと見なして解析することができる。ここでは，はりに加わる曲げ荷重によって，はりに生じるせん断力，曲げモーメント，曲げ応力の求め方，ならびに断面二次モーメント，断面係数と材料の強さの関係などについて扱う。

2.4.1 はりのせん断力と曲げモーメント

　はり（beam）の基本的な解析順序は，はりは水平に安定したつりあいの状態になっているから，まず，並進運動をしないという考えより「鉛直方向の力のつりあい式」を立て，つぎに，回転運動をしないという考えより「力のモーメントのつりあい式」を立てて解析する。なお，はりの自重は考慮しない。
　解析する際の**せん断力**（shearing force）と**曲げモーメント**（bending moment）の作用する方向の正負の符号については，**図2.6**のように，それぞれ定める。
　解析例として，一つの**集中荷重**（concentrated load）を受ける**両端支持ばり**（simply supported beam）について扱う。**図2.7**(*a*)のように，長さ l の

図 2.6 せん断力と曲げモーメントの符号

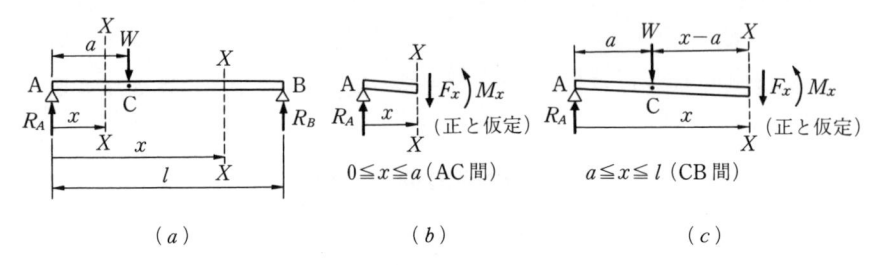

図 2.7 集中荷重を受ける両端支持ばり

はり AB の支点 A から任意距離 a の C 点に集中荷重 W が加わる場合，支点 A，B に作用する**反力** (reaction force) を R_A，R_B とすると，鉛直方向の力のつりあい式（上向きを正の符号）と A 点回りの力のモーメントのつりあい式（左回りを正の符号）は

$$R_A + R_B - W = 0$$
$$-Wa + R_B l = 0$$

となり，上式より反力 R_A と R_B を求めると，式 (2.9)，(2.10) となる。

$$R_A = \frac{W(l-a)}{l} \qquad (2.9)$$

$$R_B = \frac{Wa}{l} \qquad (2.10)$$

AC 間 $(0 \leq x \leq a)$ では，図 2.7(b) より，せん断力を F_x，曲げモーメントを M_x とすれば，鉛直方向の力のつりあい式と X 断面回りの力のモーメントのつりあい式は，次式となる。

$$R_A - F_x = 0$$
$$-R_A x + M_x = 0$$

上式から，せん断力 F_x と曲げモーメント M_x は，式 (2.11)，(2.12) の

2.4 材料の曲げと強さ

表 2.2 代表的なはりの反力，反モーメント，せん断力，曲げモーメント，たわみ

番号	図	反力，反モーメント	せん断力，曲げモーメント	たわみ
(1)	片持ばり・先端集中荷重 W	$R_B = W$ $M_B = Wl$	$F_x = -W$ $M_x = -Wx$	$y = \dfrac{W}{6EI} \times (x^3 - 3l^2 x + 2l^3)$
(2)	片持ばり・等分布荷重 w	$R_B = wl$ $M_B = \dfrac{1}{2} wl^2$	$F_x = -wx$ $M_x = -\dfrac{1}{2} wx^2$	$y = \dfrac{w}{24EI} \times (x^4 - 4l^3 x + 3l^4)$
(3)	片持ばり・集中＋分布荷重（(1)と(2)の重ね合せの原理が成立）	$R_B = (1)+(2)$ $M_B = (1)+(2)$	$F_x = (1)+(2)$ $M_x = (1)+(2)$	$y = (1)+(2)$
(4)	両端支持ばり・集中荷重 W（点 C, 距離 a）	$R_A = \dfrac{W(l-a)}{l}$ $R_B = \dfrac{Wa}{l}$	$0 \le x \le a$ $F_x = R_A$ $M_x = R_A x$ $a \le x \le l$ $F_x = -R_B$ $M_x = R_B(l-x)$	$0 \le x \le a$ $y = \dfrac{W(l-a)}{6EIl}$ $\times \{l^2 x - (l-a)^2 x - x^3\}$ $a \le x \le l$ $y = \dfrac{W(l-a)}{6EIl}$ $\times \{l^2 x - (l-a)^2 x - x^3\}$ $+ \dfrac{W}{6EI}(x-a)^3$
(5)	両端支持ばり・等分布荷重 w	$R_A = R_B = \dfrac{wl}{2}$	$F_x = R_A - wx$ $M_x = R_A x - \dfrac{1}{2} wx^2$	$y = \dfrac{w}{24EI} \times (l^3 x - 2lx^3 + x^4)$
(6)	両端支持ばり・集中＋分布荷重（(4)と(5)の重ね合せの原理が成立）	$R_A = (4)+(5)$ $R_B = (4)+(5)$	$0 \le x \le a$ $F_x = (4)+(5)$ $M_x = (4)+(5)$ $a \le x \le l$ $F_x = (4)+(5)$ $M_x = (4)+(5)$	$0 \le x \le a$ $y = (4)+(5)$ $a \le x \le l$ $y = (4)+(5)$
(7)	両端支持ばり・2集中荷重 W_C, W_D（(4)において，W_C だけの結果と W_D だけの結果の重ね合せとなる）	$R_A = \dfrac{W_C(l-a_C)}{l}$ $+ \dfrac{W_D(l-a_D)}{l}$ $R_B = \dfrac{W_C a_C}{l}$ $+ \dfrac{W_D a_D}{l}$	$0 \le x \le a_C$ $F_x = R_A$ $M_x = R_A x$ $a_C \le x \le a_D$ $F_x = R_A - W_C$ $M_x = R_A x - W_C$ $\times (x - a_C)$ $a_D \le x \le l$ $F_x = -R_B$ $M_x = R_B(l-x)$	―

ようになる。

$$F_x = R_A = \frac{W(l-a)}{l} \qquad (2.11)$$

$$M_x = R_A x = \frac{W(l-a)x}{l} \qquad (2.12)$$

CB間 $(a \leq x \leq l)$ では，図 $2.7(c)$ より，鉛直方向の力のつりあい式と X 断面回りの力のモーメントのつりあい式は，次式となる。

$R_A - W - F_x = 0$

$-R_A x + W(x-a) + M_x = 0$

上式から，せん断力 F_x と曲げモーメント M_x は式 (2.13)，(2.14) のようになる。

$$F_x = R_A - W = -R_B = \frac{-Wa}{l} \qquad (2.13)$$

$$M_x = R_A x - W(x-a) = R_B(l-x) = \frac{Wa(l-x)}{l} \qquad (2.14)$$

せん断力の最大値 F_{max} は，$a \leq l/2$ のときはAC間で $F_{max} = R_A$，$a \geq l/2$ のときはCB間で $F_{max} = R_B$ である。曲げモーメントの最大値 M_{max} は荷重 W が作用しているC点の位置断面 $(x=a)$ で生じ，その値は

$$M_{max} = \frac{Wa(l-a)}{l} \qquad (2.15)$$

である。

代表的なはりにおけるせん断力，曲げモーメントなどの式を表 2.2 に示す。

2.4.2 抵抗曲げモーメントと曲げ応力

はりに荷重や外モーメントが作用すると，はりには曲げモーメント M を受け，この曲げモーメントに対してつりあう**抵抗曲げモーメント** (resistant bending moment) M_r が生じている。

曲げモーメントを受けていない図 $2.8(a)$ のような，はりの一部の微小距離隔たっている平行な断面AB，CDを考える。EFは**中立面** (neutral plane) を表し，GHは中立面から y だけ離れた面を表している。このはりが，

2.4 材料の曲げと強さ

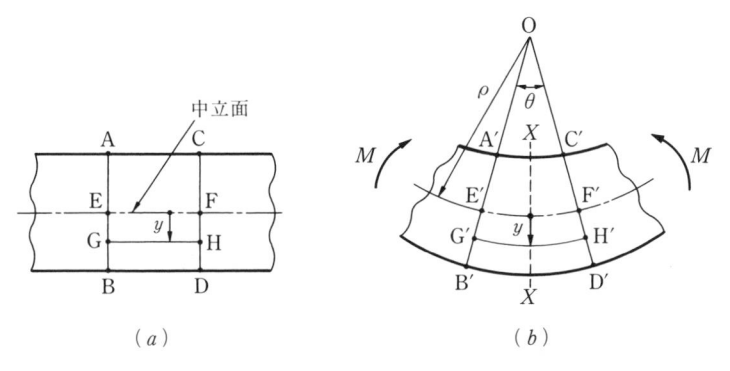

図 2.8 はりの曲げモーメントとたわみ

曲げモーメントを受けて図 (b) のように曲がると，それぞれの点 A，B，C，D，E，F，G，H は A′，B′，C′，D′，E′，F′，G′，H′ に移動する。中立面は伸び縮みのない面と定義されているので，GH = EF = 円弧 E′F′ となる。中立面から上の AC 側は圧縮されて縮み，下の BD 側は引っ張られて伸びている。このような断面には，圧縮応力と引張応力の両方が存在しており，これらの二つの応力を総称して**曲げ応力** (bending stress) という。

図 (b) のように，O 点から中立面 E′F′ までの曲率半径を ρ，$\angle \mathrm{B'OD'} = \theta$ とすれば，中立面から y だけ離れている面内の GH から G′H′ へのひずみ ε は，式 (2.16) のようになる。

$$\varepsilon = \frac{円弧 \mathrm{G'H'} - \mathrm{GH}}{\mathrm{GH}} = \frac{円弧 \mathrm{G'H'} - 円弧 \mathrm{E'F'}}{円弧 \mathrm{E'F'}}$$

$$= \frac{(\rho + y)\theta - \rho\theta}{\rho\theta} = \frac{y}{\rho} \qquad (2.16)$$

フックの法則より，曲げ応力 σ は

$$\sigma = E\varepsilon = E\frac{y}{\rho} \qquad (2.17)$$

となる。式 (2.16)，(2.17) より，ひずみと曲げ応力は中立面からの距離に比例し，上面縁，下面縁でそれぞれ最大となり，この応力を**縁応力** (edge stress) σ_b という。任意断面 X に生じる曲げ応力を図示すると**図 2.9** のようになる。

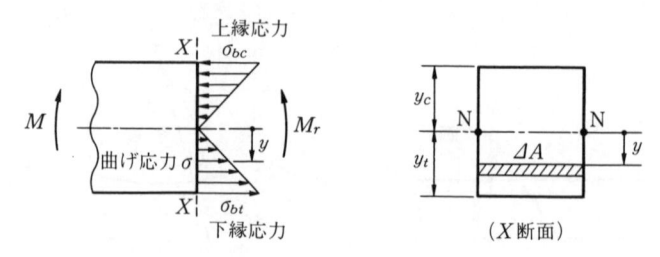

図 2.9 抵抗曲げモーメントと曲げ応力

2.4.3 断面二次モーメントと断面係数

図 2.9 において，中立面とはりの断面との交わりによってできる**中立軸** (neutral axis) NN から y だけ離れた微小面積 ΔA に生じた曲げ応力を σ とすれば，ΔA に生じる抵抗曲げモーメント ΔM_r は

$$\Delta M_r = (\sigma \Delta A) y$$

となる。この式から，断面全体に集めた抵抗曲げモーメント M_r は，式 (2.17) を用いて，式 (2.18) のようになる。

$$M_r = \sum \Delta M_r = \sum [(\sigma \Delta A) y] = \sum \left[E \frac{y}{\rho} \Delta A y \right]$$
$$= \frac{E}{\rho} \sum y^2 \Delta A = \frac{E}{\rho} \int_A y^2 dA = \frac{E}{\rho} I \qquad (2.18)$$

ここに，$I = \sum y^2 \Delta A = \int_A y^2 dA$ で，この I を**断面二次モーメント** (moment of inertia of area) という。

抵抗曲げモーメント M_r は，曲げモーメント M_x と等しいから，式 (2.17) を用いて，式 (2.19) となる。

$$M_x = \frac{E}{\rho} I = \frac{\sigma}{y} I = \sigma \frac{I}{y} \qquad (2.19)$$

縁応力 σ_b のうち圧縮縁応力を σ_{bc}，引張縁応力を σ_{bt}，中立軸から縁までの距離を y_c，y_t および $Z_c = I/y_c$，$Z_t = I/y_t$ とおけば，$M_x = \sigma_{bc} Z_c$，$M_x = \sigma_{bt} Z_t$ となる。この Z_c，Z_t を**断面係数** (modulus of section) といい，断面形状

2.4 材料の曲げと強さ 41

だけによって決まる係数である。

　縁応力で最も大きいものを最大曲げ応力 $\sigma_{b\max}$ とおき，そのときの断面係数を Z とおけば，式 (2.19) は式 (2.20) となる。

$$M_x = \sigma_{b\max} Z \tag{2.20}$$

断面一様なはりの場合，曲げモーメント M_x の最大値 $M_{\max}$ において，最大曲げ応力 $\sigma_{b\max}$ をとるので，その $\sigma_{b\max}$ の値が材料の**許容応力**（allowable stress）σ_a より小さくなるように断面形状を設計したり，断面形状が決まっているときは，曲げモーメントの最大値での曲げ応力を求め，これより大きい値の許容応力をもつ材料を選定する（**2.7.4項**参照）。

したがって

$$\sigma_{b\max} = \frac{M_{\max}}{Z} \leqq \sigma_a \tag{2.21}$$

を満足するように設計する。

　表 2.3 に，代表的な断面形状の断面積 A，断面二次モーメント I，断面係数 Z の例を示す。

表 2.3 代表的な断面形状の A, I, Z

断面形状	A [mm²]	I [mm⁴]	Z [mm³]
円（直径 d）	$\dfrac{\pi}{4} d^2$	$\dfrac{\pi}{64} d^4$	$\dfrac{\pi}{32} d^3$
中空円（外径 d_2，内径 d_1）	$\dfrac{\pi}{4}(d_2^2 - d_1^2)$	$\dfrac{\pi}{64}(d_2^4 - d_1^4)$	$\dfrac{\pi}{32} \dfrac{d_2^4 - d_1^4}{d_2}$
長方形（幅 b，高さ h）	bh	$\dfrac{1}{12} bh^3$	$\dfrac{1}{6} bh^2$
H形断面	$b_2 h_2 - b_1 h_1$	$\dfrac{1}{12}(b_2 h_2^3 - b_1 h_1^3)$	$\dfrac{1}{6} \dfrac{b_2 h_2^3 - b_1 h_1^3}{h_2}$

2.5 はりのたわみと曲げこわさ

はりや，はりに類似する部材に外力が作用する場合，それらは，破壊まで達しない**たわみ** (deflection) が生じても，そのたわみの大きさによっては，性能が落ちたり，振動・騒音が発生して不都合な状態になり，使用できなくなる。したがって，ここでは，はりに曲げ荷重が加わった場合のはりのたわみについて扱う（**図 2.10**）。

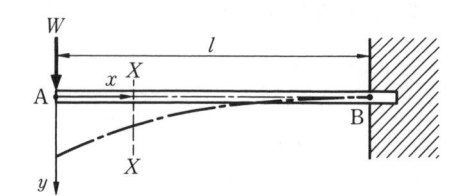

図 2.10　片持ばりのたわみ

片持ばり (cantilever)，両端支持ばりとも，たわみのないときの左端 A 点を原点として，$x-y$ 座標をとる。この場合，**たわみ曲線** (deflection curve) を表す 1 点鎖線の基礎式として

$$\frac{d^2y}{dx^2} = -\frac{M_x}{EI} \qquad (2.22)$$

が知られており，式 (2.22) と **2.4 節**で述べた曲げモーメント M_x で，たわみ y，最大たわみ y_{max} および**たわみ角** (angle of deflection) $i = dy/dx$ を求めることができる。

解析例として，**図 2.10** のような自由端に集中荷重を受ける片持ばりについて扱う。曲げモーメントは $M_x = -Wx$ で表される。この M_x を式 (2.22) に代入すれば

$$\frac{d^2y}{dx^2} = \frac{W}{EI}x \qquad (2.23)$$

となる。式 (2.23) を不定積分すると

$$y = \frac{W}{6EI}x^3 + C_1 x + C_2 \qquad (2.24)$$

となる。ここに，C_1 と C_2 は積分定数である。

境界条件は，1) たわみ y については，$x = l$ のところで $y = 0$，2) たわみ角 $i = dy/dx$ については，$x = l$ のところで $dy/dx = 0$ となる。

この境界条件を式 (2.24) へ代入して，C_1 と C_2 を求めて，式 (2.24) を書き改めると

$$y = \frac{W}{6EI}(x^3 - 3l^2x + 2l^3) \tag{2.25}$$

となる。最大たわみ y_{max} は集中荷重を受けている自由端の A 点でとるので，式 (2.25) に $x = 0$ を代入して，式 (2.26) となる。

$$y_{max} = \frac{Wl^3}{3EI} \tag{2.26}$$

代表的なはりのたわみは**表 2.2** に示されており，たわみ角 i 〔rad〕は表のたわみ y の式から $i = dy/dx$ を計算して求められる。たわみ曲線 y や最大たわみ y_{max} の式を見ると，いずれも EI の値が大きいほど，y，y_{max} の値は小さくなり，はりはたわみにくくなることがわかる。この EI を**曲げ剛性**（flexural rigidity）または**曲げこわさ**という。

2.6 ねじりと強さ

回転駆動を伴う製品などには，回転する伝動軸が組み込まれ，これによって動力伝達が行われている。この伝動軸には，負荷トルクが作用しているため，ねじりモーメントによるせん断応力が発生している。したがって，ねじりモーメントによって発生するせん断応力に耐えうるように，軸の材質と形状寸法を設計しなければならない。

2.6.1 軸のねじりモーメントとせん断応力

図 **2.11** のように，長さ l，半径 r_2 の**軸** (shaft) の左端を剛性壁に固定し，右端にねじり荷重 W で**偶力のモーメント** (moment of couple) $T = W \times (2r_2)$ を加えて一様にねじり，右端に**ねじれ角** (angle of tortion) θ を生じさせた場

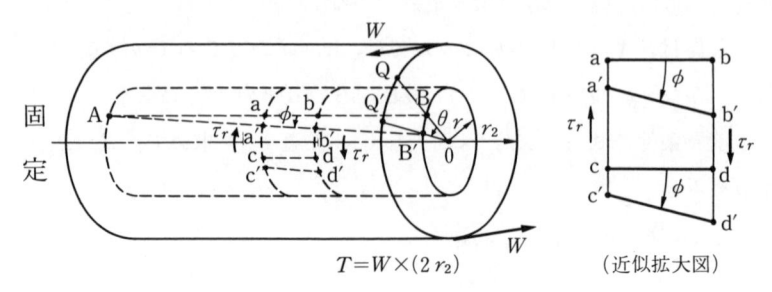

図 2.11 軸のねじれとせん断応力

合を考える。この場合の偶力のモーメントを**ねじりモーメント**（tortional moment）または**トルク**（torque）という。

軸中心線から任意の半径 r の円柱の母線 AB 上に微小間隔 ab を含む長方形 abdc をとる。右端にねじりモーメント T を加えると，長方形 abdc は平行四辺形 a′b′d′c′ にずれる。同時に，右端断面の円と母線との交点 B もねじれ角 θ だけ回転移動して B′ にずれる。ずれ角は $\phi = \angle \mathrm{B'AB}$ であるので，せん断ひずみ γ は，式 (2.27) のようになる。

$$\gamma = \frac{\text{せん断変形}}{\text{間\,隔}} = \frac{\text{円弧 bb'} - \text{円弧 aa'}}{\mathrm{ab}} \fallingdotseq \frac{\mathrm{bb'} - \mathrm{aa'}}{\mathrm{ab}}$$

$$= \tan \phi = \frac{\mathrm{BB'}}{\mathrm{AB}} \fallingdotseq \frac{\text{円弧 BB'}}{\mathrm{AB}} = \frac{r\theta}{l} \tag{2.27}$$

半径 r におけるせん断応力 τ_r は，式 (2.8)，(2.27) より

$$\tau_r = G\gamma = G\frac{\theta}{l} r = \frac{\tau_2}{r_2} r \tag{2.28}$$

となる。ここに，τ_2 は r_2 におけるせん断応力である。なお，θ と ϕ の単位は rad である。また，このように，ねじりによって生じるせん断応力のことを**ねじり応力**（tortional stress）ともいう。

2.6.2　断面二次極モーメントと極断面係数

ねじりモーメント T が軸に加えられると，軸内部にはねじり応力ともいわれるせん断応力が生じる。この応力による抵抗ねじりモーメント T_r と加えら

2.6 ねじりと強さ

れたねじりモーメント T がつりあって，軸はねじれたままの状態を保っている。

図 *2.12* に示すように，任意位置の軸断面の任意半径 r における微小環状断面積 ΔA にせん断応力 τ_r が作用しているとき，この ΔA 部分の抵抗ねじりモーメント ΔT_r は式 (*2.28*) を利用して，$\Delta T_r = \tau_r \Delta A r = (\tau_2/r_2) r \Delta A r = (\tau_2/r_2) r^2 \Delta A$ となる。

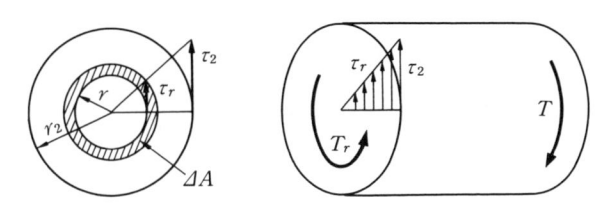

図 *2.12* 抵抗ねじりモーメントとねじり応力

全断面 A について ΔT_r を集めて抵抗ねじりモーメント T_r を求めると

$$T_r = \Sigma \Delta T_r = \Sigma \left[\frac{\tau_2}{r_2} r^2 \Delta A \right] = \frac{\tau_2}{r_2} \Sigma r^2 \Delta A$$

$$= \frac{\tau_2}{r_2} \int_A r^2 dA = \frac{\tau_2}{r_2} I_p \qquad (2.29)$$

となる。ここに，$I_p = \Sigma r^2 \Delta A = \int_A r^2 dA$ で，この I_p を**断面二次極モーメント** (polar moment of inertia of area) という。

ねじりモーメント T と抵抗ねじりモーメント T_r とは，大きさ等しく逆向きであるので，式 (*2.29*) からトルク（ねじりモーメント）T は式 (*2.30*) となる。

$$T = \frac{\tau_2}{r_2} I_p = \tau_2 Z_p \qquad (2.30)$$

ここに，$Z_p = I_p/r_2$ であり，この Z_p も断面の形状と寸法による定数で，**極断面係数** (polar modulus of section) といわれる。

軸を設計する際，式 (*2.30*) はねじりに関する基本式として使用され，τ_2 は最大せん断応力あるいは最大ねじり応力となる。τ_2 は軸の材料の許容せん断

応力 τ_a より小さくなるようにしなければならない（**2.7.4項**参照）。

代表的な断面形状の断面二次極モーメント I_p と極断面係数 Z_p を**表2.4**に示す。

表2.4 代表的な断面形状の I_p, Z_p

断面形状	I_p 〔mm^4〕	Z_p 〔mm^3〕
	$\dfrac{\pi}{32}d^4$	$\dfrac{\pi}{16}d^3$
	$\dfrac{\pi}{32}(d_2^4-d_1^4)$	$\dfrac{\pi}{16}\left(\dfrac{d_2^4-d_1^4}{d_2}\right)$

2.6.3 ねじれ角とねじり剛性

軸のねじれ角 θ が，ある大きさ以上になると，製品の機能上に問題が生じるときは，ねじれ角を制限する設計を行う。

式（2.28），（2.30）より，ねじれ角 θ〔rad〕は

$$\theta = \frac{Tl}{GI_p} \tag{2.31}$$

となる。式（2.31）から，GI_p の値が大きいほど，ねじれ角 θ の値は小さくなって，軸はねじれにくくなることがわかる。この GI_p を軸の**ねじり剛性**（torsional rigidity）または**ねじりこわさ**という。

2.7 材料の破壊と強さ

材料に材料の強さ以上の応力が生じる外力が加わると，材料は破壊してしまう。実際，いろいろな破壊の要因となる条件を考慮して設計されているにもかかわらず，製品の一部が変形しすぎたり，破壊したりして，正常に機能しなくなることがある。これは，設計の段階で，荷重の加わり方，材料の形状寸法，使用環境，製作時の欠陥など破壊の要因を，正確に推定することが難しいこと

を示している．ここでは，基本的な荷重の加わり方以外のおもな破壊の要因，ならびに，材料の破壊に対する安全な材料の強さの求め方について扱う．

2.7.1 疲　　労

材料に動荷重である繰返し荷重が長時間にわたって作用していると，静荷重に比べてはるかに小さい荷重にもかかわらず，ある**繰返し回数**（repeated number）を超えると，材料は**疲労**（fatigue）という現象を起こし破壊することがある．このような破壊を**疲労破壊**（fatigue break）という．製品の機構に歯車，クランク，カム，ばねなどを使用して駆動されている場合，繰返し荷重が作用しやすいので，設計の際，疲労破壊を避ける工夫をしなければならない．

疲労に対する材料の強さは，疲労試験機で材料に大きさ一定の繰返し荷重を加えることによって生じる**繰返し応力**（repeated stress）の大きさと，破壊するまでの繰返し回数との関係を調べた **S-N 曲線**（S-N curve）から見ることができる．

図 **2.13** は炭素鋼の場合の S-N 曲線である．実線より上の領域の条件では，疲労破壊が起こりうることを示している．材料に発生する繰返し応力の大きさが小さくなるにつれて，破壊するまでの繰返し回数は増加するが，繰返し応力の大きさがある値以下になると，いくら繰返し回数を増加させても材料は破壊しない．この破壊しなくなる横軸に平行な応力の値を**疲労限度**（fatigue

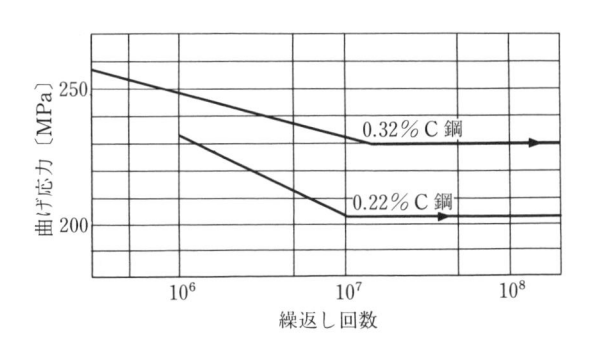

図 **2.13**　S-N 曲線（炭素鋼）（日本機械学会「新版機械工学便覧 A 4」による）

limit) という。

この疲労限度になりはじめる繰返し回数は，鋼では常温で 10^7 程度であるが，銅合金などの軽合金では，10^8 になっても水平部は現れないため，疲労限度を決めにくい。

2.7.2 応力集中

製品の機構上，部材には，段，穴，溝などの加工が加えられると，これら部材には，断面形状が急に変化する部分が存在するようになる。この部分を一般に総称して**切欠き**（notch）という。このような断面形状が急に変化する部分のある部材に大きさ一定の荷重を加えたとき，その部分には平均応力よりもかなり大きな応力が発生する。この現象を**応力集中**（stress concentration）といい，生じる最大応力を**集中応力**（concentrated stress）という（図 2.14）。部材の表面切欠傷や巣穴などの欠陥部分にも応力集中が発生する。

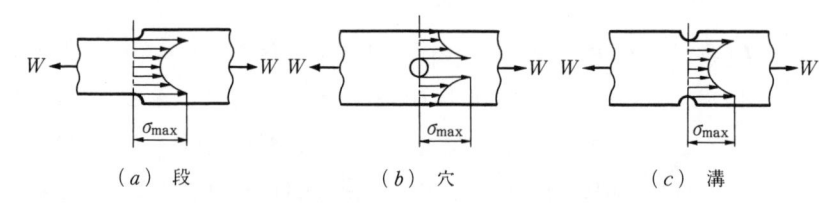

(a) 段　　(b) 穴　　(c) 溝

図 2.14　断面形状が急に変化する部分に生じる応力集中

断面形状が急に変化する部分に生じる，垂直応力に関する集中応力 σ_{max} と平均応力 σ_m の比 α_k，せん断応力に関する集中応力 τ_{max} と平均応力 τ_m の比 α_k は，いずれも**応力集中係数**（factor of stress concentration）または**形状係数**（form factor）といわれ，切欠きの形状によって決まる。したがって，応力集中の値は式（2.32）で求められる。なお，平均応力の値は荷重を応力集中の生じるところの最小断面積で割って求められる（図 2.15，図 2.16）。

$$\sigma_{max} = \alpha_k \sigma_m, \quad \tau_{max} = \alpha_k \tau_m \tag{2.32}$$

図 2.15，図 2.16 より，段付き丸棒の段差が大きく，丸みの半径 r が小さいほど，また，丸穴の径 d と板幅 b の比が小さいほど応力集中係数は大き

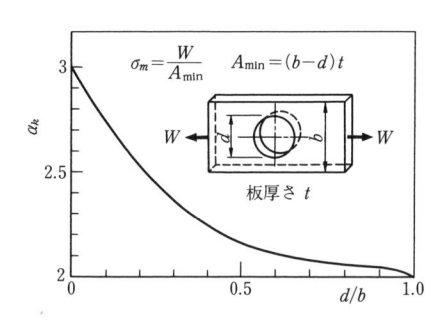

図 2.15 引張荷重を受ける円孔付き帯板の応力集中係数（日本機械学会「新版機械工学便覧 A 4」による）

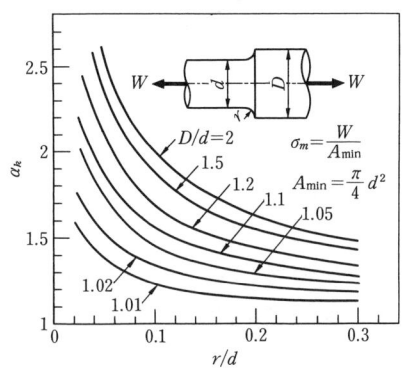

図 2.16 引張荷重を受ける段付き丸棒の応力集中係数（日本機械学会「新版機械工学便覧 A 4」による）

くなり，破壊しやすくなる。

2.7.3 クリープ

材料に一定な荷重を長時間加えつづけると，時間がたつにつれてひずみが徐々に増加する。この現象を**クリープ**（creep）といい，生じるひずみを**クリープひずみ**（creep strain）という。クリープひずみは，一定の温度において一定の時間がたつと，増加しなくなり，ほぼ一定になる。このときの最大応力を**クリープ限度**（creep limit）という。材料内部の応力が大きくて，使用温度が高いほど，クリープひずみは大きくなり，材料は破壊しやすくなる。したがって，長時間，高温で使用する製品設計の場合には，特に，クリープ限度の値に注意しなければならない。

2.7.4 許容応力と安全率

実際，使用されている製品の各部材には，応力が生じており，この応力を**使用応力**（working stress）という。この使用応力で，製品の機能が正常に働くように，また，製品の各部材が破壊しないように，**許容応力**という概念を取り入れる。この許容応力とは，使用されている材料に安全であるとして許される

2. 材料の強さ

最大の応力と定義されている。許容応力の値は，使用状況を考慮して設定される。具体的には，**材料の基準強さ**を安全の余裕を表す**安全率**（factor of safety）で割って求められる。この安全率は1以上の値が選ばれる。したがって，これらの関係を式で表すと，式（2.33）のようになる。

$$使用応力 \leq 許容応力 = \frac{材料の基準強さ}{安全率} \qquad (2.33)$$

材料の基準強さの選定は，一般に，つぎのようになされる。

1) 降伏点を選ぶ　　　　静荷重に対して，軟鋼のような延性材料で降伏

表2.5 安 全 率

荷重	静荷重	繰返し荷重		衝撃荷重
		片振り	両振り	
軟・中硬鋼	3	5	8	12
鋳　　鋼	3	5	8	15
鋳　　鉄	4	6	10	15
銅・軟金属	5	6	9	15

表2.6 常温における鉄鋼の許容応力

荷重		許容応力〔MPa〕			
		軟　鋼	中硬鋼	鋳　鋼	鋳　鉄
引張り	静荷重	88〜147	117〜176	59〜117	29
	動荷重	59〜 98	78〜117	39〜 78	19
	繰返し荷重	29〜 49	39〜 59	19〜 39	10
圧　縮	静荷重	88〜147	117〜176	88〜147	88
	動荷重	59〜 98	78〜117	59〜 98	59
曲　げ	静荷重	88〜147	117〜176	73〜117	—
	動荷重	59〜 98	78〜117	49〜 78	—
	繰返し荷重	29〜 49	39〜 59	24〜 39	—
せん断	静荷重	70〜117	94〜141	47〜 88	29
	動荷重	47〜 88	62〜 94	31〜 62	19
	繰返し荷重	23〜 39	31〜 47	16〜 31	10
ねじり	静荷重	59〜117	88〜141	47〜 88	—
	動荷重	39〜 78	59〜 94	31〜 62	—
	繰返し荷重	19〜 39	29〜 47	16〜 31	—

（注）　動荷重とは片振り繰返し荷重，繰返し荷重とは両振り繰返し荷重に相当。
（日本規格協会「JISに基づく機械システム設計便覧」による）

点が現れる材料の場合
2) 耐力を選ぶ　　　　　静荷重に対して、アルミニウム合金のような延性材料で降伏点が現れない材料の場合
3) 極限強さを選ぶ　　　静荷重に対して、鋳鉄のようなぜい性材料の場合
4) 疲労限度を選ぶ　　　繰返し荷重が加わる場合
5) クリープ限度を選ぶ　高温の環境で使用される場合

破損確率，経験および設計方針などに基づいて安全率の値は決められているが，一般に使用されている例を表 2.5 に示す．常温における鉄鋼の許容応力の値を表 2.6 に示す．

演 習 問 題

【1】 長さ $l = 1\,\mathrm{m}$，直径 $d = 20\,\mathrm{mm}$ の丸棒に引張荷重 $W = 50\,\mathrm{kN}$ を加えた．このときの伸び λ_l，縦ひずみ ε，横ひずみ ε'，直径の変形量 δ を求めよ．ただし，丸棒の縦弾性係数は $E = 206\,\mathrm{GPa}$，ポアソン比は $\nu = 0.333$ とする．

【2】 直径，長さ，材質の異なる二つの円柱を共通軸線に接着一体化した異径円柱に，軸方向へ $W = 100\,\mathrm{kN}$ の圧縮荷重を加えた．この場合の軸方向の全体縮み量を求めよ．ここに，直径 $d_1 = 60\,\mathrm{mm}$，長さ $l_1 = 400\,\mathrm{mm}$，縦弾性係数 $E_1 = 206\,\mathrm{GPa}$ の円柱と，直径 $d_2 = 40\,\mathrm{mm}$，長さ $l_2 = 200\,\mathrm{mm}$，縦弾性係数 $E_2 = 102\,\mathrm{GPa}$ の円柱の組合せである．

【3】 ダイスの上に厚さ $t = 2\,\mathrm{mm}$ の鋼板をセットし，直径 $d = 20\,\mathrm{mm}$ のポンチに荷重を加えて打ち抜く作業を行う．ポンチに加える荷重の大きさ W を求めよ．ただし，打ち抜くためには $\tau = 400\,\mathrm{MPa}$ のせん断応力を必要とする．

【4】 断面が円形で，長さ $l = 50\,\mathrm{cm}$ の片持ばりの自由端に，$W = 200\,\mathrm{N}$ の集中荷重が加わっている．許容曲げ応力が $\sigma_a = 80\,\mathrm{MPa}$ の場合のはりの直径 d を求めよ．

【5】 幅 b，高さ h の長方形断面で長さ $l = 1\,\mathrm{m}$ の両端支持ばりにおいて，左端から $200\,\mathrm{mm}$ のところに $W_C = 2\,\mathrm{kN}$ の集中荷重が，右端から $200\,\mathrm{mm}$ のところに $W_D = 4\,\mathrm{kN}$ の集中荷重が加わっている．$b/h = 3/5$ のときの幅 b と高さ h を

2. 材料の強さ

求めよ。ただし，許容曲げ応力 σ_a は 100 MPa とする。

【6】 **等分布荷重**（uniformly distributed load）w〔N/m〕が加わっている長さ l〔m〕の片持ばりにおけるたわみ y とたわみ角 i を求めよ。

【7】 外形 $d_2 = 50$ mm，内径 $d_1 = 30$ mm の中空軸に $T = 400$ N·m のトルク（ねじりモーメント）が作用している。この軸に生じる最大せん断応力 τ_2 を求めよ。

【8】 中実軸に $T = 400$ N·m のトルクを作用させて 18.7 MPa の最大せん断応力 τ_2 を生じさせる中実軸の直径 d を求めよ。

【9】 長さ $l = 1$ m の軸に $T = 300$ N·m のトルクを作用させた場合，ねじれ角 θ の大きさを 0.5°以内にしたい。軸の直径 d を求めよ。ただし，軸の横弾性係数を $G = 79$ GPa とする。

【10】 厚さ $t = 5$ mm，幅 $b = 40$ mm の帯板の中央に直径 $d = 6$ mm の穴が空いている。この板に $W = 12$ kN の引張荷重が加わるとき，応力集中による最大応力 σ_{max} を求めよ。

【11】 $D = 60$ mm，$d = 50$ mm の段付き丸棒に $W = 20$ kN の引張荷重を加えたときの応力集中による最大応力 σ_{max} を求めよ。ただし，段部分の丸味の半径は $r = 5$ mm とする。

【12】 丸棒に $W = 12$ kN の引張荷重を加えても安全に使用できる丸棒の直径 d を求めよ。ただし，丸棒の降伏点は 300 MPa，安全率は 3 とする。

3

機 械 の 駆 動

　機械を駆動するのにモータがたくさん使われている。モータを使うには，その種類と特性，駆動する機械に適合したモータの選定法を理解していることが必要である。

3.1 モータの種類

　人間に代わって仕事をする機械には，それを動かすための駆動源が必要である。駆動源には電気式のモータや油空圧式のシリンダとモータがあり，パワーの大小や速度の制御のしやすさを考えて使われている。

　モータというと電気式モータを指すといってよく，回転運動するものをモータ，直線運動するものをリニアモータと呼んでいる。モータは，油圧に比べパワーが小さい，負荷の影響を受けやすい，などの欠点もあるが，位置，速度，力の制御のしやすさ，エネルギーの得やすさ，コンピュータやエレクトロニクス技術との融合しやすさなどから，いろいろな機械に使われている。

　使用する電源の種類によって，直流（DC）を電源とするモータを **DC モータ**（direct current motor），交流（AC）を電源とするものを **AC モータ**（alternating current motor）という。DC モータはおもちゃをはじめ自動車などに，AC モータは家庭の電化製品をはじめ工作機械などにたくさん使われている。

　ロボットや工作機械の動きを制御するには，急加速や停止ができるように工夫されたモータが使われている。このような制御を目的としたモータを **サーボモータ**（servo-motor）と呼び，一般の機械を動かすだけのモータと区別して

いる。サーボモータには，直流で駆動する**DCサーボモータ**（DC servo-motor），交流で駆動する**ACサーボモータ**（AC servo-motor），パルス信号によって駆動する**ステッピングモータ**（stepping motor）がある。

DCサーボモータは，加える電圧の大きさやその正負を変えるだけで速度や回転方向を容易に変えられ，制御がしやすく，広く使われている。しかし，ブラシの交換などのメインテナンスが必要となる。

ACサーボモータは，速度や回転方向を変えるには加える交流の周波数やその順番を変えるため複雑な制御装置が必要である。しかし，パワーエレクトロニクスやコンピュータ技術の進歩により，容易に制御できるようになり，かつ，DCサーボモータのようなメインテナンスは不要であり，いまではDCサーボモータに代わって広く使われるようになっている。

ステッピングモータは，**図3.1**に示すように一定角度（ステップ角）ずつ階段状に回転するモータであり，コントローラから加えられるパルス数によって回転角が決まり，そのパルスの1秒間当りのパルス数によって回転の速さが決まる。このことから，コントローラからステッピングモータに送るパルスの数と周波数を制御することによって，位置や速度のセンサがなくても容易に機械の位置と速度が制御できる。しかし，負荷が急に変化する場合などには，送ったパルス数だけステッピングモータが回転しない（これを脱調という）こと

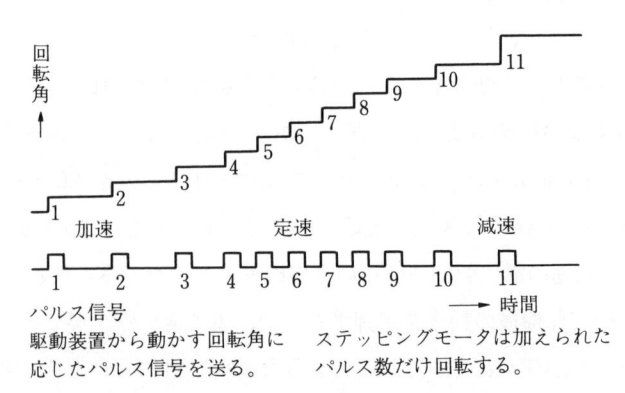

図3.1 ステッピングモータの回転運動

もある。

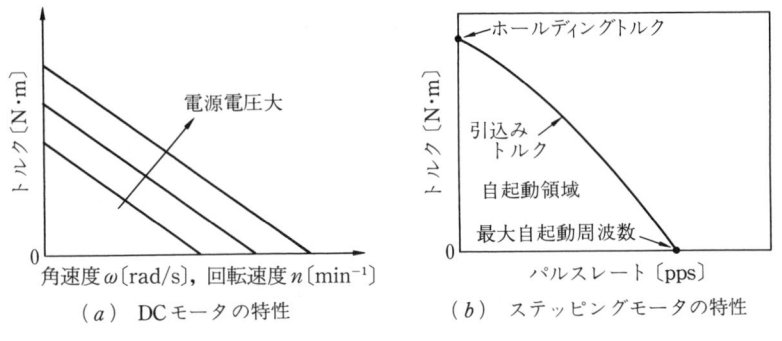

3.2 モータの性能

モータの性能は図 3.2 に示すように出力〔1秒間にできる仕事の能力（仕事率）であり，動力または**パワー**（power）ともいう〕，**出力トルク**（torque），回転速度で表される。

（a）DCモータの特性

（b）ステッピングモータの特性

図 3.2　モータの性能

図 3.2 のようにモータの特性は回転速度が増すとトルクが減少する。モータの特性の代表値として，定格出力〔W〕，定格トルク〔N・m〕，定格回転速度〔$\min^{-1}$〕（回転速度の単位には，rpm または r/min：revolution per minute も使われる）があり，これらは 40℃以下の温度環境において連続運転できる値であり，機械の設計において設計値として使われる。

図 (b) のステッピングモータの特性では，横軸は回転速度に代わって**パルスレート**（pulse rate）を使っている。このパルスレートとは1秒間にステッピングモータに加えるパルス信号の数（単位は pps：pulse per second）を表している。これと1パルス当りのステップ角の積を360°で割ると，ステッピングモータの1秒間当りの回転速度〔s^{-1}〕（または rps：revolution per second）となる。

モータの出力 P_m〔W〕と出力トルク T_m〔N・m〕, 回転速度 n_m〔min^{-1}〕は式 (3.1) の関係となる。

$$P_m = T_m \omega_m = T_m \frac{2\pi n_m}{60} \qquad (3.1)$$

ここに, ω_m は角速度であり, 回転速度 n_m〔min^{-1}〕と**角速度** (angular velocity) ω_m〔rad/s〕との関係は式 (3.2) となる (図 **3.3**)。

$$\omega_m = \frac{2\pi n_m}{60} \qquad (3.2)$$

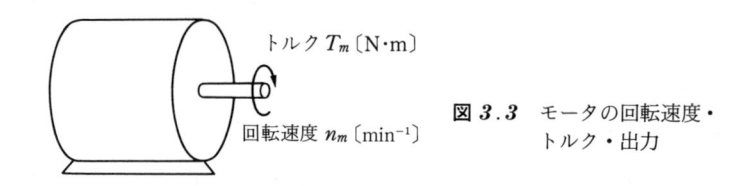

図 **3.3** モータの回転速度・トルク・出力

3.3 機械を動かす力とトルク

機械を動かすのに必要な力は機械の構造を分析し, 機械の各部の質量とそれに働く重力, 機械に働く摩擦力, 外部から働く力, 加速・定速・減速の運動パターンなどがわからなければならない。

3.3.1 物体を持ち上げるのに必要な力

図 **3.4** に示すように, 質量 m〔kg〕の物体を静止状態から加速して一定な速さで鉛直上方に持ち上げる。このとき物体に働く力を加速時 (加速度 a〔m/s^2〕) と定速時に分けると, 加速時には物体には重力 mg〔N〕と**慣性力** (inertia force) ma〔N〕が働く。一定な速さで持ち上げるときには, 加速度は 0 なので慣性力は 0 となり, 物体には重力のみが働く。このことから物体を一定な速さで持ち上げるには mg〔N〕の力で物体を持ち上げられるが, 物体を加速して持ち上げるには $m(g+a)$〔N〕の力が必要である。

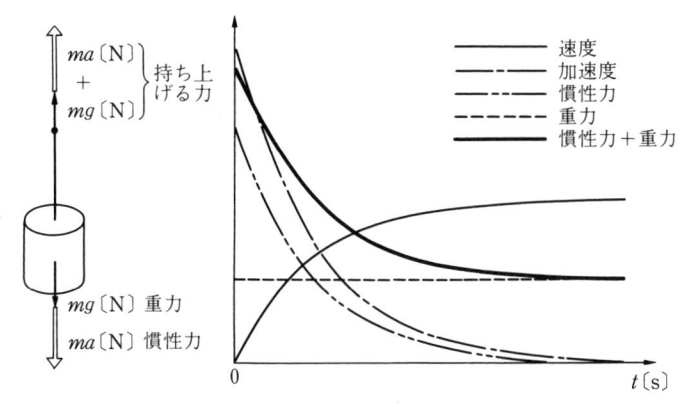

3.3 機械を動かす力とトルク　57

(a) 物体を持ち上げる　　(b) 物体の速度・加速度の変化と物体に働く力

図 3.4　物体を持ち上げるときの力

3.3.2　平面に沿って物体を動かすのに必要な力

図 3.5 に示すように，摩擦係数（coefficient of friction）μ の平面に置かれた質量 m [kg] の物体を加速して一定な速さで引く。このとき物体に働く力を加速時（加速度 a [m/s^2]）と定速時に分けると，加速時には物体には摩擦力 μmg [N] と慣性力 ma [N] が働く。一定な速さで引くときには，物体には摩擦力のみが働く。このことから，物体を一定な速さで引くには μmg [N] の力で足りるが，物体を加速しながら引くにはそれに慣性力 ma [N] が加わり，$m(\mu g + a)$ [N] の力が必要である。

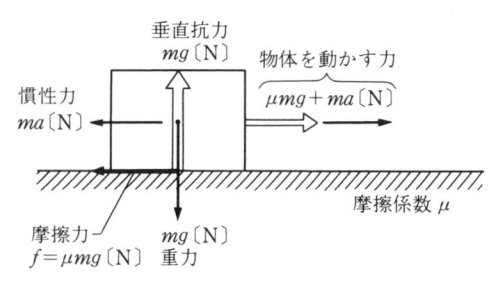

図 3.5　平面上に置かれた物体を動かす力

3.3.3　回転体を回転するのに必要なトルク

表 3.1 に示すように，直線運動と回転運動を比較して，図 3.6 に示す質量 m〔kg〕，半径 r〔m〕の円板が中心を軸にして回転するのに必要なトルク T〔N・m〕を考える。

質量 m〔kg〕，半径 r〔m〕の円板が中心を軸にして回転するときの円板の**慣性モーメント** (momentum of inertia) J は式 (3.3) となる。

$$J = \frac{1}{2}mr^2 \quad \text{〔kg・m}^2\text{〕} \tag{3.3}$$

円板を停止状態から Δt 秒間で回転速度 n〔min^{-1}〕に回転すると，このとき

表 3.1　直線運動と回転運動の比較

直線運動	回転運動
力　　　F〔N〕	トルク　　　T〔N・m〕
質　量　m〔kg〕	慣性モーメント　J〔kg・m^2〕
変　位　x〔m〕	角変位　　　θ〔rad〕
速　度　$v = \dfrac{dx}{dt}$〔m/s〕	角速度　$\omega = \dfrac{d\theta}{dt}$〔rad/s〕
加速度　$a = \dfrac{dv}{dt}$〔m/s^2〕	角加速度　$\alpha = \dfrac{d\omega}{dt}$〔rad/s^2〕
運動の法則　$F = ma$〔N〕	$T = J\alpha$〔N・m〕
運動エネルギー　$E = \dfrac{1}{2}mv^2$〔J〕	$E = \dfrac{1}{2}J\omega^2$〔J〕
仕事率（パワー）　$P = Fv$〔W〕	$P = T\omega$〔W〕

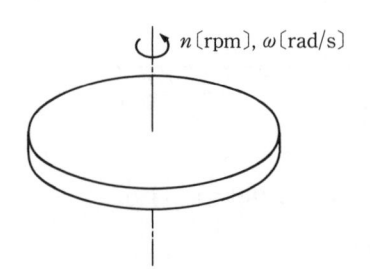

図 3.6　円板の回転運動

の**角加速度**（angular acceleration）は

$$\frac{d\omega}{dt} = \frac{2\pi}{60}\frac{dn}{dt} \tag{3.4}$$

となる。したがって，円板を停止状態から Δt 秒間で回転速度 n [min^{-1}] になるにはつぎのトルク T が必要となる。

$$T = J\frac{d\omega}{dt} = \frac{1}{2}mr^2\frac{2\pi}{60}\frac{dn}{dt} \tag{3.5}$$

円板を停止状態から加速して一定回転にするには，摩擦力や外力に抗して回転するのに必要なトルクのほかに，式（3.5）のトルクが必要となる。

3.4 機械の効率

モータに電圧 E を加えると電流 I が流れ，モータは回転する。このモータの出力 P_m（出力トルク T_m [N·m]，角速度 ω_m [rad/s]）はモータに供給された電力 EI [W] より小さい。このとき，モータの出力とモータに供給された電力の比をモータの**効率**（efficiency）η_m といい，一般に [％] で表される（図 3.7）。

$$\eta_m = \frac{P_m}{EI} \times 100 = \frac{T_m\omega_m}{EI} \times 100 \quad [\％] \tag{3.6}$$

また，歯車やねじ，ベルトを使った**機構**では，機構内の摩擦などによってエネルギーが失われる。このときの機構の**機械効率**（mechanical efficiency）η

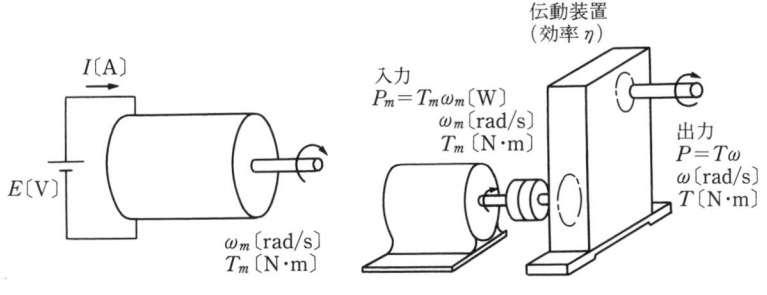

図 3.7 モータへの入力とモータの出力

図 3.8 機構の機械効率

は，機械の出力 $P(=T\omega)$ とモータの出力 $P_m(=T_m\omega_m)$ との比になる（図 **3.8**）。

$$\eta = \frac{P}{P_m} \times 100 = \frac{T\omega}{T_m\omega_m} \times 100 \ \ [\%] \tag{3.7}$$

式（3.7）より

$$P_m = \frac{P}{\eta} \times 100 \tag{3.8}$$

となり，機構においてエネルギーを損失するぶん，モータの出力は大きくなければならない。

3.5 機械を駆動するのに必要なトルク

モータの回転を**減速装置**（reduction gear）によって減速し，物体を持ち上げるのに必要なモータのトルクを考える。図 **3.9** のように，モータの回転を減速装置によって減速し，巻胴を回転して物体が吊るされたひもを巻胴に巻き付けて物体を持ち上げる。図の仕組みにおいてモータ，減速装置，巻胴，負荷（おもり）の諸元をつぎのようにする。

1）モ ー タ　回転速度 n_m [min^{-1}]，角速度 ω_m [rad/s]，出力トル

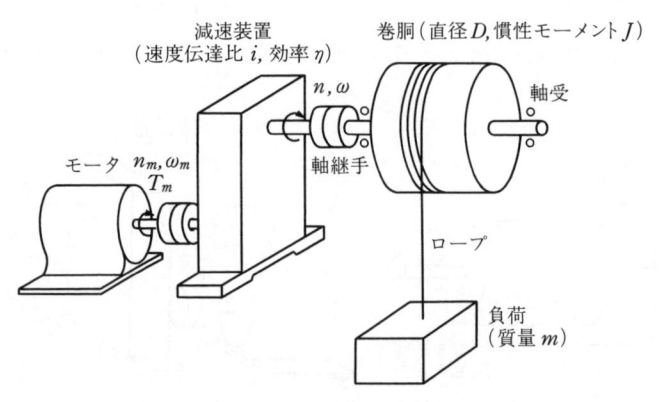

図 **3.9** 物体を持ち上げる

ク T_m〔N·m〕,出力 P_m〔W〕,モータの回転子の慣性モーメントは考えないものとする。

2) 巻　　胴　　直径 D〔m〕,慣性モーメント J〔kg·m²〕,回転速度 n〔min⁻¹〕,角速度 ω〔rad/s〕

3) 減速装置

$$\text{速度伝達比}: i = \frac{n_m}{n} = \frac{\omega_m}{\omega} \tag{3.9}$$

機械効率：η

4) 負　　荷　　質量 m〔kg〕

巻胴にはつぎのトルク T が働く。

$$T = mg\frac{D}{2} \tag{3.10}$$

モータの動力 P_m〔W〕を減速装置を介して動力を巻胴に伝えると,減速装置において損失がある。減速装置の出力,つまり,巻胴への入力は ηP_m〔W〕となる。モータの出力トルク T_m,モータの角速度 ω_m,巻胴に働くトルク T,巻胴の角速度 ω との関係は

$$\eta P_m = \eta T_m \omega_m = T\omega \tag{3.11}$$

となる。式 (3.11) より

$$T = \eta T_m \frac{\omega_m}{\omega} = \eta T_m i \tag{3.12}$$

となる。これより,モータの出力トルク T_m は

$$T_m = \frac{1}{\eta}\frac{T}{i} \tag{3.13}$$

となる。

巻胴に付けられた物体 m〔kg〕を持ち上げるのに必要なモータのトルク T_m は式 (3.13) となり,これを負荷トルク T_L といい,式 (3.14) のように与えられる。

$$T_L = \frac{1}{\eta}\frac{mg(D/2)}{i} \tag{3.14}$$

モータが一定な回転数で回転し,負荷が一定な速度で持ち上げられているな

ら，これがモータの必要な出力トルク T_m となる。しかし，モータが停止状態から回転したり，回転状態から停止するときには，モータが加速あるいは減速され，減速装置，巻胴，負荷の速さも変化する。このように速さが変わると，運動するものには慣性力が働く。そこで，つぎに加速するために必要なモータのトルク T_{acc} を考える。

モータが停止状態から t_a 秒間に一定な割合で回転速度 n_m 〔min^{-1}〕になり，一定な速度で t_c 秒間回転し，t_r 秒間で停止し，t_s 秒間停止するとする。このような運動を角速度 ω を縦軸にして表すと**図 3.10** のようになる。

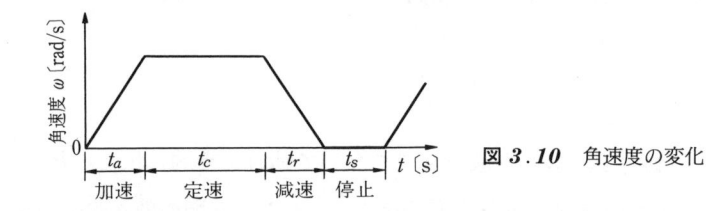

図 3.10 角速度の変化

モータの角速度 ω_m は ω_m/i に減速され，巻胴（慣性モーメント J）を回転させる。このときに必要な加速トルク T' は

$$T' = J\frac{1}{i}\frac{d\omega_m}{dt} + T_{La} \tag{3.15}$$

となる。ここに，T_{La} は物体を加速しながら持ち上げるのに必要なトルクである。

T' と T_{acc} の関係は

$$T' = iT_{acc} \tag{3.16}$$

となる。

さらに，巻胴は角速度 ω_m/i で回転し，負荷 m〔kg〕を持ち上げる。この物体の直線運動に対する慣性は m であるが，これを回転運動に置き換えると負荷の慣性モーメント J_L はつぎのように求められる。

巻胴が ω_m/i で回転すると，巻胴の外周における速さ v は式 (3.17) のようになる。

$$v = \frac{D}{2}\frac{\omega_m}{i} \tag{3.17}$$

これは負荷が持ち上げられるときの速度である。さらに，負荷の加速度 a は

$$a = \frac{D}{2}\frac{1}{i}\frac{d\omega_m}{dt} \tag{3.18}$$

となる。負荷に働く慣性力 f_{La} は

$$f_{La} = m\frac{D}{2}\frac{1}{i}\frac{d\omega_m}{dt} \quad [\text{N}] \tag{3.19}$$

となる。この慣性力 f_{La} に抗して，物体を持ち上げるに必要なトルク T_{La} は，慣性力に巻胴の半径 $D/2$ を掛けたものであり

$$T_{La} = m\left(\frac{D}{2}\right)^2 \frac{1}{i}\frac{d\omega_m}{dt} \quad [\text{N·m}] \tag{3.20}$$

となる。式（3.20）より，負荷 m [kg] の回転運動に対する慣性モーメント J_L は式（3.21）のようになる。

$$J_L = m\left(\frac{D}{2}\right)^2 \frac{1}{i} \quad [\text{kg·m}^2] \tag{3.21}$$

以上より，巻胴，負荷を加速するのに必要な加速トルク T_{acc} は

$$T_{acc} = \frac{1}{i}T' = \left[\left\{J + m\left(\frac{D}{2}\right)^2\right\}\frac{1}{i^2}\right]\frac{d\omega_m}{dt} \tag{3.22}$$

となる。図 **3.11** の運動パターンに従ってモータを加速し，定速で回転して，減速するには，モータには式（3.23）から式（3.25）のトルクが必要になる。このことから，加速しながら負荷を持ち上げるときに最大トルクとなり，これがモータに必要とされる最大トルクとなる。

1) 加速時に必要なトルク

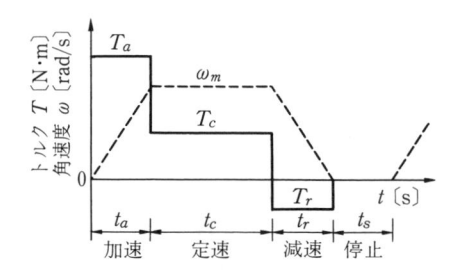

図 **3.11** 運動パターンとトルク

$$T_a = T_L + T_{acc} \tag{3.23}$$

2） 定速時に必要なトルク

$$T_c = T_L \tag{3.24}$$

3） 減速時に必要なトルク

$$T_r = T_L - T_{acc} \tag{3.25}$$

演 習 問 題

【1】 出力 50 W のモータが回転速度 1 500 min^{-1} で回転している。このモータの角速度と出力トルクを求めよ。

【2】 ステップ角 1.8° のステッピングモータに 1 000 pps のパルス信号を加える。このときのステッピングモータの回転数を求めよ。

【3】 質量 10 kg の物体をゆっくり持ち上げるときに必要な力を求めよ。さらに，加速度 2 m/s² で加速しながら持ち上げるとき必要な力を求めよ。

【4】 動摩擦係数 0.1 の平面上を，質量 50 kg の物体を加速度 0.5 m/s² で加速しながら動かすには何 N を物体に作用したらよいか。

【5】 直径 30 cm，板厚 5 mm のアルミニウムの円板を停止状態から 0.5 秒間で 60 min^{-1} 回転するのに必要なトルクを求めよ。ただし，摩擦トルクは働かないものとする。

【6】 図 3.8 の装置で，モータに直流 12 V を加えると，2 A の電流が流れてモータが回転する。このときの伝動装置の出力軸の出力は 19 W である。モータと伝動装置を合わせた効率を求めよ。

【7】 図 3.9 の装置で，減速装置の速度伝達比が 5，機械効率が 90% であり，また，巻胴の直径 200 mm である。質量 50 kg の物体をゆっくり持ち上げるのに必要なモータの出力トルクを求めよ。

【8】 モータの回転を減速装置で 1/3 に減速し，慣性モーメント 0.01 kg・m² の円板を 0.5 秒間で 60 min^{-1} に回転する。0.5 N・m の摩擦によるトルクが働くものとしてモータに必要な最大トルクを求めよ。ただし，減速装置の機械効率は 0.9 とし，モータの慣性モーメントは無視するものとする。

4

ねじ

部品を固定するのにねじが最も多く使われている。ねじを使うには，その種類，規格，使い方とともに，ねじの強さを考えた選定法を理解していることが大切である。

4.1 ねじの使われ方

ねじ (screw thread) は，ねじの軸方向に大きな力を出し機械部品を締め付けたり，機械をわずかずつ動かす働きがあり，図 4.1 のように使われてい

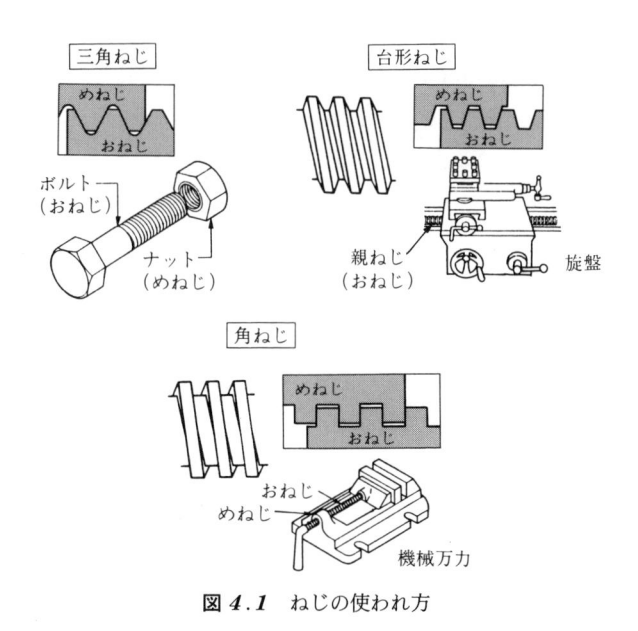

図 4.1 ねじの使われ方

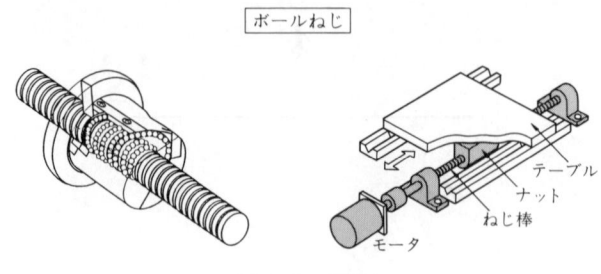

ボールねじ

図 4.1 （続き）

る。
1) 機械部品を締め付けて固定する　ボルト，ナット，万力
2) 機械を動かす　テーブルの送り，ジャッキ

4.2 ねじの基礎

ねじは**図 4.2**に示すように直角三角形を円筒に巻き付けてできるらせん（**つるまき線**：helix）を円筒面に付けたものである。このらせんに沿って円筒を1回転して軸方向に進む距離を**リード**（lead）といい，直角三角形の斜面の角度を**リード角**（lead angle）という。円筒の直径を d_2 とすると，リード l とリード角 θ の間には式（4.1）の関係が成り立つ。

$$\tan \theta = \frac{l}{\pi d_2} \tag{4.1}$$

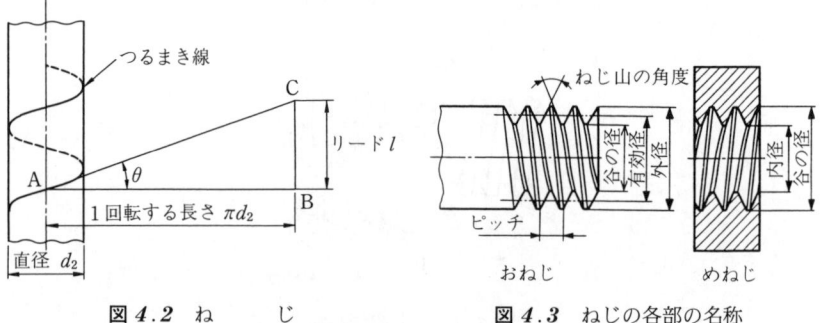

図 4.2 ね　　　じ

図 4.3 ねじの各部の名称

4.2 ねじの基礎

おねじ（external thread）は円筒面にらせん状のねじ山を付けたねじで，**めねじ**（internal thread）は穴の内面にねじ山を付けたねじである。おねじとめねじの各部の名称を図 *4.3* に示す。おねじとめねじでは，おねじの**外径**（major diameter of external thread）とめねじの**谷の径**（major diameter of internal thread），おねじの**谷の径**（minor diameter of external thread）とめねじの**内径**（minor diameter of internal thread）が対応する。また，隣り合うねじ山の間隔を**ピッチ**（pitch），おねじを切断する長さとめねじが切断する長さが等しくなる径を**ねじの有効径**（pitch diameter of thread）という。有効径はねじの強さや精度を検討するときの代表値となる。

図 *4.4* に示すように，1本のねじ山を巻き付けて作られたねじを**一条ねじ**（single-start thread）という。1回転ごとのねじ山数をねじの条数といい，2本以上の多数のねじを**多条ねじ**（multi-start screw thread）という。多条

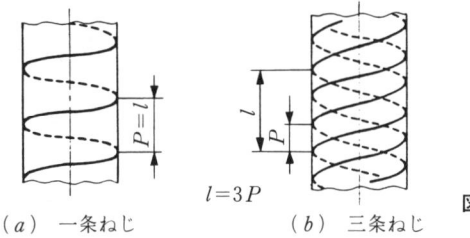

(a) 一条ねじ　　$P = l$

(b) 三条ねじ　　$l = 3P$

図 4.4 ねじの条数

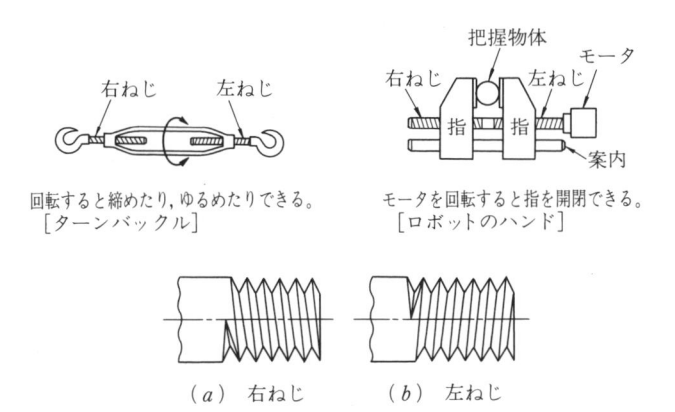

回転すると締めたり，ゆるめたりできる。
[ターンバックル]

モータを回転すると指を開閉できる。
[ロボットのハンド]

(a) 右ねじ　　(b) 左ねじ

図 4.5 右ねじと左ねじ

ねじの条数 n とリード l，ピッチ P の関係は式 (4.2) となる。

$$l = nP$$

図 4.5 に示すように，ねじ山の巻き方によって，ねじを右回りに回すと前進するねじを**右ねじ** (right-hand thread) といい，左に回すと前進するねじを**左ねじ** (left-hand thread) という。通常使っているねじは右ねじであるが，左向きのトルクが働いてゆるんでしまう場合には左ねじが使われる。

4.3 ねじの種類と規格

ねじは形状や仕組みによって，三角ねじ，角ねじ，台形ねじ，ボールねじなどがある。ねじはたくさん使われているので互換性があることが大切である。

表 4.1 ねじの種類と表示

種類				記号	規格	形状
三角ねじ	ユニファイねじ	並目		UNC	JIS B 0206	
		細目		UNF	JIS B 0208	
	一般用メートルねじ	並目		M	JIS B 0205	
		細目				
	管用ねじ	管用テーパねじ	テーパおねじ	R	JIS B 0203	
			テーパめねじ	Rc		
			平行めねじ	Rp		
		管用平行ねじ		G	JIS B 0202	
メートル台形ねじ				Tr	JIS B 0216	

4.3 ねじの種類と規格

表 4.2 一般用メートルねじ（並目）の JIS 規格

$H = \dfrac{\sqrt{3}}{2} P = 0.866\,025\,404\,P$ （とがり山の高さ）

$H_1 = \dfrac{5}{8} H = 0.541\,265\,877\,P$ （基準のひっかかりの高さ）

$d_2 = d - 0.649\,5\,P$
$d_1 = d - 1.082\,5\,P$
$D = d$ （呼び径）
$D_2 = d_2$ （有効径）
$D_1 = d_1$

ひっかかり率 $= \dfrac{d - D_{hs}}{2\,H_1} \times 100$ 〔%〕

太い実線は基準山形を示す。

（単位：mm）

ねじの呼び*			ピッチ (P)	ひっかかりの高さ (H_1)	めねじ 谷の径 (D) / おねじ 外径 (d)	めねじ 有効径 (D_2) / おねじ 有効径 (d_2)	めねじ 内径 (D_1) / おねじ 谷の径 (d_1)	ねじ下穴径 D_{hs}（ひっかかり率90%の場合）	有効断面積 A_s 〔mm²〕
1欄	2欄	3欄							
M 2			0.4	0.217	2.000	1.740	1.567	1.61	2.07
	M 2.2		0.45	0.244	2.200	1.908	1.713	1.76	2.48
M 2.5			0.45	0.244	2.500	2.208	2.013	2.06	3.39
M 3			0.5	0.271	3.000	2.675	2.459	2.51	5.03
	M 3.5		0.6	0.325	3.500	3.110	2.850	2.92	6.78
M 4			0.7	0.379	4.000	3.545	3.242	3.32	8.78
	M 4.5		0.75	0.406	4.500	4.013	3.688	3.77	11.3
M 5			0.8	0.433	5.000	4.480	4.134	4.22	14.2
M 6			1	0.541	6.000	5.350	4.917	5.03	20.1
	M 7		1	0.541	7.000	6.350	5.917	6.03	28.9
M 8			1.25	0.677	8.000	7.188	6.647	6.78	36.6
		M 9	1.25	0.677	9.000	8.188	7.647	7.78	48.1
M 10			1.5	0.812	10.000	9.026	8.376	8.54	58.0
		M 11	1.5	0.812	11.000	10.026	9.376	9.54	72.3
M 12			1.75	0.947	12.000	10.863	10.106	10.3	84.3
	M 14		2	1.083	14.000	12.701	11.835	12.1	115
M 16			2	1.083	16.000	14.701	13.835	14.1	157
	M 18		2.5	1.353	18.000	16.376	15.294	15.6	192
M 20			2.5	1.353	20.000	18.376	17.294	17.6	245
	M 22		2.5	1.353	22.000	20.376	19.294	19.6	303
M 24			3	1.624	24.000	22.051	20.752	21.1	353
	M 27		3	1.624	27.000	25.051	23.752	24.1	459
M 30			3.5	1.894	30.000	27.727	26.211	26.6	561
	M 33		3.5	1.894	33.000	30.727	29.211	29.6	694

（注）＊ 1欄を優先的に，必要に応じて2欄，3欄の順に選ぶ．
（JIS B 0205-1〜4：2001, JIS B 1004：2009, JIS B 1082：2009 による）

そのため日本国内ではJIS，世界的にはISOでねじの種類ごとに規格が設けられている。

〔**1**〕**三 角 ね じ**　三角ねじ（triangle screw thread）には**表 4.1**に示すようにメートルねじ，ユニファイねじ，管用ねじがある。ねじ山は三角形で，一般用メートルねじとユニファイねじのねじ山の角度は60°，管用ねじのねじ山の角度は55°である。ねじ山の斜面（flank）に摩擦力が働きゆるみにくく，締め付けるのに使われる。

広く使われている一般用メートルねじ（並目）のJIS規格を**表 4.2**に示す。一般用メートルねじはおねじの外径を[mm]単位で表し，それをねじの**呼び径**（nominal diameter）としている。めねじはそれに合うおねじの外径で表す。

同じ呼び径のねじでもピッチの違いにより，並目ねじと細目ねじがある。**図 4.6**に示すように細目ねじはピッチが細かいので，ねじ山の高さが低く，薄肉の部品を締め付けるのに適し，リード角が小さいことからゆるみにくい特長がある。

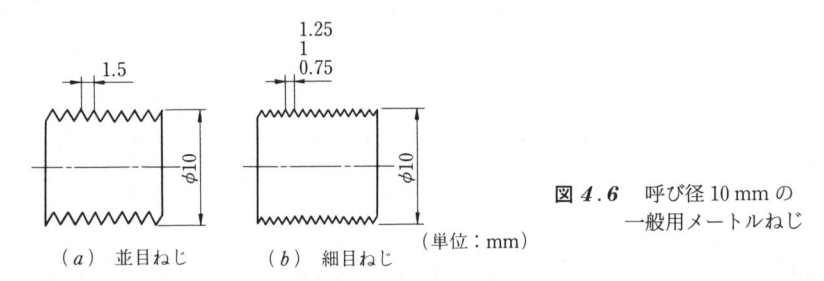

図 4.6　呼び径 10 mm の
　　　　一般用メートルねじ

（単位：mm）

（a）並目ねじ　　（b）細目ねじ

一般用メートルねじ（general purpose metric screw thread）はメートルねじを表すMと，呼び径，ピッチで表す。**並目ねじ**（coarse thread）ではMのつぎに呼び径を書き，ピッチは示さない。**細目ねじ**（fine pitch thread）では同じ呼び径のねじでもピッチが異なるので，M（呼び径）×（ピッチ）というようにピッチを指定する。例えば，呼び径10の一般用メートルねじは

　並目ねじ：M 10　　（ピッチ 1.5 mm）

　細目ねじ：M 10×1　（ピッチ　1 mm）

と表される。

管用ねじ（pipe thread）は一般用メートルねじ（並目）よりピッチが細かいので肉厚の薄い部分に使え，気密性が高く，管と管をつないだり，部品に管をつないだりするのに使われているねじである。

表4.1に示すようにねじ部が一様な外径である平行ねじとテーパ状であるテーパねじがある。管用ねじのねじ山の角度は55°であり，ピッチは25.4 mm（1インチ）当りのねじ山の数で表し，ねじの呼びはねじの外径でなく特別な寸法で表す。例えば，R 1/8は，ねじ山数28，外径9.728 mmの管用テーパねじを表す。

〔2〕 **台形ねじ** 台形ねじ（trapezoidal screw thread）はねじ山が台形で，ねじ山の角度が30°のねじである。三角ねじより摩擦が小さく，角ねじより作りやすく，高精度にねじを加工でき，ねじ山の摩耗に対する調整が容易で，バックラッシも除去でき，強度もあるため工作機械の送りねじなどに使われている。

〔3〕 **角ねじ** 角ねじ（square thread）はねじの山の角度が90°で摩擦は小さく，伝達力が大きく駆動用のねじとして適しているが，加工が難しく精度のよいねじは得にくい。ジャッキや万力のねじとして使われている。

〔4〕 **ボールねじ** ボールねじ（ball screw）は機械の駆動用に使われ，おねじとめねじの間にボールが入っていて，それが転がるので摩擦が小さく，摩擦係数は0.005以下である。

ボールねじでは，軸方向のすきまをなくし，かつ，軸方向の剛性を高めるため予圧をかけている。その方法は**図4.7**に示すように，ナットを二つ使い，

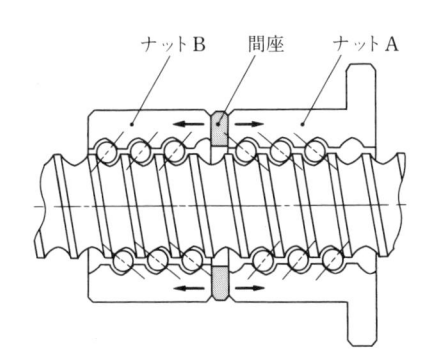

図4.7 予圧の方法

間に間座やばねを入れるダブルナット方式などがある。このように予圧を与えて，バックラッシがなく精密な送りができ，正確な位置決めを要する工作機械の駆動機構に使われる。

4.4 ね じ 部 品

ねじ部品には，ボルト，ナット，小ねじ，止めねじ，木ねじ，タッピングねじがある。

〔1〕 **ボルトとナット**　図 4.8 に示すように，用途に応じて各種の**ボルト** (bolt) や**ナット** (nut) がある。

ボルトの頭やナットの形状は六角形をしたものが広く使われ，**六角ボルト** (hexagon headed bolt)，**六角ナット** (hexagon nut) と呼ばれる。六角ボルトや六角ナットは，図 (a) **通しボルト** (through bolt)，図 (b) **押えボルト** (tap bolt)，図 (c) **植込みボルト** (stud bolt) のように使われる。

図 (d) に示す**六角穴付きボルト** (hexagon socket head bolt) は頭部の径

(a) 通しボルト　(b) 押えボルト　(c) 植込みボルト　(d) 押えボルト　(e) 基礎ボルト

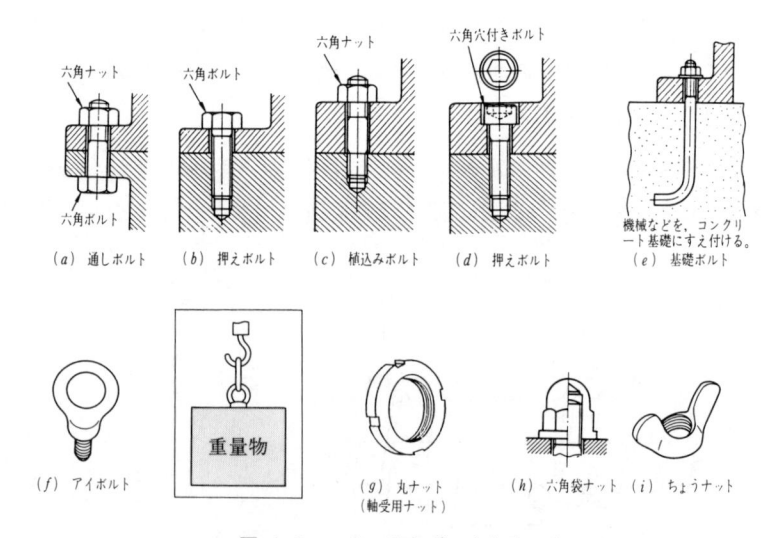

(f) アイボルト　(g) 丸ナット（軸受用ナット）　(h) 六角袋ナット　(i) ちょうナット

図 4.8　いろいろなボルトとナット

が六角ボルトの頭部より小さく，材質は強度のあるクロムモリブデン鋼などの合金鋼が使われている。狭い箇所での締付けやボルトの頭を沈めたい場合に使われ，締め付けるには六角棒スパナを使う。

〔2〕**小ねじ**　小ねじ (machine screw) は呼び径 8 mm 以下の頭付きねじで，ねじ山の形は三角形である。頭の形状は図 *4.9* に示すものがあり，これらのねじは−や＋のドライバで頭を回すため，すりわりや十字穴が付けられている。

〔3〕**止めねじ**　止めねじ (set screw) は部品を固定するのに使われるねじで，図 *4.10* に示すように頭がなく，すりわりや六角穴が付けられたものや四角の頭のものがある。

〔4〕**木ねじ**　木ねじ (wood screw) は図 *4.11* に示す形状で，木材を締め付けるねじである。

〔5〕**タッピングねじ**　タッピングねじ (tappinng screw) は図 *4.12* に示す形状で，めねじのない穴に直接ねじ込み，穴にねじを作りなから締め付

すりわり付き　十字穴付き

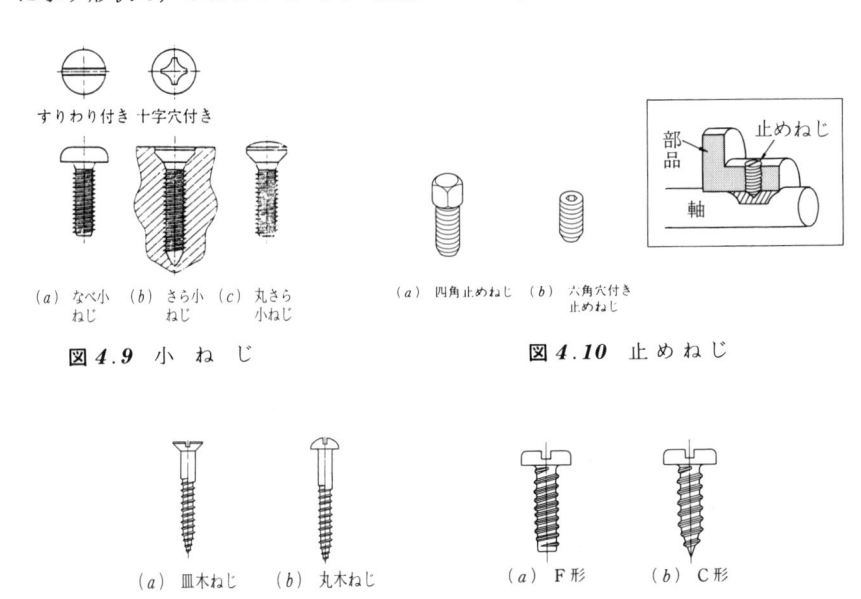

(a) なべ小ねじ　(b) さら小ねじ　(c) 丸さら小ねじ

図 *4.9*　小　ね　じ

(a) 四角止めねじ　(b) 六角穴付き止めねじ

図 *4.10*　止めねじ

(a) 皿木ねじ　(b) 丸木ねじ

図 *4.11*　木　ね　じ

(a) F形　(b) C形

図 *4.12*　タッピングねじ
　　　（すりわり付き・なべ）

ける。薄い板材や軟らかい材料に使われる。

4.5 ボルトとナットの使い方

4.5.1 めねじの下穴

押えボルトでは，ボルトがはまりあうめねじを立てるには，ドリルで下穴をあけ，タップを使ってめねじを切る。この下穴の径はボルトの谷の径より大きいとすきまが大きくなり，ナットの強度が低下し，小さいとねじをなかなか切れないので，適正な下穴の径は**表 4.2** に示すように JIS で決められている。一般用メートルねじ（並目）では呼び径の約 80 % の径の下穴をあけるとよい。

4.5.2 座　　　金

図 4.13 に示すように座金（washer）には用途によっていろいろなものがある。座金はボルト穴が大きすぎたり，座面が平らでなかったり，傾いたり，また締め付ける部分が弱いときなどに使われる。また，ねじのゆるみを防ぐために，ばね座金や歯付き座金などが使われる。ばね座金はねじ面の摩擦力を大きくしてゆるみを防止する働きがある。

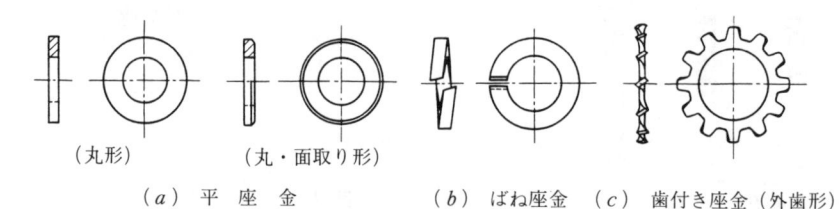

（丸形）　　　（丸・面取り形）
(a) 平 座 金　　　(b) ばね座金　(c) 歯付き座金（外歯形）

図 4.13 座　　　金

4.5.3 ゆるみ止め

しっかり締めたボルトやナットも振動や衝撃によってゆるむことがある。このようなゆるみを防止するためには，座金による方法のほか**図 4.14** に示すようにいくつかのゆるみ止め（screw locking）の方法がある。図 (a) はダブ

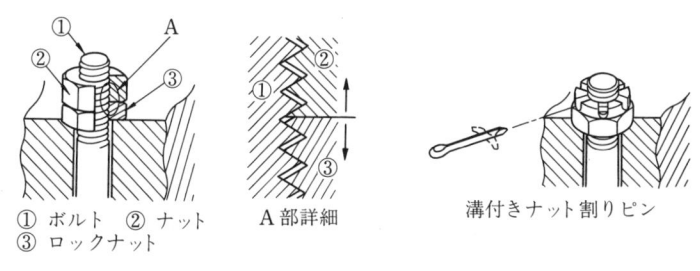

①　ボルト　②　ナット
③　ロックナット

(a) ダブルナット　　　　　　　　(b) 割りピン

図 4.14　ゆ る み 止 め

ルナットによる方法である。この方法によって締め付けるには，はじめに止めナット (lock nut)③を締め，つぎにナット②を締める。そして止めナット③を戻すと，二つのナットが押し合い，ねじ面に大きな摩擦が生じてゆるみにくくなる。図 (b) は割りピンによる方法である。

4.6　ね じ の 力 学

角ねじを取り上げ，力学的にねじを解析する。図 4.15 (a) において，ねじの有効径を d_2 とすると，リード角 θ とリード l との関係は式 (4.1) が成り立つ。ねじの軸方向に加わる力を W とし，これに抗してねじの有効径においてねじを回転させるのに必要な力を F とすると，斜面における力のつりあいから式 (4.3) が成り立つ。

$$F\cos\theta - W\sin\theta = \mu\,(F\sin\theta + W\cos\theta) \tag{4.3}$$

　　　（ねじ面に平行な力）　　（ねじ面に働く摩擦力）

ここに，μ はねじ面の摩擦係数である。式 (4.3) より，ねじを回転する力 F は

$$F = W\frac{\sin\theta + \mu\cos\theta}{\cos\theta - \mu\sin\theta} \tag{4.4}$$

となる。摩擦角を α とすると

$$\mu = \tan\alpha \tag{4.5}$$

(a) 締めるとき (b) ゆるめるとき

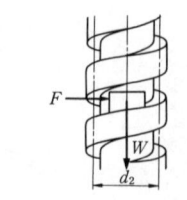

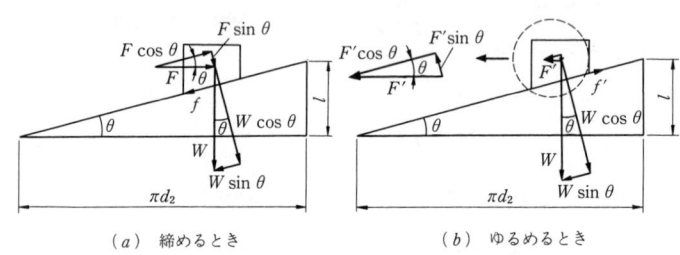

図 4.15　ねじと斜面の利用

となり，式 (4.4) はつぎのようになる。

$$F = W\frac{\sin\theta + \tan\alpha\cos\theta}{\cos\theta - \tan\alpha\sin\theta} = W\frac{\tan\theta + \tan\alpha}{1 - \tan\theta\tan\alpha}$$

$$= W\tan(\theta + \alpha) \tag{4.6}$$

締め付けるためにねじを回すのに必要なトルク T は

$$T = F\frac{d_2}{2} = \frac{d_2}{2}W\tan(\theta + \alpha) \tag{4.7}$$

また，ねじをゆるめるときに必要な力 F' は，**図 $4.15(b)$** の力のつりあいより

$$F'\cos\theta + W\sin\theta = \mu(-F'\sin\theta + W\cos\theta)$$

$$F' = W\frac{-\sin\theta + \tan\alpha\cos\theta}{\cos\theta + \tan\alpha\sin\theta} = W\frac{\tan\alpha - \tan\theta}{1 + \tan\theta\tan\alpha}$$

$$= W\tan(\alpha - \theta) \tag{4.8}$$

となる。ゆるめるためにねじを回すのに必要なトルク T' は式 (4.9) となる。

$$T' = F'\frac{d_2}{2} = \frac{d_2}{2}W\tan(\alpha - \theta) \tag{4.9}$$

ねじがゆるまないためには，式 (4.9) が正，すなわち，$\alpha > \theta$ でなければならない。

4.6 ねじの力学

ねじ面の摩擦係数 μ は

　　ねじ面が乾いているとき　$\mu = 0.15 \sim 0.25$（$\alpha = 8.5° \sim 14.0°$）

　　ねじ面に油があるとき　　$\mu = 0.11 \sim 0.17$（$\alpha = 6.3° \sim 9.6°$）

である。

つぎに三角ねじについて考えてみよう。三角ねじではねじの斜面に対して垂直に働く力は，図 **4.16** の角ねじの場合の $1/\cos\beta$（β：ねじ山の角度）倍となり

$$\frac{W}{\cos\beta} \tag{4.10}$$

となる。ねじ面に働く摩擦力は

$$\mu\frac{W}{\cos\beta} = \frac{\mu}{\cos\beta}W \tag{4.11}$$

となるので，摩擦係数 μ' と摩擦角 α' を

$$\mu' = \frac{\mu}{\cos\beta} = \tan\alpha' \tag{4.12}$$

として，角ねじの式に代入し，式（4.13）と式（4.14）のようにねじの軸方向の力 W とねじを回すトルク T がわかる。

$$F = W\tan(\theta + \alpha') \tag{4.13}$$

$$T = F\frac{d_2}{2} = \frac{d_2}{2}W\tan(\theta + \alpha') \tag{4.14}$$

式（4.12）より，三角ねじの摩擦係数は角ねじの摩擦係数より 15％くらい大きいことがわかる。したがって，角ねじに比べ三角ねじは締め付けるのに大きな力が必要である。このことは，三角ねじは角ねじよりゆるみにくいことを意味する。

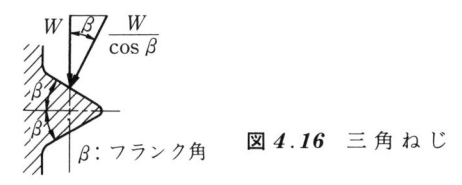

図 **4.16**　三角ねじ

4.7 ボルトとナットによる結合と締付けトルク

通しボルトによって二つの部品を結合するにはナットをスパナで回して締め付ける。このとき図 **4.17** のようにナットと部品が接触する座面には摩擦があるので，その摩擦に抗して大きなトルクが必要となる。そのトルクの大きさは，ナットの座面の摩擦係数を μ_s，座面の有効径を d_s とすると

$$T = \frac{W}{2}\{d_2\tan(\theta+\alpha)+\mu_s d_s\} \qquad (4.15)$$

となる。ここに，W は締付け力である。
メートルねじでは，ねじの呼び径を d とすると

$$\theta \fallingdotseq 2.5° \quad \mu=\mu_s \fallingdotseq 0.15 \quad d_2 \fallingdotseq 0.92\,d \quad d_s \fallingdotseq 1.3\,d$$

となり，トルク T は

$$T = Wd(0.101+0.098) \fallingdotseq 0.2\,Wd \qquad (4.16)$$

となる。座面における摩擦のために締付けトルクの 50% が必要となる。

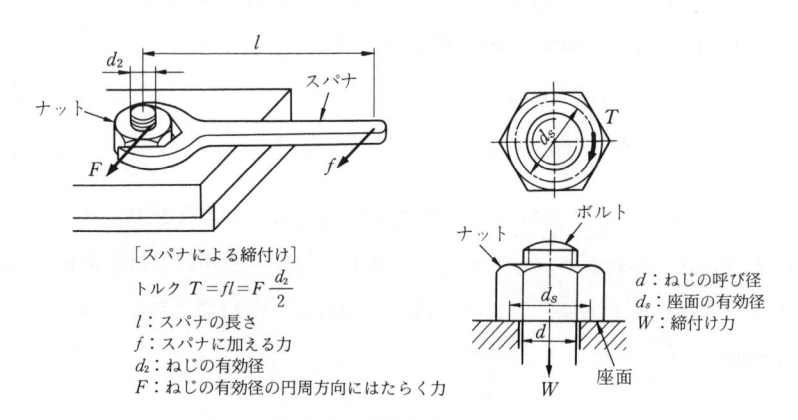

[スパナによる締付け]
トルク $T = fl = F\dfrac{d_2}{2}$
l：スパナの長さ
f：スパナに加える力
d_2：ねじの有効径
F：ねじの有効径の円周方向にはたらく力

d：ねじの呼び径
d_s：座面の有効径
W：締付け力

図 4.17 締付けトルク

4.8 ねじの効率

図 4.18 に示すように,ねじに作用する軸方向の力 W にさからってねじを1回転すれば,ねじはリード l だけ移動する。このときの仕事は Wl である。一方,ねじを力 F で1回転する仕事は移動量が πd_2 であるから $F\pi d_2$ である。このことから,ねじを締め付ける場合のねじの効率は式（4.17）となる。

$$\eta = \frac{Wl}{F\pi d_2} \qquad (4.17)$$

式（4.17）で,式（4.1）と式（4.6）から $F = W\tan(\theta+\alpha)$, $\tan\theta = l/\pi d_2$ であることから,ねじの効率 η は式（4.18）のようになる。

$$\eta = \frac{Wl}{W\pi d_2 \tan(\theta+\alpha)} = \frac{l}{\pi d_2 \tan(\theta+\alpha)} = \frac{\tan\theta}{\tan(\theta+\alpha)} \qquad (4.18)$$

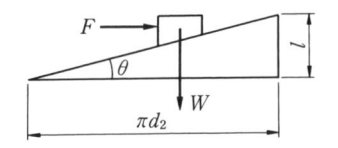

図 4.18 ねじの効率

4.9 ねじの強さ

ねじには引張りやねじりなどの力が働くので,これらの力に対するねじの強さを考えよう。

4.9.1 ねじの強度区分

ねじの材料としては,おもに炭素鋼が用いられるが,強度が必要とされるときには合金鋼（クロムモリブデン鋼など）が,耐食性が必要とされるときは銅合金やステンレス鋼が用いられる。

炭素鋼や合金鋼を使ったねじについては,JIS に強度区分が規定されてい

る。ボルトの強度区分は小数点を付けた数字で表される。ボルトの強度区分は JIS B 1051 に示されている。小数点の左の数字が引張強さを，小数点の右の数字が降伏点または耐力を示す。例えば，ボルトの強度区分 4.6 はつぎのことを示す。

  4：引張強さが 400 MPa であることを示す。
  6：降伏点または耐力が引張強さの 0.6 倍，すなわち $400 \times 0.6 = 240$
    MPa を示す。

ボルトの強度区分には，引張強さの他に，ビッカース硬さなども示されている。また，ナットの強度区分は JIS B 1052-2 に示され，ボルトとナットは同じ強度区分のものを組み合わせて使う。

4.9.2 引張強さ

図 4.19 に示すように，おねじに軸方向の引張荷重 W が作用するとき，ねじが破壊しないための断面積 A は式（4.19）で求まる。

$$A = \frac{W}{\sigma_a} = \frac{WS}{\sigma_{\max}} \tag{4.19}$$

ここに，σ_a は許容引張応力，$\sigma_{\max}$ は引張強さ，S は安全率である。安全率は鋼の場合に静荷重で 3，衝撃荷重で 12 程度である。

必要な断面積 A は，角ねじや台形ねじではねじの谷の断面積であり，三角ねじでは表 4.2 の有効断面積である。断面積 A が求まれば，使用するねじの呼び径を決定できる。

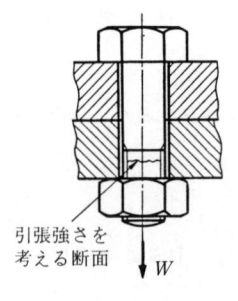

図 4.19　ねじの引張強さ

三角ねじの有効断面積 A_s は式 (4.20) で求まる。

$$三角ねじでは \quad A_s = \frac{\pi}{4}\left(\frac{d_2+d_3}{2}\right)^2 \tag{4.20}$$

ここに, d_2 は有効径で, d_3 は谷の径 d_1 ととがり山の高さ H から式 (4.21) で決まる直径である。

$$d_3 = d_1 - \frac{H}{6} \tag{4.21}$$

4.9.3 軸方向に力を受けながらねじられるねじの強さ

締付けボルトやねじジャッキのねじは, 軸方向の荷重とねじ面に生じる摩擦によってねじりを受ける。このねじりによるねじり応力 τ は, 式 (4.7) とねじの極断面係数 Z_p より式 (4.22) となる。

$$\tau = \frac{T}{Z_p} = \frac{16}{\pi d_1^3}\frac{d_2}{2}W\tan(\theta+\alpha) = \frac{W}{\frac{\pi d_1^2}{4}}2\frac{d_2}{d_1}\tan(\theta+\alpha)$$

$$= 2\sigma\frac{d_2}{d_1}\tan(\theta+\alpha) \tag{4.22}$$

式 (4.22) から, 軸方向の応力 σ とねじり応力 τ の関係がわかる。三角ねじでは, リード角 $\theta \fallingdotseq 2.5°$, $d_2/d_1 \fallingdotseq 1.05$, フランク角 $\beta = 30°$ であり, 摩擦係数 $\mu = 0.15$ とすると式 (4.23) となる。

$$\tau = 0.46\sigma \tag{4.23}$$

軸方向の力とねじりが作用するときの応力は, つぎのように軸方向の応力 σ_e に換算できる。

$$\sigma_e = \sqrt{\sigma^2+3\tau^2} = 1.28\sigma \quad または \quad \sigma_e = \sqrt{\sigma^2+4\tau^2} = 1.36\sigma$$

（せん断ひずみエネルギー説）　　　　（最大せん断応力説）

このことから, 軸方向の力とねじりが作用するときには軸方向の荷重の 4/3 倍の力が作用するとして上式を適用する。

$$A = \frac{\frac{4}{3}W}{\sigma_a} \tag{4.24}$$

式(4.24)でねじの断面積を求め，必要なねじの径が求められる。

4.9.4 せん断強さ

図 4.20 に示すように，たがいに引っ張り合っている2枚の板をボルトとナットで締め付けてあるときには，2枚の板の摩擦力で耐えるように設計する。しかし，板に働く力 W が摩擦力より大きくなると，ボルトにはせん断力が働く。ボルトの外径を d，許容せん断応力を τ_a とすると，式(4.25)が成り立つ。

$$W = \frac{\pi d^2}{4} \tau_a \tag{4.25}$$

式(4.25)から必要なボルトの外径が式(4.26)で求まる。

$$d = \sqrt{\frac{4W}{\pi \tau_a}} \tag{4.26}$$

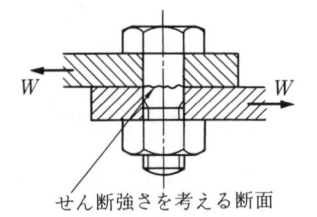

図 4.20 せん断強さ

図 4.20 のようにボルトで締め付ける場合，ねじ部がせん断面にならないようにする。また，一般には，ボルト穴の径はボルトの外径より少し大きくし，すきまを設けるが，せん断荷重が働くときにはすきまのない**リーマボルト** (reamer bolt) などを使う。

4.9.5 ねじのはめあい長さ

おねじとめねじがかみ合っているねじ部の長さをねじのはめあい長さという。ねじのはめあい長さは，締結用のねじではねじ山のせん断強さによって，移動用のねじでは，ねじのフランクの接触面圧力によって決定される。

4.9 ねじの強さ

おねじとめねじがかみ合うねじ山の数が少ないと，ねじ山の根元がせん断破壊してつぶれてしまうことがある．**図4.21**（a）のように，ねじ山が一様に接触してz山のねじがかみ合っている．このときのねじのはめあい長さLは，ねじのピッチをPとすると，式（4.27）となる．

$$L = zP \tag{4.27}$$

かみあっているねじの根元の面積Sは，おねじの谷の径をd_1とすると

$$S = \pi d_1 L = \pi d_1 z P \tag{4.28}$$

となる．これがせん断される面積である．ねじの軸方向に荷重Wが働き，ねじの許容せん断応力をτ_aとすると，式（4.29）の関係を満たせば，ねじはせん断破壊しない．

$$W \leqq \pi d_1 L \tau_a = \pi d_1 z P \tau_a \tag{4.29}$$

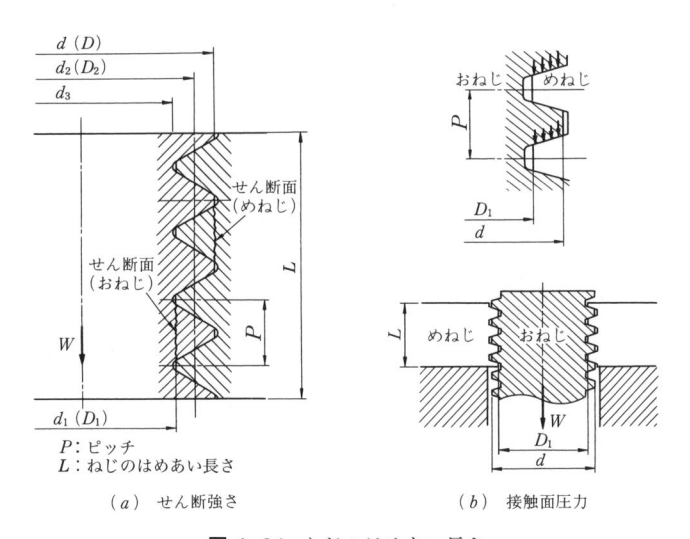

（a） せん断強さ　　　　　　（b） 接触面圧力

図4.21 ねじのはめあい長さ

実際には，**図4.17**のようにボルトとナットを使って締める場合をみると，ナットの高さはボルトの呼び径の0.8〜1.0倍であり，トルクレンチによって適切な締付けトルクで締め付ければ，ねじ山は破壊せず安全である．押えボルトや植込みボルトのねじ込み部の長さLは，ボルトの外径dを基準にして，

表 4.3　ねじ込み部の長さ（単位：mm）

ねじ穴の材料	ねじ込み部の長さ	めねじの深さ l_1
軟鋼，鋳鋼，青銅	$L=d$	$l_1=L+(2〜10)$
鋳　鉄	$L=1.3\,d$	下穴の深さ l_2
軽合金	$L=1.8\,d$	$l_2=l_1+(2〜10)$

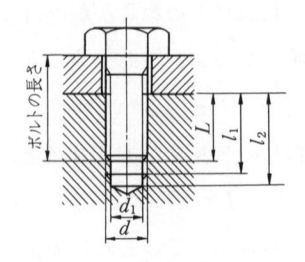

図 4.22　ねじ込み部の長さ

ねじ穴の材料により表 4.3 および図 4.22 のようにする。

移動用ねじや軟らかい材質のねじの場合には，接触部の摩擦が問題となり，ねじ山のせん断強さより接触するねじ面の面圧を適切になるように，はめあい部の長さを決める。

図 4.21 (b) のように，z 山のねじがかみ合い，ねじ山が一様に接触しているとすれば，たがいに接触しているねじ山の接触面積 A は式 (4.30) のようになる。

$$A \fallingdotseq z\frac{\pi}{4}(d^2-D_1^2) \tag{4.30}$$

これに軸方向に荷重 W が働く。ねじ面の許容接触面圧力を q とすると，軸方向に荷重 W とねじ山の接触面積 A との関係は式 (4.31) となる。

$$W=qA=qz\frac{\pi}{4}(d^2-D_1^2) \tag{4.31}$$

式 (4.31) から，ねじ山の山数 z とはめあい長さ L は式 (4.32), (4.33) となる。

$$z=\frac{4W}{q\pi(d^2-D_1^2)} \tag{4.32}$$

$$L=zP=\frac{4WP}{q\pi(d^2-D_1^2)} \tag{4.33}$$

表 4.4 にねじの許容接触面圧力を示す。許容接触面圧力は速度が速くなると小さくなる。

表 4.4 許容接触面圧力

材料	おねじ	鋼					
	めねじ	青銅	鋳鉄	青銅	鋳鉄	青銅
すべり速度〔m/min〕	低速	3.0以下	3.4以下	6.0〜12.0		15.0以下
許容接触面圧力〔MPa〕	18〜25	11〜18	13〜18	6〜10	4〜7	1〜2

（日本機械学会編「機械工学便覧 β4」による）

4.10 ねじによる送りと駆動用モータのトルク

図 4.23 に示す位置決めテーブルは，モータとボールねじを軸継手で直結し，モータの回転運動を直線運動に変換して，テーブルを駆動している。この位置決めテーブルの諸元と運動パターンを表 4.5 と図 4.24 に示す。

位置決めテーブルを駆動するには，サーボモータやステッピングモータが使われている。この位置決めテーブルを駆動するモータに必要なトルクを考える。これにはテーブルやワークの重さによる摩擦に抗して動かすのに必要なトルクと，ねじやテーブルなどを停止状態から加速するのに必要なトルクとがある。

テーブルを最大速度で動かすときのモータの回転速度 n_m，角速度 ω_m は式 (4.34) のようになる。

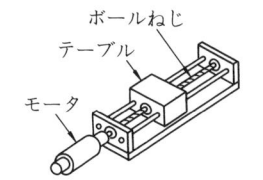

図 4.23 位置決めテーブル

表 4.5 位置決めテーブルの諸元

テーブル			ボールねじ			案内
最大送り速度	v_t	〔m/mim〕	ねじ軸径	d	〔m〕	摩擦係数 μ
質量	m_t	〔kg〕	リード	l	〔m〕	
最大載荷質量	m	〔kg〕	長さ	l'	〔m〕	
最大スラスト荷重	F_a	〔N〕	密度	ρ	〔kg/m³〕	

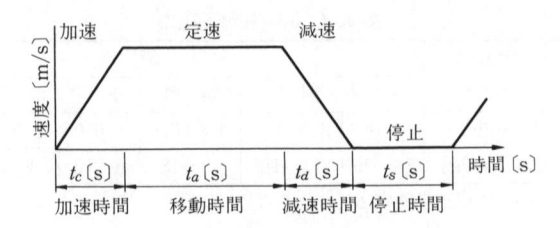

図 *4.24* 位置決め装置の速度線図

$$n_m = \frac{v_t}{l} \ [\text{min}^{-1}], \quad \omega_m = \frac{2\pi \times n_m}{60} \ [\text{rad/s}] \tag{4.34}$$

軸方向の荷重は軸方向のスラスト荷重 F_a 〔N〕とテーブルやワークと案内面との摩擦力 $\mu(m_t+m)g$ 〔N〕である.位置決めテーブルの機械効率を η とすると,負荷トルク T_L 〔N·m〕は式(4.35)となる.

$$T_L = \frac{\{F_a + \mu(m_t+m)g\}v_t}{2\pi n_m \eta} \tag{4.35}$$

ボールねじを回転し,テーブルやワークを水平方向に直線運動させるとき,モータからみたテーブルとワークの慣性モーメントを考える.

トルク T 〔N·m〕でねじを1回転させると,テーブルを押す力 f 〔N〕は式(4.36)となる.

$$f = \frac{2\pi T}{l} \ [\text{N}] \tag{4.36}$$

つぎに,ねじの回転角 θ とテーブルの移動量 x 〔m〕との関係は式(4.37)となる.

$$x = \frac{l\theta}{2\pi} \ [\text{m}] \tag{4.37}$$

式(4.37)からテーブルの加速度は

$$\frac{d^2x}{dt^2} = \frac{l}{2\pi}\frac{d^2\theta}{dt^2} = \frac{l}{2\pi}\frac{d\omega_m}{dt} \tag{4.38}$$

となる.テーブルとワークの質量を $M(=m_t+m)$ とすると,これを加速する力 f は

$$f = M\frac{l}{2\pi}\frac{d\omega_m}{dt} \tag{4.39}$$

となる。式 (4.36) と式 (4.39) からトルク T は式 (4.40) となる。

$$T = M\left(\frac{l}{2\pi}\right)^2 \frac{d\omega_m}{dt} \quad (4.40)$$

式 (4.40) から，モータに対するねじによって駆動されるテーブルとワークの慣性モーメント J は

$$J = M\left(\frac{l}{2\pi}\right)^2 \quad (4.41)$$

となる。また，ねじの慣性モーメント J_s 〔kg・m²〕は

$$J_s = \frac{\pi \rho l' d^4}{32} \quad (4.42)$$

となる。ねじとテーブル，ワークを加速するのに必要なモータのトルク T_a は

$$T_a = \left\{\frac{\pi \rho l' d^4}{32} + M\left(\frac{l}{2\pi}\right)^2\right\} \frac{d\omega_m}{dt} \quad (4.43)$$

となる。

　以上から，位置決めテーブルを加速しながら動かすには，摩擦や外力のほかに，ねじ棒，テーブル，載荷物の慣性力が働く。これらの力に抗してテーブルを動かすには，モータにはつぎのトルク T_m が必要となる。

$$T_m = T_L + T_a \quad (4.44)$$

演 習 問 題

【1】多条ねじはどのようなところに使われているか調べよ。

【2】扇風機の羽根車を締め付けているねじは，右ねじか左ねじか調べよ。

【3】ピッチが 4 mm の三条ねじのリードを求めよ。

【4】M 5 のねじの下穴の径は何 mm にしたらよいか。

【5】M 10 と M 20 の有効径とリード角を求めよ。

【6】有効径 18 mm，リード 4 mm，摩擦係数 0.2 の角ねじをトルク 10 N・m で締め付けたときのねじの締付け力は何 N か。

【7】M 20 のねじをトルク 10 N・m で締め付けたときのねじの締付け力は何 N か。

ただし，摩擦係数は 0.2 とする．

【8】 図 **4.17** のように M 10 のボルトとナットを使って板材を締め付ける．長さ 100 mm のスパナに 50 N の力を加えて回すとき，板材を締め付ける力を求めよ．

【9】 有効径 18 mm，リード 4 mm，ねじ面の摩擦係数 0.2 の角ねじを使ったねじジャッキの効率を求めよ．

【10】 M 20 のねじにおいて，摩擦係数を 0.2 とすれば，このねじの効率はいくらか．

【11】 ボルトの強度区分 5.8 の意味を説明せよ．

【12】 許容引張応力 60 MPa の一般用メートルねじ（並目）に 20 kN の引張力が働く．一般用メートルねじ（並目）を選定せよ．

【13】 図 **4.20** のように 2 枚の板をリーマボルトで締め付けてあり，20 kN の力で板が引っ張られる．リーマボルトの径を求めよ．ただし，許容せん断応力は 30 MPa とする．

【14】 おねじの外径 20 mm，谷の径 16 mm，ピッチ 4 mm の角ねじを使ったねじジャッキが耐えられる荷重を求めよ．ただし，おねじは鋼で，めねじは鋳鉄でできていて，5 山のねじがかみ合っている．

【15】 M 10 のボルトとナット（ナットの高さ 8 mm）を使ったターンバックルがある．これのねじ部が耐える引張荷重をボルトの引張強さ，ねじ山のせん断強さ，ねじ面の接触面圧力から検討せよ．ただし，ねじの許容引張応力 σ_a は 40 MPa とし，許容せん断応力 $\tau_a \fallingdotseq 0.5 \times \sigma_a$ とする．また，許容接触面圧力（締付け用ねじ）$q = 30$ MPa とする．

【16】 図 **4.23** に示す位置決めテーブルで，軸径 10 mm，リード 4 mm，長さ 200 mm のボールねじを使って，質量 1 kg のテーブルに 2 kg のワークを載せて最大 6 m/min で動かしたい．このとき，ボールねじの軸方向に 20 N のスラスト荷重が働いている．案内面の摩擦係数を 0.1，位置決めテーブルの効率を 0.9 として，テーブルを 0.1 秒間で最大速度にできる駆動するモータのトルクを求めよ．

5

軸 と 要 素

エネルギーの供給を受けて発生させた動力は，一般に回転運動によって伝えられる。回転運動を伝える最も基本的な要素が**軸**（shaft）である。軸にはその使用目的によって，曲げやねじりなどの力が動的に作用する。さらに長期間使用する場合には，疲労破壊の発生にも配慮した設計が必要となる。

5.1 軸の種類

軸は作用する力や使用法によってつぎのように分類される（図 **5.1**）。

1) おもに曲げ作用を受ける軸　駆動軸でない車両軸（客車や手押し車の軸）などの**車軸**（axle）。
2) おもにねじり作用を受ける軸　プーリや歯車などを取り付け動力伝達する**伝動軸**（transmission shaft）。さらに，たわみ量（変形量）の少な

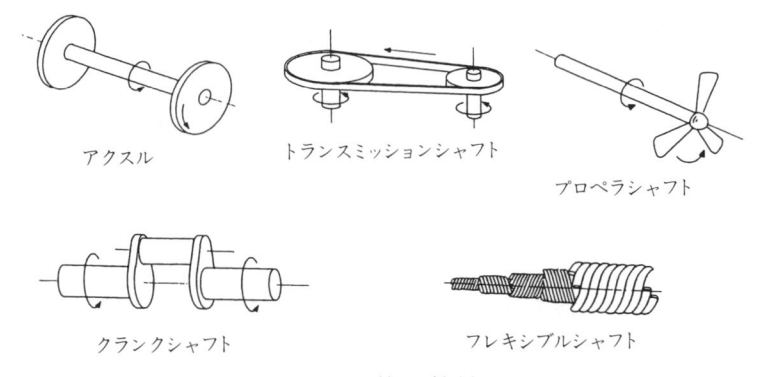

アクスル　　トランスミッションシャフト　　プロペラシャフト

クランクシャフト　　フレキシブルシャフト

図 **5.1** 軸の種類[11]

いことが要求される工作機械の主軸などは**スピンドル**（spindle）と呼ばれる。

3) 曲げ，ねじり，引張り，圧縮など同時に2種類以上の作用を受ける軸 船の推進に用いる**プロペラ軸**（propeller shaft），回転運動と直線運動を変換する**クランク軸**（crank shaft）や伝達方向を変える**たわみ軸**（flexible shaft）などがある。

5.2 軸といろいろな要素

軸は空間的に固定されている**フレーム**（flame）に対しては回転運動を行っていることが多い。このような軸の回転を妨げずに空間的に支える**軸受**（bearing），歯車，プーリ，軸などの他の伝達要素との結合に用いられる**キー**（key），**軸継手**（coupling），**クラッチ**（clutch）などの各要素とは動力伝達システム全体として深くかかわりがあり，それぞれの設計目的に合わせた選定と組合せが必要となる。

5.3 動力伝達と軸

動力伝達に用いられる伝動軸は，ねじり，曲げ，引張り，圧縮，せん断などが単独または組み合わされて作用する場合があり，軸の内部には複雑な応力を生じ，これらの応力に十分耐えうる設計が必要となる。また，繰返しの状態で作用することが多いことから疲労破壊や段付き部，キー溝の切欠き部に生じる応力集中や衝撃に対する配慮も必要である。以上の軸の**強さ**（strength）以外に，変形やたわみを少なくする**こわさ**（stiffness）や軽量化・低コスト化などを考慮した最適な設計が要求される。さらに，具体的な設計に際しては，軸受などの部品との組合せを配慮し，分解・組立・保守を容易とする設計が求められる。

5.4 軸の強さ

軸の断面形状は一般的に円形（中実丸棒）と中空円形（中空丸棒）が用いられる。軸径は，応力集中などによる強度の低下を考慮しながら，それに作用するいろいろな負荷に耐える強さをもつように決める。中実丸棒の軸径は**表5.1**のようにJIS B 0901で定められているので，その値より選択し決める。

表5.1 中実丸棒の軸径 （単位：mm）

4	□	10	□*	19	*	35	□*	60	□*
4.5		11	*	20	□*	35.5		63	*
5	□	11.2		22	□*	38	*	65	□*
5.6		12	□*	22.4		40	□*	70	□*
6	□*	12.5		24	*	42	*	71	*
6.3		14	*	25	□*	45	□*	75	□*
7	□*	15	□	28	□*	48	*	80	□*
7.1		16	*	30	□*	50	□*	85	□*
8	□*	17	□	31.5		55	□*	90	□*
9	□*	18	*	32	□*	56	*	95	□*

（注）□印はJIS B 1512-1：2011（転がり軸受（ラジアル軸受）の主要寸法）の軸受内径による。*印はJIS B 0903：2001（円筒軸端）の軸端のはめあい部の直径による。
（JIS B 0901-1977 による）

5.4.1 軸の動力とトルク

動力を伝達する軸には，軸の回転数に応じたねじりモーメント（トルク）が発生する。すなわち伝達動力 P〔W〕，軸回転速度 n〔min^{-1}〕，角速度 ω〔rad/s〕，トルク T〔N・m〕とすると，3章の式（3.1）からつぎの関係が成り立つ。

$$P \fallingdotseq 0.105 Tn \quad \text{〔W〕} \tag{5.1}$$

$$T = 9.55 \frac{P}{n} \quad \text{〔N・m〕} \tag{5.2}$$

5.4.2 ねじりだけが作用する軸

〔1〕**中実丸棒** 丸棒が動力 P〔W〕を回転速度 n〔min^{-1}〕で伝達すると

き，軸にはトルク T〔N·m〕が作用し軸はねじれ，ねじり応力（せん断応力）を生じる。このせん断応力は外周において最大となる。そこで，外周部のせん断応力 τ〔Pa〕は，極断面係数を Z_p〔m³〕とすると

$$T = Z_p \tau \text{〔N·m〕と} Z_p = \frac{\pi d^3}{16} \text{〔m³〕より}$$

$$d = \sqrt[3]{\frac{16T}{\pi \tau}} \fallingdotseq 1.72 \sqrt[3]{\frac{T}{\tau}} \text{〔m〕} \tag{5.3}$$

となり，式（5.3）に式（5.2）を代入すると

$$d \fallingdotseq 3.65 \sqrt[3]{\frac{P}{\tau n}} \text{〔m〕} \tag{5.4}$$

となる。

〔**2**〕**中空丸棒** 中空丸棒の外径を d_2〔m〕，内径を d_1〔m〕とし，$d_1/d_2 = k$ とおくと

$$d_2 \fallingdotseq 1.72 \sqrt[3]{\frac{T}{\tau(1-k^4)}} \fallingdotseq 3.65 \sqrt[3]{\frac{P}{\tau n(1-k^4)}} \text{〔m〕} \tag{5.5}$$

と表せる。

同じ材質の軸について，せん断応力が等しいねじり強さをもつ中実丸棒の直径 d と中空丸棒の外径 d_2 を比較すると，式（5.4）と式（5.5）より

$$\frac{d_2}{d} = \frac{1}{\sqrt[3]{1-k^4}} \tag{5.6}$$

となり，中空丸棒の内径 d_1 と外径 d_2 の比 $k = d_1/d_2$ の関数となる。**図 5.2** は横軸に k をとったときの外径比と断面積比（重量比に等しい）を示す。ここに，$A = \pi d^2/4$，$A_1 = \pi(d_2{}^2 - d_1{}^2)/4$ である。

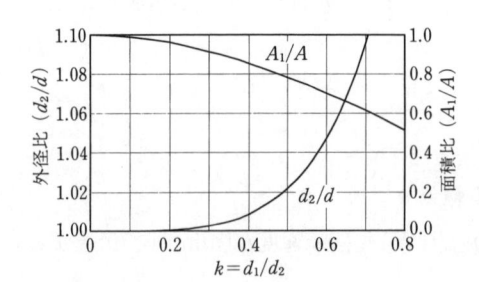

図 5.2 ねじり強さの等しい中実と中空丸棒

5.4.3 曲げだけが作用する軸

軸に曲げだけが作用する車軸は，軸受を支点とする円形断面のはりと考えて強度計算する。

〔**1**〕 **中実丸棒** 軸に働く曲げモーメントを M〔N・m〕，許容曲げ応力を σ_b〔Pa〕，断面係数を Z〔m³〕とすると

$M = Z\sigma_b$, $Z = (\pi/32)d^3$ より，軸径 d は式（5.7）となる。

$$d = \sqrt[3]{\frac{32M}{\pi\sigma_b}} \fallingdotseq 2.17\sqrt[3]{\frac{M}{\sigma_b}} \quad \text{〔m〕} \tag{5.7}$$

〔**2**〕 **中空丸棒** 外径 d_2，内径 d_1 とし，$d_1/d_2 = k$ とおくと，外径 d_2 は式（5.8）となる。

$$d_2 = \sqrt[3]{\frac{32M}{\pi(1-k^4)\sigma_b}} \fallingdotseq 2.17\sqrt[3]{\frac{M}{(1-k^4)\sigma_b}} \quad \text{〔m〕} \tag{5.8}$$

5.4.4 ねじりと曲げが同時に作用する軸

軸にねじりモーメント T と曲げモーメント M が同時に作用する場合には，式（5.9）の相当ねじりモーメント T_e と相当曲げモーメント M_e を求める。

$$T_e = \sqrt{T^2 + M^2}, \quad M_e = \frac{M + \sqrt{T^2 + M^2}}{2} = \frac{M + T_e}{2} \tag{5.9}$$

これらの T_e と M_e を，式（5.3）から式（5.8）の対応する T と M に置き換え別々に軸径を求め，その大きいほうの値を軸径とする。

一般に，軟鋼などの延性材料ではせん断応力によって破損する場合が多く，相当ねじりモーメント T_e より軸径を求める。また，鋳鉄や焼入れした鋼などぜい性材料では曲げ応力によって破損する場合が多いので，相当曲げモーメント M_e より軸径を求める。

5.4.5 軸径が変化する場合

伝動軸では，一般に歯車，軸受などの要素と組み合わせて用いられる。その際に，軸にキー溝や段が加工される。これらの溝や段によって集中応力が生

じ，強度の減少をきたす。したがって，これらの応力集中を許容応力に考慮した設計が必要となる。これらについては，*2.7*節を参照する。

5.5 軸のこわさ

軸径を求める場合，軸の強度だけでなくたわみなどの変形を考慮する場合がある。一般に，伝動軸ではたわみ角とねじれ角の限度をつぎの値とする。

　　　たわみ角：1/1 000 rad 以下

　　　　　　　または軸長さ1mにつきたわみ量を0.35mm以下

　　　ねじれ角：軸長さ1mにつき 1/4°以下

ねじれ角が大きくなるとねじれ振動の原因となったり，曲げによるたわみ角によって歯車の不正常なかみあいの原因となる。しかし，実際の設計ではねじりモーメントによるたわみが大きく，ねじりこわさを考慮した設計がなされている。

2章の式 (*2.31*) より，ねじりモーメント T 〔N·m〕が作用する中実軸 (直径 d，長さ l，横弾性係数 G) のねじれ角 θ〔°〕は式 (*5.10*) となる。

$$\theta = \frac{32lT}{\pi d^4 G} \frac{180}{\pi} \quad [°] \tag{5.10}$$

また，伝達する動力 P〔W〕，回転速度 n〔min^{-1}〕とすると

$$\theta = \frac{306lP}{\pi n d^4 G} \frac{180}{\pi} \quad [°] \tag{5.11}$$

となる。

5.6 危険速度

軸は自重や軸に取り付けられた歯車などの負荷によってたわむ。軸がたわんだ状態で回転すると，負荷の重心が軸中心からずれていることから，軸に遠心力が作用し軸は振動する。この振動数が軸の固有振動数と一致し共振を生じる

5.6 危 険 速 度

と,振れが大きくなり危険である。この軸の固有振動数を**危険速度** (critical speed) という。軸回転速度は危険速度より 20 % 以上離す。

図 **5.3** に示すような 2 点支持の軸に質量 m の回転体が取り付けられている場合,回転体による軸の曲げたわみは

$$y = \frac{mga^2b^2}{3lEI} \tag{5.12}$$

となる。ここに,g は重力加速度,E は軸の縦弾性係数,I は軸の断面二次モーメントを示す。

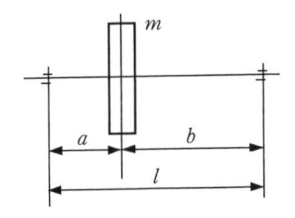

図 5.3 2 点支持軸と回転体

軸の曲げ一次固有振動数 f とその危険速度 n_c は式 (5.13) と式 (5.14) で表せる。

$$f = \frac{1}{2\pi}\sqrt{\frac{g}{y}} = \frac{1}{2\pi}\sqrt{\frac{3lEI}{ma^2b^2}} \quad \text{[Hz]} \tag{5.13}$$

$$n_c = 60f = \frac{60}{2\pi}\sqrt{\frac{3lEI}{ma^2b^2}} \quad \text{[min}^{-1}\text{]} \tag{5.14}$$

軸に多数の回転体が取り付けられている場合には,ダンカレーの方法によって,危険速度は式 (5.15) のようになる。

$$\frac{1}{n_c^2} = \frac{1}{n_1^2} + \frac{1}{n_2^2} + \cdots + \frac{1}{n_i^2} \quad \text{より}$$

$$n_c = \frac{60}{2\pi}\sqrt{\frac{g}{y_1 + y_2 + \cdots + y_i}} \quad \text{[min}^{-1}\text{]} \tag{5.15}$$

ここに,n_i と y_i は i 番目の回転体が単独に作用したときの危険速度と曲げたわみである。

5.7 軸継手

　軸継手は，二つの軸をつなぎ，動力を伝達する連結器の役目を果たす要素である。例えば，モータ軸と減速機の軸を連結する。軸継手は回転軸に取り付けるため，振動によるゆるみや軸中心の一致に注意する必要がある。

　軸継手には，運転中に2軸を一体化したまま用いる**永久継手**（permanent coupling）と，運転中に2軸を断続する**クラッチ**（clutch）に大別される。さらに，伝達する動力の大きさ，振動・衝撃の有無，伝達方向などによってさまざまな継手が用いられる。

　また，軸継手のメーカーごとにさまざまな継手が開発され，伝達動力や接続条件によってカタログより選定することが実践的であるが，以下に基本的な軸継手について紹介する。

5.7.1 固定軸継手

　永久継手の基本的な軸継手であり，2軸の軸線が一致している場合に用いられる。

〔1〕**筒形軸継手**　筒形軸継手（muff coupling）は，図 5.4 のような円筒に，2軸を突き合わせて打込みキーで止める。比較的小径軸に用いられ鋳鉄製円筒が多く用いられる。設計寸法の目安は経験上つぎのとおりである。

$$D = 1.8\,d + 20\,\text{mm}, \quad l = (3 \sim 4)\,d \tag{5.16}$$

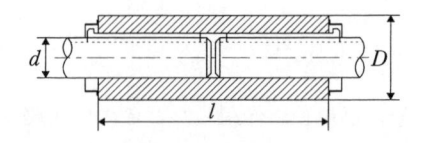

図 5.4　筒形軸継手

〔2〕**フランジ形固定軸継手**　フランジ形固定軸継手（rigid flanged shaft coupling）は，固定継手として最も一般的な継手であり，図 5.5 に示す。フランジ面（図中の「つば」の部分）をボルト，ナットで固定する。した

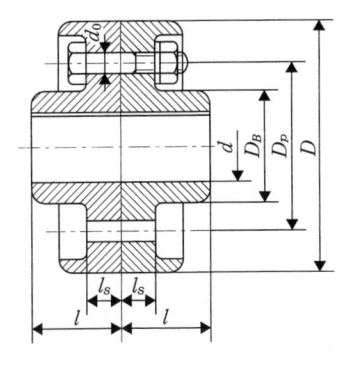

図 5.5 フランジ形固定継手

がって，回転トルクはボルトのせん断応力によって伝えられる。構造寸法や材質は JIS B 1451-1991 に規定されているが，強度計算はボルトのせん断強さとフランジ付け根のせん断強さなどについて行う。

伝達トルク T [N·m]，ボルトピッチ円直径 D_p [m]，ボルト外径 d_0 [m]，ボルト本数 m，ボス直径 D_B [m]，フランジ厚さ l_s [m] とすると，ボルトにかかるせん断応力 τ_B は

$$\tau_B = \frac{2T/D_p}{m(\pi/4){d_0}^2} = \frac{8T}{m\pi {d_0}^2 D_p} \quad [\text{Pa}] \tag{5.17}$$

となる。また，フランジ付け根にかかるせん断応力 τ_F は

$$\tau_F = \frac{(2T)/D_B}{\pi D_B l_s} = \frac{2T}{\pi {D_B}^2 l_s} \quad [\text{Pa}] \tag{5.18}$$

となる。これらの τ_B と τ_F 値が許容せん断応力より小さい値であればよい。

5.7.2 たわみ軸継手

たわみ軸継手（flexible flanged shaft coupling）は 2 軸の中心を正しく一致させにくいときに，軸心が少しずれても使用できる継手である。これには継手中間部分にゴムを利用した**ゴム軸継手**（rubber shaft coupling）や板ばねなどの弾性変形を利用したものが多く市販されている。また，外歯車に丸みを付け軸心が傾けられる**歯車形軸継手**（geared type shaft coupling）は，高速回転・大荷重の伝動に適する。

図 5.6 にたわみ継手の例として，**フランジ形たわみ継手** (flexible flanged shaft coupling)，ゴム軸継手とベローズ形継手の構造を示す。

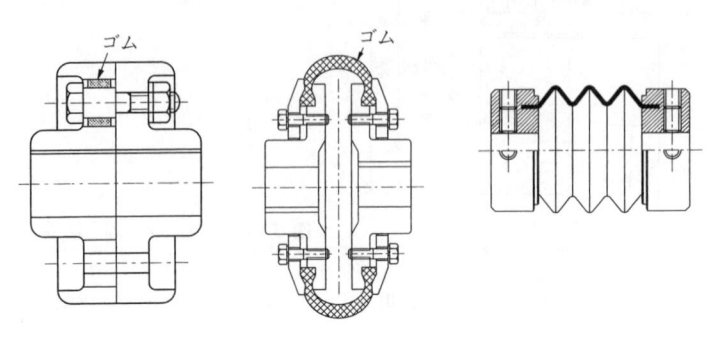

図 5.6 たわみ軸継手

5.7.3 こま形自在継手

こま形自在継手 (universal ball joint) は2軸がある角度で交差する場合に用いられる。図 5.7 のような中間に十字形の部品が入出力軸にそれぞれ回転ペアで取り付けられた構造となっている。詳細な構造と形状は JIS B 1454-1988 に規定されている。

2軸の交差角を ϕ，入力軸の回転角を θ とすると，入出力の角速度比 ω_2/ω_1 は式 (5.19) で表される。

$$\frac{\omega_2}{\omega_1} = \frac{\cos \phi}{1-\sin^2 \theta \sin^2 \phi} \tag{5.19}$$

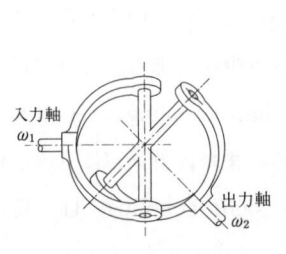

図 5.7 自在継手

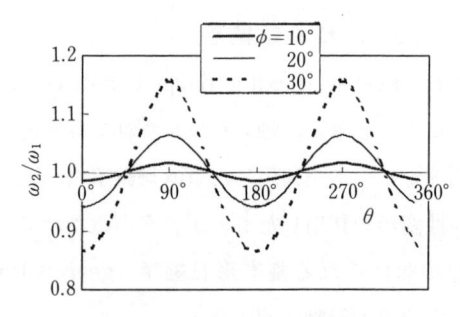

図 5.8 出力軸の速度変動

すなわち交差角によって，出力軸は図5.8のような速度変動を生じる。したがって，角速度の変動を抑えるために，通常，交差角 ϕ は 30°以下にする。また，図5.9のように同一平面内において，同じ交差角の継手2組を用いれば入出力軸の角速度を一定にできる。

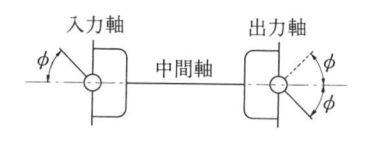

図5.9 中間軸による入出力速度比の一致

5.7.4 クラッチ

動力を伝達する場合に，入力軸（原動側）と出力軸（従動側）を常時連結するのではなく，従動軸を必要に応じて切り離すことが要求される。このような2軸の連結と切離しを実現する要素として**クラッチ**（clutch）がある。図5.10に基本的な原理を示す。クラッチには，かみあいクラッチ，摩擦クラッチ，流体クラッチや電磁クラッチがある。これらの用語については JIS B 0152-1997 に規定されている。

〔1〕**かみあいクラッチ**　図5.11のように，**かみあいクラッチ**（positive

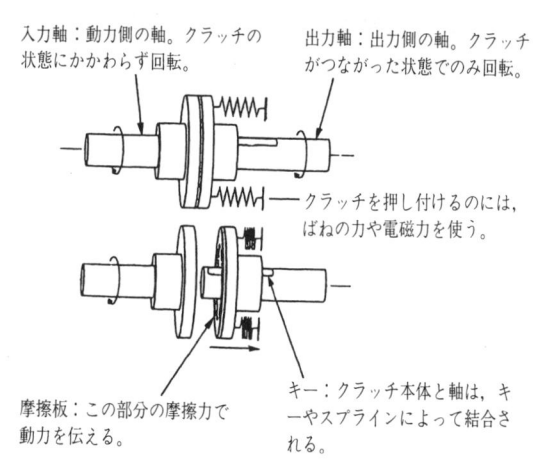

図5.10 クラッチ

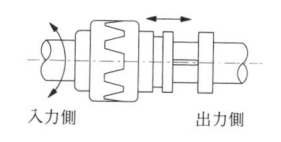

図5.11 かみあいクラッチ

clutch）は，たがいにかみあうつめをもったフランジを必要に応じてかみあわせる機構となっている．入力側のフランジは軸に固定されているが，出力側のフランジはキー上をすべらせてかみあわせる．

図 5.12 のようにつめの形はさまざま考えられる．三角，角形や台形は回転方向に左右されないが，のこ歯形やスパイラル形は1方向だけの回転に限定される．

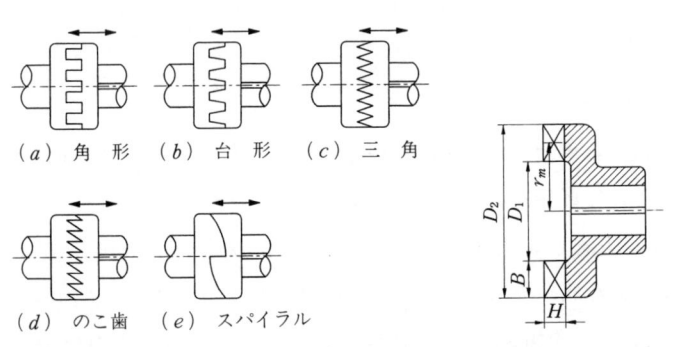

図 5.12　クラッチに用いられるつめの種類　　図 5.13　角形クラッチ

かみあいクラッチ設計での強度計算の例として，角形つめを取り上げ，つめ接触面の圧縮応力とつめの曲げ応力について考える．

図 5.13 の角形クラッチにおいて，つめの数を z 本とする．伝達トルク T によって，生じるつめの平均直径上の接線力 F_t は

$$F_t = \frac{T}{r_m} = \frac{4T}{D_1 + D_2} \tag{5.20}$$

となり，接触面の圧縮応力 σ_p は

$$\sigma_p = \frac{F_t}{zBH} \tag{5.21}$$

となる．また，接線力が最悪の場合として，つめの先端にかかるとすれば，曲げモーメント $M = F_t H$ となり，断面係数を $Z = B(\pi r_m/z)^2/6$ とすると曲げ応力 σ_b は

$$\sigma_b = \frac{M}{Z} = \frac{6F_t H z^2}{B(\pi r_m)^2} \tag{5.22}$$

となる。ただし,加工精度の悪い場合には,一つのつめに全体のトルクがかかるとして,すなわち,$z=1$ として計算したほうがよい。

〔2〕**摩擦クラッチ** 　**摩擦クラッチ**（friction clutch）は接触面を押し付け,生じる摩擦力を利用して動力伝達を行う。入力側を回転したまま着脱でき,出力側の負荷が一定値を超えると接触面にすべりを生じ,入力側への過負荷を防ぐ効果もある。

摩擦クラッチの設計や使用にあたって,摩擦部品の交換・修理のしやすさや摩擦熱の放熱への配慮が必要となる。摩擦材料は,摩擦係数が大きく,耐久性の高いことが必要である。表 5.2 に,代表的な材料を示す。

表 5.2 摩擦材料の乾式状態での摩擦係数と許容接触圧力

摩擦材	摩擦係数 μ	許容接触圧力 p〔MPa〕
皮と鋳鉄	0.30〜0.50	0.07〜0.28
コルクと金属	0.35	0.06〜0.1
鋼と鋳鉄	0.25〜0.35	0.8〜1.4
鋳鉄と鋳鉄	0.15〜0.20	1.0〜2.0
鋼と鋼	0.10	0.7〜2.0

（**a**）**ディスククラッチ** 　図 5.14 に単板の**ディスククラッチ**（disc clutch）を示す。さらに多板ものがあり,湿式機械多板クラッチや湿式油圧多板クラッチがある。

軸方向の押付け力 F〔N〕と接触面圧力 p〔Pa〕とすると

$$F = \frac{\pi(D_2^2 - D_1^2)p}{4} \tag{5.23}$$

となる。接触部の平均直径 $D_m = (D_1 + D_2)/2$ であるから,摩擦係数 μ によって生じるクラッチのトルク T は式 (5.24) のようになる。

$$T = \frac{z\mu F D_m}{2} \tag{5.24}$$

ここに,z はクラッチの枚数を示す。

また,式 (5.23) を式 (5.24) に代入すると

$$T = \frac{z\mu p\pi (D_2{}^2 - D_1{}^2)(D_1 + D_2)}{16}$$

となる。ここで，$D_2/D_1 = 1/\nu$ とおくと

$$T = \frac{z\mu p\pi D_2{}^3 (1-\nu^2)(1+\nu)}{16}$$

と表せ，伝達トルクより接触部の外径は式（5.25）で求まる。

$$D_2 = \sqrt[3]{\frac{16T}{z\mu p\pi (1-\nu^2)(1+\nu)}} \qquad (5.25)$$

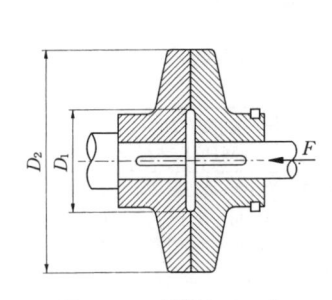

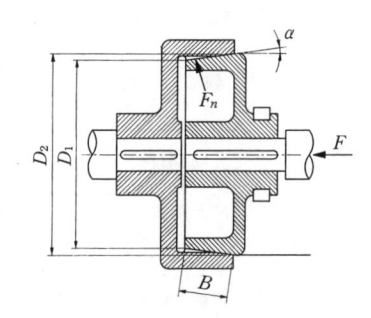

図 5.14　円板クラッチ　　　　　図 5.15　円すいクラッチ

（**b**）　**円すいクラッチ**　　円すいクラッチ（cone clutch）は図 5.15 のように接触面を円すい形にし，外径に比べて接触面を広くする工夫をしたものである。

軸方向の押付け力 F，円すい頂角の半分 α，接触部の摩擦係数 μ，摩擦面全体への垂直方向押付け力 F_n は

$$F = F_n \sin \alpha + \mu F_n \cos \alpha = F_n(\sin \alpha + \mu \cos \alpha) \quad \text{より}$$

$$F_n = \frac{F}{\sin \alpha + \mu \cos \alpha} \qquad (5.26)$$

となる。さらに，接触部の平均直径 D_m とすると，伝達トルク T は

$$T = \frac{\mu F_n D_m}{2} = \frac{F D_m}{2} \frac{\mu}{\sin \alpha + \mu \cos \alpha} = \frac{\mu_c F D_m}{2} \qquad (5.27)$$

となる。ここに，$\mu_c = \mu/(\sin \alpha + \mu \cos \alpha)$

また，接触幅を B とすると，$F_n = \pi D_m B p$ より接触面圧力 p は

$$p = \frac{F_n}{\pi D_m B} = \frac{F}{\pi D_m B (\sin \alpha + \mu \cos \alpha)} = \frac{2T}{\pi \mu D_m^2 B} \tag{5.28}$$

一般に，α は $10°\sim15°$ 程度である。

押付け力の発生には，一般に機械式や油圧式のものがあるが，電磁力を用いた**電磁クラッチ**（electromagnetic clutch）もある。ほかに，二つの羽根車を組み合わせた**流体クラッチ**（fluid clutch）も自動車の変速装置として用いられている。

5.8 キーとピン

キー（key）や**ピン**（pin）は，軸を軸継手，歯車などの部品と結合したり，分解や組立の位置決め用として用いられる小さな部品である。特に，結合部分にかかる力やトルクが大きく，一つのキーでは強度不足の場合，数本の溝をもつ**スプライン**（spline）や**セレーション**（serration）が用いられる。

5.8.1 キー

キーにはいろいろな種類があるが，おもなものを図 **5.16** に示す。JIS B 1301-1996 に平行キー，こう配キー，半月キーの形状と寸法の規格がある。

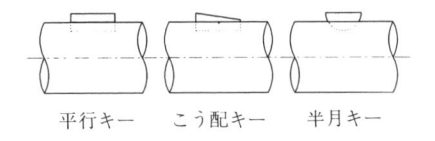

図 **5.16** キーの種類

キーの材料は，一般に軸材料より少し硬いものを用いる。また寸法は軸径 d に対して，キーの高さ h，幅 b と長さ l は経験的に次式によって求められる。

$h = 0.125\,d + 1.5$ 〔mm〕

$b = 2\,h$ 〔mm〕

$l \geq 1.3\,d$ 〔mm〕

つぎに，強度計算によってキーの寸法を求める。図 **5.17** において軸とボスがはめあった状態で，トルク T 〔N·m〕を伝達する場合，キーにはせん断応力 τ 〔Pa〕が作用し，キー溝には圧縮応力 σ_c 〔Pa〕が作用する。キーに作用するせん断力を F 〔N〕とすると，$F = \tau bl$ 〔N〕と $T = Fd/2$ 〔N·m〕より

$$\tau = \frac{2T}{bld} \quad \text{〔Pa〕} \tag{5.29}$$

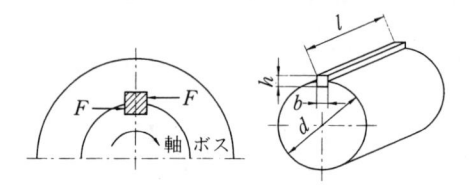

図 5.17 キーに作用する力

となる。また，許容せん断応力を τ_a としたときのキー長さ l は

$$l = \frac{2T}{\tau_a bd} \quad \text{〔m〕} \tag{5.30}$$

となる。キーが軸とボスに平均してはまっている状態，すなわち，高さがそれぞれ $h/2$ としたとき，キー溝に作用する圧縮応力 σ_c は

$$F = \sigma_c \frac{h}{2} l \quad \text{〔N〕より}$$

$$\sigma_c = \frac{2F}{hl} = \frac{4T}{dhl} \quad \text{〔Pa〕} \tag{5.31}$$

また，許容圧縮応力を σ_a とすると，キー長さ l は式（5.32）となる。

$$l = \frac{4T}{\sigma_a dh} \tag{5.32}$$

5.8.2 ピ　　　ン

ピンは，キーに比べて，小負荷の結合，結合の補助やゆるみ止めとして使用される。また，大きな負荷が加わったときに破断し，軸を守る安全装置として

用いられることもある。

種類としては，JIS B 1354：2012「**平行ピン**（parallel pin）」，JIS B 1352-1988「**テーパピン**（taper pin）」，JIS B 1353-1990「**先割りテーパピン**（taper pin with split）」，JIS B 1351-1987「**割りピン**（split pin）」およびJIS B 2808：2013「**スプリングピン**（spring pin）」がある。

図 5.18 は平行ピンを示す。ピンには，ピンの軸方向に直角の負荷 F がかかっている。ピン継手の強度計算は，ピンのせん断と曲げについて考えればよい。

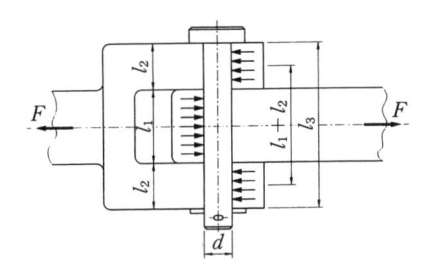

図 5.18　ピン継手

ピンに生じるせん断応力を τ とすると

$$F = 2\frac{\pi}{4}d^2\tau \text{ より}$$

$$d = \sqrt{\frac{2F}{\pi\tau}} \text{ [m]} \tag{5.33}$$

となる。また，ピンに生じる曲げ応力を σ_b とすると

$M = \sigma_b Z$ すなわち $(F/2)\{(l_1+l_2)/2 - l_1/4\} = \sigma_b(\pi d^3)/32$ より，ピン直径 d は式（5.34）となる。

$$d = \sqrt[3]{\frac{4Fl}{\pi\sigma_b}} \text{ [m]} \quad (\text{ただし，} l = l_1 + 2l_2) \tag{5.34}$$

5.8.3　スプラインとセレーション

スプラインとは，軸の外周に数本のキー溝状の歯を削り出したもので，それ

らの複数の歯によって動力伝達を行う。キーを使用した場合より大きなトルクを伝達でき，かつ，軸とボスを軸方向にすべらすこともできるため，工作機械，自動車や航空機などに広く用いられている。また，セレーションは，スプラインより細かい歯をもち，おもに細い軸をボスに固定するのに用いられる。スプラインやセレーションの歯の形状はさまざまなものが考えられるが，製図は JIS B 0006-1993 に，角形スプラインの寸法と公差は JIS B 1601-1996 に規格がある。図 5.19 に角形スプラインと三角歯セレーションを示す。

（a）角形スプライン　（b）三角歯セレーション

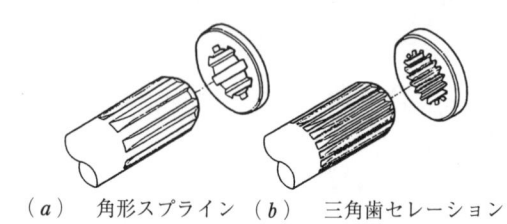

図 5.19　角形スプラインと三角歯セレーション

スプラインは，歯数が多く，せん断力に対する強さは十分と考えられるので，歯の側面に作用する接触面圧力（圧縮応力）を考えればよい。

一般に多く使われる角形スプラインの穴と軸には，ともに接触する歯の部分に面取り g と k が存在する。したがって，接触に有効な高 h は，スプラインの内外径を $d,\ D$ とすると

$$h = \frac{D-d}{2} - g - k \tag{5.35}$$

ここに，歯数 z，ボスの長さ l，許容圧縮応力 σ_a と接触効率 η とすると，伝達トルク T は式 (5.36) となる。

$$T = \eta z h l \sigma_a \frac{D+d}{4} \quad [\text{N·m}] \tag{5.36}$$

5.9　軸　　受

軸受（bearing）は，運動する軸などを正確に滑らかに運動させるための部

品である。軸に取り付けられた部品の重量や動力伝達に伴う力などを支える役割も果たす。そのため，軸受は強度だけでなく摩擦損失や摩耗も問題となる。

軸受を潤滑機構から分類すると，軸受すきまの玉などの転動体によって荷重を支持する**転がり軸受**（rolling bearing）と流体膜で支持する**滑り軸受**（plain bearing）に大別される。接触部分の潤滑流体には，空気などの気体や潤滑油などの液体が用いられる。

滑り軸受では，外部より高圧の潤滑流体が供給される静圧軸受と接触面どうしの相対速度で発生する動圧を利用した動圧軸受に分けられる。コストのかからない動圧軸受が一般的に用いられている。

そのほか磁力で支持する**磁気軸受**（magnetic bearing）がある。ここでは，低価格で広く利用されている滑り軸受と転がり軸受の設計法について述べる。

また，軸受に作用する荷重方向で分類すると，荷重が軸線の垂直方向（半径方向）に作用する**ジャーナル軸受**（journal bearing）と軸方向に作用する**スラスト軸受**（thrust bearing）に分けられる。さまざまな種類の軸受が市販されている。特に，転がり軸受はメーカーのカタログを参考にして選定し，購入される。

5.9.1 滑り軸受の設計

〔1〕 **ジャーナル軸受**　最も基本的なものを図 **5.20** に示す。軸受部分は接触面で滑りによる摩耗と熱を発生する。このため，潤滑液による摩擦係数の低減や放熱が必要であり，かつ，摩滅した軸受メタル（ブッシュ）の交換をしやすい設計を考慮する。

図 **5.20** のような**軸端ジャーナル**（journal）では，中央に荷重 W〔N〕がかかる片持ばりと考えて軸受長 l〔m〕とすると，曲げモーメント M は

$$M = \frac{Wl}{2} \text{〔Nm〕} \tag{5.37}$$

となり，式（5.7）よりジャーナル部の直径 d は式（5.38）で表せる。

$$d \fallingdotseq 2.17 \sqrt[3]{\frac{M}{\sigma_b}} \fallingdotseq 1.72 \sqrt[3]{\frac{Wl}{\sigma_b}} \text{〔m〕} \tag{5.38}$$

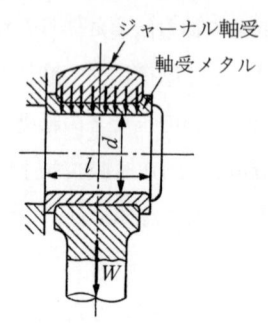

(a) 端ジャーナル

図 5.20 軸端ジャーナル

また，荷重 W〔N〕をジャーナル直径 d〔m〕と長さ l〔m〕の積で割った値を軸受面圧 p〔Pa〕と呼び，式 (5.39) で表せる．

$$p = \frac{W}{dl} \tag{5.39}$$

表 5.3 滑り軸受用金属材料

軸受材料	およその硬さ〔H_B〕	軸の最小硬さ〔H_B〕	最大許容軸受面圧〔MPa〕	最高許容温度〔℃〕	焼付きにくさ*	なじみやすさ*	耐食性*	疲労強度*
鋳鉄	160〜180	200〜250	3〜6	150	4	5	1	1
砲金	50〜100	200	7〜20	200	3	5	1	1
黄銅	80〜150	200	7〜20	200	3	5	1	1
りん青銅	100〜200	300	15〜60	250	5	5	1	1
Sa基ホワイトメタル	20〜30	<150	6〜10	150	1	1	1	5
Pb基ホワイトメタル	15〜20	<150	6〜8	150	1	1	3	5
アルカリ硬化鉛	22〜26	200〜250	8〜10	250	2	1	5	5
カドミウム合金	30〜40	200〜250	10〜14	250	1	2	5	4
鉛銅	20〜30	300	10〜18	170	2	2	5	3
鉛青銅	40〜80	300	20〜32	220〜250	3	4	4	2
アルミ合金	45〜50	300	28	100〜150	5	3	1	2
銀(薄層被覆付き)	25		300	>30	250	2	3	1	1
3層メタル(ホワイト被覆)		<230	>30	100〜150	1	2	2	3

(注) *印は順位を示し，1を最良とする．

5.9 軸受

摩擦熱や寿命を考慮して,軸受(メタル)材料の最大許容軸受面圧が**表5.3**のように定められている.さらに,摩擦熱による焼付きなどを生じないように軸受単位面積当りの摩擦仕事に制限を設けている.ジャーナル部が周速度 v [m/s] で回転し,摩擦係数を μ とすると,摩擦仕事は $\mu W v$ [N・m/s] となり,投影単位面積 dl で割った値 β は

$$\beta = \frac{\mu W v}{dl} = \mu p v \tag{5.40}$$

となる.式中の μ は一定であるから,pv の値によって摩擦熱が左右されることがわかる.標準的な pv の許容値を**表5.4**に示す.また,軸受長さ l と直径 d の比 l/d も標準値が定められている.

表5.4 軸受設計データ表〔日本機械学会「新版機械工学便覧 B1」[45] の表124 より〕

機械名	軸 受	最大許容圧力 p 〔MPa〕	最大許容圧力速度係数 pv 〔MPa・m/s〕	適正粘度 μ 〔mPa・s〕	最小許容 $\mu N/p^*$ (×10^{-12})	標準すきま比 c_r/r	標準幅径比 l/d
自動車用ガソリン機関	主軸受 クランクピン ピストンピン	6✝〜25△ 10×✝〜35△ 15×✝〜40△	400 400 —	7〜8	3.4 2.4 1.7	0.001 0.001 <0.001	0.8〜1.8 0.7〜1.4 1.5〜2.2
車両	軸	3.5	10〜15	100	11.2	0.001	1.8〜2.0
伝動軸	軽荷重 自動調心 重荷重	0.2× 1× 1×	1〜2	25〜60	24 6.8 6.8	0.001 0.001 0.001	2.0〜3.0 2.5〜4.0 2.0〜3.0
減速歯車	軸 受	0.5〜2	5〜10	30〜50	8.5	0.001	2.0〜4.0

(注) ＊設計の基準に用いるときは安全のためこの値の (2〜3) 倍をとる.
　　 ×:滴下またはリング給油, ✝:はねかけ給油, △:強制給油

式 (5.38) と式 (5.39) より

$$d \fallingdotseq 1.72 \sqrt[3]{\frac{pdl^2}{\sigma_b}}$$

となり,これから l/d を求めると

$$\frac{l}{d} \fallingdotseq 0.443 \sqrt{\frac{\sigma_b}{p}} \tag{5.41}$$

となる.これらの結果より,軸受部の直径や長さは,**表5.3**や**表5.4**より,

p または l/d の値を決めてから求める。

〔**2**〕 **スラスト軸受** 一般に，スラストジャーナル軸受は，軸受面圧と pv 値から決める。スラスト荷重の受け方によって，**図 5.21** のように，うすジャーナルとつばジャーナルに分けられるが，うすジャーナルは，つば数 1 のつばジャーナルと考えられる。

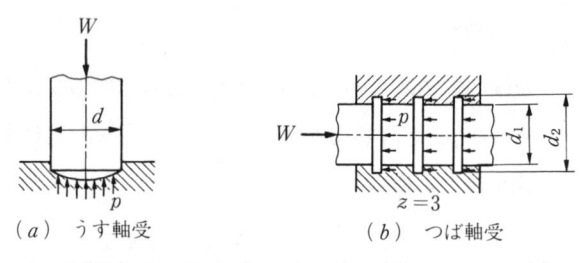

(a) うす軸受　　　(b) つば軸受

図 5.21 うすジャーナルとつばジャーナル

つば数を z とすると，負荷 W による軸受平均面圧 p は式（5.42）で表せる。

$$p = \frac{W}{z(\pi/4)(d_2^2 - d_1^2)} \quad [\text{Pa}] \tag{5.42}$$

また，回転速度を n とし，滑り速度 v を平均直径で考えると

$$pv = \frac{W}{z(\pi/4)(d_2^2 - d_1^2)} \cdot \frac{\pi\{(d_2+d_1)/2\}n}{60} = \frac{Wn}{30z(d_2-d_1)}$$

となり

$$d_2 - d_1 = \frac{Wn}{30zpv} \tag{5.43}$$

となる。

滑り軸受材料としては，耐荷重性や耐摩耗性を考慮した多くの材料が開発されている。一般に広く用いられる材料には，ホワイトメタル，銅，銅合金，りん青銅などの金属材料のほか，プラスチックなどの非金属材料が用いられている。また，潤滑油の供給が難しい場合には，焼結含油軸受が用いられる。軸受材料およびその特性は JIS B 0162-1 : 2006 を参照。

5.9.2 転がり軸受の設計

転がり軸受（rolling bearing）は，図 **5.22** のように内輪と外輪の間に玉やころなどの転動体を入れて摩擦抵抗を減じたものである．滑り軸受と比較した利点と欠点を**表 5.5** に示す．摩擦係数が小さく，規格品が多く種類も豊富で比較的安価なため広く使われている．

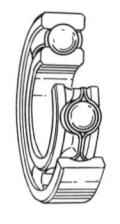

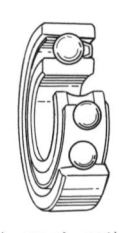

(a) 深溝玉軸受 (JIS B 1521 : 2012)
(b) アンギュラ玉軸受 (JIS B 1522 : 2012)
(c) 自動調心玉軸受 (JIS B 1523 : 2012)
(d) 円筒ころ軸受 (JIS B 1533 : 2013)
(e) 平面座スラスト玉軸受 (JIS B 1532 : 2012)

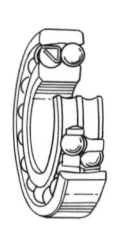

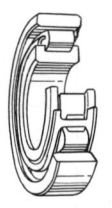

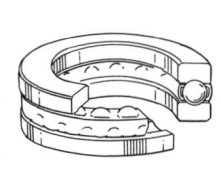

図 5.22 転がり軸受

表 5.5 転がり軸受と滑り軸受の比較

利　点	欠　点
・摩擦係数が小さく，動力損失が少ない ・軸受幅が小さく，軌道面と転動体のすきまが小さい ・潤滑や保守が容易 ・高温から低温まで使用可 ・規格品が多く，選択や交換が容易	・騒音や振動を生じやすい ・転動体が存在するため断面積が大きい ・衝撃荷重に弱い ・高速・大荷重には性能がよくない

〔**1**〕**呼び番号** 転がり軸受は，負荷能力と荷重方向によって多くの種類があり，JIS B 1513-1995 に呼び番号を定めている．以下にその例を示す．

【例】

呼び番号　6202 P 5：基本番号 6202，補助記号 P 5

6：形式記号 6（単列深溝玉軸受）　⎫
2：寸法系列 02　　　　　　　　　　⎪
　（軸受内径 15 mm，外径 35 mm，幅 11 mm，面取り 0.6 mm）　⎬ 基本番号
02：内径番号（内径 15 mm）　　　　⎪
P 5：精度等級 5 級　　　　　　　　　⎭

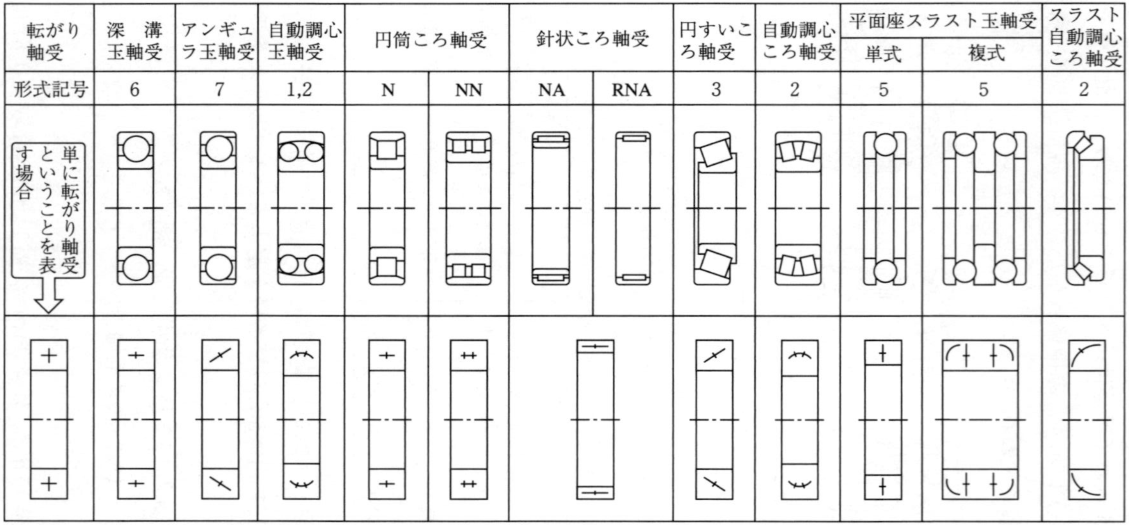
転がり軸受
深 溝 玉軸受
アンギュラ玉軸受
自動調心玉軸受
円筒ころ軸受
針状ころ軸受
円すいころ軸受
自動調心ころ軸受
平面座スラスト玉軸受
単式
複式
スラスト自動調心ころ軸受
形式記号
6
7
1,2
N
NN
NA
RNA
3
2
5
5
2
単に転がり軸受ということを表す場合

図 5.23　転がり軸受の形式と図示方法（JIS B 0005-1,2：1999）

表 5.6 単列深溝玉軸受の呼び番号と主要寸法

	軸受系列 62（寸法系列 02）					軸受系列 63（寸法系列 03）				
呼び番号	主要寸法（単位：mm）				呼び番号	主要寸法（単位：mm）			
	d	D	B	r^*		d	D	B	r^*
623	3	10	4	0.15	633	3	13	5	0.2
624	4	13	5	0.2	634	4	16	5	0.3
625	5	16	5	0.3	635	5	19	6	0.3
626	6	19	6	0.3	636	6	22	7	0.3
627	7	22	7	0.3	637	7	26	9	0.3
628	8	24	8	0.3	638	8	28	9	0.6
629	9	26	8	0.3	639	9	30	10	0.6
6200	10	30	9	0.6	6300	10	35	11	1
6201	12	32	10	0.6	6301	12	37	12	1
6202	15	35	11	0.6	6302	15	42	13	1
6203	17	40	12	0.6	6303	17	47	14	1
6204	20	47	14	1	6304	20	52	15	1.1
62/22	22	50	14	1	63/22	22	56	16	1.1
6205	25	52	15	1	6305	25	62	17	1.1
62/28	28	58	16	1	63/28	28	68	18	1.1
6206	30	62	16	1	6306	30	72	19	1.1
62/32	32	65	17	1	63/32	32	75	20	1.1
6207	35	72	17	1.1	6307	35	80	21	1.5
6208	40	80	18	1.1	6308	40	90	23	1.5
6209	45	85	19	1.1	6309	45	100	25	1.5
6210	50	90	20	1.1	6310	50	110	27	2
6211	55	100	21	1.5	6311	55	120	29	2
6212	60	110	22	1.5	6312	60	130	31	2.1
6213	65	120	23	1.5	6313	65	140	33	2.1
6214	70	125	24	1.5	6314	70	150	35	2.1

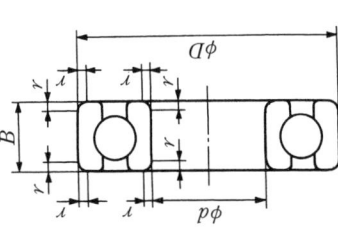

(注) ＊は内輪および外輪の最小許容面取り寸法である。
(JIS B 1521-2012 による)

補助記号は精度やシール，シールドなどを定めている．**図 5.23** に JIS B 0005 に定められている形式記号と図示方法を示す．また，**表 5.6** に JIS B 1521 に定められている単列深溝玉軸受の呼び番号と主要寸法を示す．

つぎに，軸受寸法の具体的な選定方法を示す．**図 5.24** に転がり軸受選定の手順を示す．選定には，運転状態での軸受寿命と静止荷重が作用する場合の永久変形の二つを評価することによって決められる．

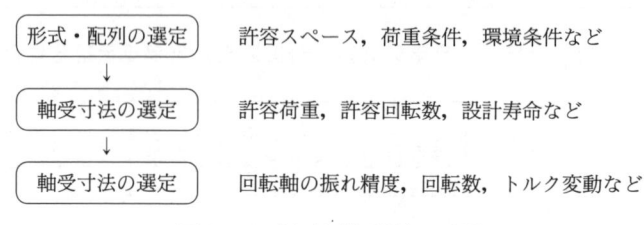

```
┌─────────────┐
│ 形式・配列の選定 │   許容スペース，荷重条件，環境条件など
└─────────────┘
      ↓
┌─────────────┐
│ 軸受寸法の選定  │   許容荷重，許容回転数，設計寿命など
└─────────────┘
      ↓
┌─────────────┐
│ 軸受寸法の選定  │   回転軸の振れ精度，回転数，トルク変動など
└─────────────┘
```

図 5.24 転がり軸受選定の手順

〔2〕**寿　　命**　軸受は，適正に使用されていても，ある時期が過ぎれば，転がり面に疲労破損が生じて使用不能になる．

転がり軸受の**定格寿命**（rated life）とは，一群の同じ軸受を同じ条件で個々に運転したときに，そのうちの 90 ％ が疲れによる材料の損傷を起こさずに回転できる総回転数（一定回転速度では時間に相当する）であると JIS で定義されている．この定格寿命は荷重条件によって左右され，式（5.44）のような経験式で求められる．

$$L = \left(\frac{C}{P}\right)^m \times 10^6 \quad \text{[rev]} \tag{5.44}$$

ここに，L：定格寿命，C：基本動定格荷重〔N〕，P：動等価荷重〔N〕，m：玉軸受は 3，ころ軸受は 10/3 の値である．また，軸受回転速度が一定値 n〔min^{-1}〕のとき，定格寿命は単位を時間〔hr〕として式（5.45）となる．

$$L_h = \frac{L}{60n} \quad \text{[hr]} \tag{5.45}$$

基本動定格荷重（basic dynamic load rating）とは 100 万回転（10^6 rev.）の定格寿命に理論上耐えうる一定の荷重であり，JIS B 1518：2013 に計算方

法が定義されているが,各メーカーのカタログの値 C_r（ラジアル軸受）および C_a（スラスト軸受）を参照するのが一般的である.また,基本静定格荷重の計算に用いる係数 f_0 もカタログに掲載されている.単列深溝玉軸受の一部抜粋を**表 5.7** に示す.

また,動等価荷重を以下の方法によって求める.

1) **ラジアル軸受** 方向と大きさが変動しないラジアル荷重とスラスト荷重を同時に受ける場合の動等価荷重 P は

$$P = XF_r + YF_a \qquad (5.46)$$

ここに,F_r：ラジアル荷重〔N〕,F_a：スラスト荷重〔N〕,X：ラジアル係数,Y：スラスト係数である.X,Y の値を**表 5.8** に示す.

2) **スラスト軸受** 方向と大きさが変動しないラジアル荷重とスラスト

表 5.7 単列深溝玉軸受の基本動定荷重 C_r,基本静定荷重 C_{0r},係数 f_0

内径番号	内径 (mm) d	62					63				
		主要寸法(mm)		C_r (kN)	C_{0r} (kN)	f_0	主要寸法(mm)		C_r (kN)	C_{0r} (kN)	f_0
		D	B				D	B			
0	10	30	9	5.1	2.4	13.2	35	11	8.1	3.4	11.2
1	12	32	10	6.8	3.1	12.3	37	12	9.7	4.2	11.1
2	15	35	11	7.7	3.8	13.2	42	13	11.4	5.5	12.3
3	17	40	12	9.6	4.8	13.2	47	14	13.6	6.7	12.4
4	20	47	14	12.8	6.6	13.1	52	15	15.9	7.9	12.4
5	25	52	15	14.0	7.9	13.9	62	17	20.6	11.2	13.2
6	30	62	16	19.5	11.3	13.8	72	19	26.7	15.0	13.3
7	35	72	17	25.7	15.3	13.8	80	21	33.5	19.2	13.2
8	40	80	18	29.1	17.9	14.0	90	23	40.5	24.0	13.2
9	45	85	19	31.5	20.4	14.4	100	25	53.0	32.0	13.1
10	50	90	20	35.0	23.2	14.4	110	27	62.0	38.5	13.2
11	55	100	21	43.5	29.3	14.3	120	29	71.5	44.5	13.1
12	60	110	22	52.5	36.0	14.3	130	31	82.0	52.0	13.1
13	65	120	23	57.5	40.0	14.4	140	33	92.5	60.0	13.2
14	70	125	24	62.0	44.0	14.5	150	35	104.0	68.0	13.2
15	75	130	25	66.0	49.5	14.7	160	37	113.0	77.0	13.2
16	80	140	26	72.5	53.0	14.6	170	39	123.0	86.5	13.3
17	85	150	28	84.0	62.0	14.5	180	41	133.0	97.0	13.3
18	90	160	30	96.0	71.5	14.5	190	43	143.0	107.0	13.3
19	95	170	32	109.0	82.0	14.4	200	45	153.0	119.0	13.3
20	100	180	34	122.0	93.0	14.4	215	47	173.0	141.0	13.2

表 5.8 係数 X および係数 Y（ラジアル玉軸受の場合）

軸受形式		アキシアル荷重比	単列軸受				複列軸受				e	
			$\frac{F_a}{F_r} \leqq e$		$\frac{F_a}{F_r} > e$		$\frac{F_a}{F_r} \leqq e$		$\frac{F_a}{F_r} > e$			
			X	Y	X	Y	X	Y	X	Y		
深溝玉軸受		$\frac{f_0 F_a}{C_{0r}}$ 0.172 0.345 0.689 1.03 1.38 2.07 3.45 5.17 6.89	1	0	0.56	2.3 1.99 1.71 1.55 1.45 1.31 1.15 1.04 1	1	0	0.56	2.3 1.99 1.71 1.55 1.45 1.31 1.15 1.04 1	0.19 0.22 0.26 0.28 0.3 0.34 0.38 0.42 0.44	
アンギュラ玉軸受		$\frac{f_0 i F_a}{C_{0r}}$									単列	複列
	$\alpha = 5°$	0.173 0.346 0.692 1.04 1.38 2.08 3.46 5.19 6.92	1	0	0.56	2.3 1.99 1.71 1.55 1.45 1.31 1.15 1.04 1	1	2.78 2.4 2.07 1.87 1.75 1.58 1.39 1.26 1.21	0.78	3.74 3.23 2.78 2.52 2.36 2.13 1.87 1.69 1.63	0.19 0.22 0.26 0.28 0.3 0.34 0.38 0.42 0.44	0.23 0.26 0.3 0.34 0.36 0.4 0.45 0.5 0.52
	$\alpha = 10°$	0.175 0.35 0.7 1.05 1.4 2.1 3.5 5.25 7	1	0	0.46	1.88 1.71 1.52 1.41 1.34 1.23 1.1 1.01 1	1	2.18 1.98 1.76 1.63 1.55 1.42 1.27 1.17 1.16	0.75	3.06 2.78 2.47 2.29 2.18 2 1.79 1.64 1.63	0.29 0.32 0.36 0.38 0.4 0.44 0.49 0.54 0.54	

(注) 係数 f_0 および基本静定荷重 C_{0r} は表 5.7 を参照。i は転動体の列数。
(JIS B 1518：2013 による)

荷重を同時に受ける場合の動等価荷重 P_a は

$$P_a = XF_r + YF_a \tag{5.47}$$

X, Y はラジアル軸受と同様，JIS B 1518：2013 に定められている。

〔**3**〕**基本静定格荷重** JIS によって，転がり軸受が静止時に荷重を受けるとき，最大応力を受ける接触部の転動体と軌道輪の永久変形の和が，転動体

の直径の 0.0001 倍になるような荷重 C_0〔N〕を**基本静定格荷重**（basic static load rating）という。この基本静定格荷重の計算は JIS B 1519：2009 によって定められているが，その概要を以下に示す。

ラジアル軸受の静等価荷重としてつぎの2式のうち，大きいほうの値をとる。

$$P_0 = X_0 F_r + Y_0 F_a, \quad P_0 = F_r \tag{5.48}$$

ここに，X_0 と Y_0 は**表 5.9**に示される静ラジアル係数および静スラスト係数である。

表 5.9 ラジアル玉軸受の係数 X_0 および係数 Y_0

軸受形式		単列軸受		複列軸受	
		X_0	Y_0	X_0	Y_0
深溝玉軸受		0.6	0.5	0.6	0.5
アンギュラ玉軸受	α	0.5		1	
	5°		0.52		1.04
	10°		0.50		1.00
	15°		0.46		0.92
	20°		0.42		0.84
	25°		0.38		0.76
	30°		0.33		0.66
	35°		0.29		0.58
	40°		0.26		0.52
	45°		0.22		0.44
自動調心玉軸受 $\alpha \neq 0°$		0.5	$0.22\cot\alpha$	1	$0.44\cot\alpha$

(JIS B 1519：2009 による)

また，スラスト軸受の静等価荷重は式 (5.49) で求める。

$$P_{0a} = F_a + 2.3 F_r \tan \alpha \tag{5.49}$$

ここに，α は呼び接触角である。

これらの静等価荷重 P_0 または P_{0a} と**表 5.10**の静荷重比 f_s によって，式 (5.50) の基本静定格荷重が求められる。この値と軸受メーカーのカタログ値を比較し検討する。

表 5.10 静荷重比 f_s

回転条件	荷重	f_s の下限
回転する軸受	普通荷重	1〜2
	衝撃荷重	2〜3
つねには回転しない軸受 (ときどき揺動する)	普通荷重	0.5
	衝撃荷重 不均等な荷重分布	1〜1.5

$$C_0 = f_s P_0 \quad [\text{N}] \tag{5.50}$$

以上，基本定格荷重や定格寿命による軸受選定方法を示したが，最近ではホームページ上で，運転条件を入力すれば，これらの技術計算と軸受の選定を行ってくれるサービスを受けられるので利用すると参考になる。

5.10 潤滑と密封

軸と軸受のように，たがいに接触しながら運動する部分は摩擦が生じる。このような接触面には**潤滑**（lubrication）を行うことによって，摩擦を低減し，動力の節約や摩耗を減少させる。潤滑剤には油やグリースなどの液体が多く用いられる。これらの場所には**密封装置**（sealing equipment）を設け，漏れの防止と外部からの異物の混入を防ぐ。

工業潤滑油は種類と用途によって分類され JIS に定められている。例えば，一般的な潤滑油であるマシン油は JIS K 2238-1993 に定められている。また，**表 5.11** に代表的な油潤滑方法の種類と特徴を示す。

密封装置（シール）としては，フェルトリング，皮リングや **O リング**（O ring）などのリングを軸とケース間の溝にパッキンとして取り付ける方法が一般的であり，O リングは広く用いられるため，JIS B 2401-1：2012 に材質などが規定されている。また，高速回転部分には合成ゴムと金属環からなる**オイルシール**（oil seal）が用いられ，JIS B 2402-1：2013 に規定されている。

5.10 潤滑と密封

表 5.11 油潤滑方法の種類と特徴

	種 類	概 要	適合条件	特記事項	設備費	保全費	労務費
全損式	手差し	給油孔を設けて,手差し給油器により油の切れ方をみて適時給油する。	軽荷重 低 速 間欠運転	最も簡単であるが,給油時過剰給油となる。給油忘れがある。	安 価	安 価	高 価
	滴 下	視滴形,ピン形給油器により,ほぼ一定の量を細孔を通して常時給油する。	軽中荷重 周速 4〜5 m/s 以下	温度油面高さにより,給油量が変化する。調整可能である。	安 価	普 通	普 通
	灯 心 JIS B 1573	オイルカップの油つぼより灯心の毛管作用と細孔のサイフォン作用で給油する。	軽中荷重 周速 4〜5 m/s 以下	灯心により油のろ過がでいる。径と本数により油量調整可能である。	安 価	普 通	普 通
	機 力	機械のカム,斜板などで駆動されるプランジャポンプで 35 MPa までの圧力で給油される。	高荷重 高 速 シリンダ, しゅう動面	粘度,温度の変化などに影響を受けず,適量を正確に給油する。機械の保全が大切である。	高 価	普 通	安 価
	噴 霧	オイルミスト発生器で圧縮空気により,油を霧化し空気とともに配管を通して給油する。	高速,高温の部位	油の攪拌がなく動力損失や温度上昇が少ない。内部圧力が高く,ごみの侵入が防止できる。	普 通 〜高価	高 価	普 通
回収循環式	浸 し (油浴)	軸受部分を油のなかに浸す簡単な方法で給油する。	低中速から高速まで	密閉構造となり縦形軸受によく使われる。冷却効果もある。	安 価	不 用	安 価
	リング, チェーン	軸にかけたオイルリングの回転により油だめから油をかきあげて軸受上部に給油する。低速ではチェーンを使用する。	軽中荷重 10〜12 m/s 重荷重 6〜7 m/s	リングの形状,数により給油量を調整する冷却効果もある。油面高さが大切である。	安 価	不 用	安 価
	はねかけ (飛まつ)	回転体で油だめの油をたたいたり,かき混ぜたりして油の粒子をはねかける。	高 速 歯 車 シリンダ	エンジンのピストン,シリンダ,歯車などに利用され,冷却効果もある。	安 価	不 用	普 通
強制循環式	強制循環	タンク,ポンプ,ろ過器,冷却器,配管系をもつ強制循環式で,油は絶えず循環している。	汎用で特に大形機械用	発生熱の冷却効果,潤滑系の浄化効果や自動運転の管理効果が高い。	高 価	高 価	普 通

(日本機械学会「機械工学便覧 B 1」,表 41 より)

演習問題

【1】 5 kW の動力を回転速度 500 min^{-1} で伝達している軸のトルクを求めよ。

【2】 1 000 N·m のトルクを回転速度 250 min^{-1} で伝達する軸に必要な動力を求めよ。

【3】 800 min^{-1} で 5 kW の動力を伝達する軟鋼丸棒の直径を求めよ。ただし，許容せん断応力は 40 MPa とする。

【4】 直径 100 mm の中実丸棒と等しいねじり強さをもつ外径 104 mm の中空丸棒の内径を求めよ。また，中空丸棒の断面積は中実丸棒の何パーセントか。

【5】 200 N·m のねじりモーメントと 100 N·m の曲げモーメントが作用する軸の直径を求めよ。ただし，許容せん断応力を 35 MPa，許容曲げ応力を 60 MPa とする。

【6】 前問【3】において，ねじれ角を 1 m につき 1/4° 以内にする直径を求めよ。横弾性係数 $G = 80$ GPa とする。

【7】 図 5.3 で，直径 10 mm，縦弾性係数 206 GPa の軸に質量 50 kg の回転体が $a = 0.2$ m，$b = 0.3$ m の位置に取り付けられている場合の危険速度を求めよ。

【8】 フランジ形固定軸継手において，5 kW，800 min^{-1} の動力を伝えたい。図 5.5 の各寸法を $D_P = 75$ mm，$D_B = 50$ mm，$l_s = 16$ mm，$d_0 = 10$ mm，$m = 4$，ボルトの許容せん断応力を 40 MPa，フランジの許容せん断応力を 20 MPa としたとき，強度の安全性を確かめよ。

【9】 こま形自在継手において，交差角が 20°，5 kW，800 min^{-1} の入力側動力を伝える場合を考える。従動側の最大回転速度と最小回転速度を求めよ。また，許容せん断応力を 40 MPa としたときの出力軸径を求めよ。

【10】 図 5.13 の鋼製角形クラッチにおいて，つめの本数を 3 本，$D_1 = 60$ mm，$D_2 = 85$ mm，$H = 10$ mm とする。5 kW，200 min^{-1} の動力を伝達するとき，つめに働く応力を求めよ。

【11】 単板ディスククラッチにおいて，接触面の外径 250 mm，内径 180 mm，摩擦係数 0.4，許容接触圧力 0.35 MPa とするとき，1 000 min^{-1} の回転速度で伝達できる動力は何 W か。

演 習 問 題　*121*

【12】鋼製単板ディスククラッチで，6 kW の動力を回転速度 200 min^{-1} で伝えるときの接触面の内径 D_1 と外径 D_2 を求めよ。ただし，$D_2/D_1=1.5$，摩擦係数 $\mu=0.1$，許容接触圧力 $p=0.7$ MPa とする。

【13】円すいクラッチにおいて，4 kW の動力を回転速度 500 min^{-1} で伝えるには，クラッチを何 N で押し付ければよいか。また，そのときの接触圧力は何 Pa か。クラッチの各パラメータ値は，$D_1=200$ mm，$B=50$ mm，$\alpha=12°$，$\mu=0.25$ とする。

【14】直径 $d=35$ mm の軸において，4 kW の動力を回転速度 300 min^{-1} で伝達している。幅 8 mm，高さ 7 mm のキーの必要とする長さ l を求めよ。キーの許容せん断応力 $\tau_a=30$ MPa，許容圧縮応力 $\sigma_a=80$ MPa とする。

【15】図 *5.18* のピン継手において，軸方向荷重 15 kN が作用するときの平行ピン直径を求めよ。ただし，ピン長さを $l=50$ mm，ピンの許容せん断応力と許容曲げ応力をそれぞれ，30 MPa と 60 MPa とする。

【16】軽荷重用の角形スプラインで，溝数（歯数）8，呼び径 36 を用い，回転速度 800 min^{-1} で回転するときに伝達できる動力はいくらか。接触効率 $\eta=0.75$，ボスの長さ $l=50$ mm，許容圧縮応力 $\sigma_a=50$ MPa とする。

【17】ラジアル荷重 15 kN を受け，回転速度 250 min^{-1} で回転する鋼製軸端ジャーナルの寸法を求めよ。軸の許容曲げ応力を 40 MPa，$pv=2$ MPa・m/s，軸受材料は青銅とする。

【18】鋼製端ジャーナルをもつ電動軸をりん青銅軸受で支えている。ラジアル荷重 10 kN，回転速度 250 min^{-1} とし，軸受部の直径 60 mm と長さ 120 mm を曲げ応力，軸受面圧と pv 値から評価せよ。また摩擦係数を 0.02 としたときの摩擦損失を求めよ。

【19】スラスト荷重 4 kN を受け，400 min^{-1} で回転している内径 30 mm のうすジャーナルがある。pv 値を 4 MPa・m/s としたときの外径と軸受圧面を求めよ。

【20】単列深溝玉軸受 6208 をラジアル荷重 2.5 kN，回転速度 900 min^{-1} で使用する場合の定格寿命を求めよ。さらに，1 kN のアキシアル荷重が同時に加わった場合の定格寿命も求めよ。

【21】寿命 $L_h=10\,000$ hr 以上，$n=500$ min^{-1}，$F_r=1$ kN の使用条件を満足する深溝玉軸受を選定せよ。

6

歯　車

　歯車 (gear, toothed gear) は，回転体の外周表面に等間隔の**歯** (tooth, gear tooth) が設けられており，歯のかみあいによって，回転運動，トルク，動力を効率よく確実に伝達する機械要素で，メカトロニクス製品などの回転駆動部に広く使用されている (図 **6.1**)。

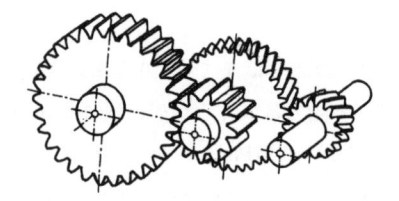

図 6.1　歯車列 (JIS B 0102-1：2013)

6.1　歯車の種類

　歯車の種類は，2軸の相対位置と**歯すじ** (flank line) の形状で分類され，**表 6.1** におもなものが示されている。

6.2　歯車の歯形曲線

　歯車の**歯形曲線** (tooth profile curve) として**サイクロイド曲線** (cycloid curve) と**インボリュート曲線** (involute curve) があるが，歯車はかみあって回転しながら動力を伝達するため，連続的でなめらかな回転運動と歯の強度が求められ，また，歯形の創成のしやすさも求められている。インボリュート

6.2 歯車の歯形曲線　123

表 6.1 歯車の分類

2軸の相対位置	歯車の種類	歯すじ*，形状の特徴
平行	平歯車 (spur gear)	歯すじが軸に平行な直線である円筒歯車。
	はすば歯車 (helical gear)	歯すじがつるまき線状にねじれた円筒歯車。
	やまば歯車 (double helical gear)	左ねじれのはすば歯車と右ねじれのはすば歯車を一体化した歯車。
	内歯車 (internal gear)	歯が円筒の内側にある歯車。
	ラック (rack)	円筒歯車の基準円筒の半径が無限大になった直線上の歯付き棒。
交差	すぐばかさ歯車 (straight bevel gear)	歯すじが基準円すい母線と一致するかさ状の歯車。
	まがりばかさ歯車 (spiral bevel gear)	歯すじがつるまき線以外の曲線状になっているかさ状の歯車。
	はすばかさ歯車 (helical bevel gear, skew bevel gear)	歯すじがつるまき線状になっているかさ状の歯車。
くいちがい	ウォームギヤ (worm gear pair)	ウォームとウォームホイールからなる歯車対の総称。ウォームはねじ状の山をもった円筒形歯車。ウォームホイールはくいちがい軸でウォームとかみ合う歯面をもつ歯車。
	ハイポイドギヤ (hypoid gear pair)	くいちがい軸で円すいまたは円すいに近い形状をもつ歯車からなる歯車対。

（注）　＊歯面と任意の同軸回転面との交線をいう。
(JIS B 0102-1：2013)

曲線はこの条件を満たしている。JIS では，歯形曲線としてインボリュート曲線を採用している。

　図 6.2 のように，**基礎円**（base circle）といわれる円の外周に糸を巻き付

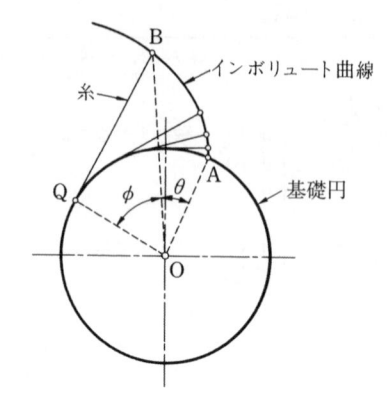

図6.2 インボリュート曲線

け，糸上の1点が糸をゆるまないように巻き戻していくとき，その1点の描く軌跡をインボリュート曲線という。

　$\angle QOB = \phi$ [rad]，$\angle BOA = \theta$ [rad]，**基礎円半径**（base radius）を r_b とおくと，直線 $BQ = r_b \tan\phi$，円弧 $AQ = r_b(\phi+\theta)$ となる。直線 $BQ = $ 円弧 AQ となっているから，$r_b \tan\phi = r_b(\phi+\theta)$ となり，その結果，$\tan\phi = \phi+\theta$ より

$$\mathrm{inv}\,\phi = \tan\phi - \phi = \theta \tag{6.1}$$

と表して，式(6.1)を**インボリュート関数**（involute function）と呼ぶ。このインボリュート関数は特に転位歯車などの計算のときに必要となる。

6.3 インボリュート平歯車

6.3.1 インボリュート歯形 [52]

　歯車の歯の輪郭曲線を**歯形**（tooth profile）といい，インボリュート曲線となっている歯形を**インボリュート歯形**（involute tooth profile）という。インボリュート歯形を図6.3に示す。

　図6.3において，円中心 O_1 と円中心 O_2 の二つの基礎円の共通接線 Q_1Q_2 上の1点 C を通る二つのインボリュート曲線 A_1CB_1，A_2CB_2 が一対の歯車のインボリュート歯形となる。C 点は二つのインボリュート歯形の接点となり，この接点 C は歯車の回転によって共通接線 Q_1Q_2 上を移動しながら動力を伝達

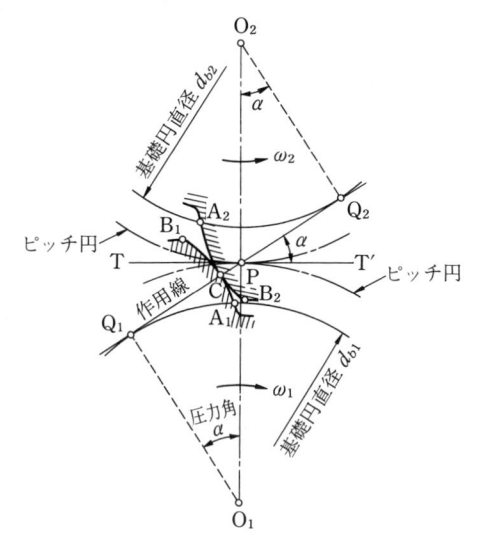

図 6.3 インボリュート歯形

する。この直線 Q_1Q_2 は**作用線** (line of action) となっている。

直線 O_1O_2 と作用線 Q_1Q_2 の交点 P を**ピッチ点** (pitch point)[†] といい, P 点を通り O_1, O_2 を中心とする円を**ピッチ円** (pitch circle)[††]という。ピッチ円の P 点での共通接線を TT' とし, これと作用線 Q_1Q_2 とのなす角度 α を**圧力角** (pressure angle) という。

C 点での作用線方向の速度は同一ということから, 円 O_1 と円 O_2 の**基礎円直径** (base diameter) を d_{b1}, d_{b2}, 円 O_1 と円 O_2 の角速度を ω_1, ω_2 とすれば, 式 (6.2) が得られる。

$$\frac{d_{b1}}{2} \times \omega_1 = \frac{d_{b2}}{2} \times \omega_2$$

$$\therefore \quad \frac{d_{b2}}{d_{b1}} = \frac{\omega_1}{\omega_2} \tag{6.2}$$

円 O_1 と円 O_2 の**ピッチ円直径** (pitch diameter)[††]を d_1, d_2 とすれば, ΔO_1Q_1P と ΔO_2Q_2P は相似であるので

[†] JIS では, ピッチ点を二つのピッチ円の接点と定義している。
[††] JIS B 0102-1：2013, 3.1.1.7, 3.1.1.9

$$\frac{d_2}{d_1} = \frac{d_{b2}}{d_{b1}} = \frac{\omega_1}{\omega_2} \tag{6.3}$$

となる。

次節からは，インボリュート歯形に基づく平歯車を非転位平歯車と転位平歯車とに分類して述べる[52]。

6.3.2 非転位平歯車[†,51),52]

歯車の歯の寸法を定義する基準となる円を**基準円** (reference circle) と称する。**図6.4**の**標準基準ラック歯形** (standard basic rack tooth profile) の**ラック工具** (rack-type cutter) で**図6.5**のように創成歯切りされた**非転位平歯車** (x-0 spur gear, non-profile shifted spur gear) の基準円はピッチ円と一致する[51),52)]。

歯車の歯は基準円に等間隔に創成されていて，その円周に沿った間隔を**ピッチ** (pitch) と称する。したがって，**基準円直径** (reference diameter) を d としたとき，ピッチ p は基準円周の長さ πd を**歯数** (number of teeth) z で割ったものであるから，次式のようになる。

$$p = \frac{\pi d}{z} \ [\mathrm{mm}] \tag{6.4}$$

歯の大きさを表す基準として，基準円直径 d を歯数 z で割った値の**モジュール** (module) m がある。式 (6.4) を用いることで，モジュール m は式 (6.5) で定義される[††]。

$$m = \frac{d}{z} = \frac{p}{\pi} \ [\mathrm{mm}] \tag{6.5}$$

歯車は**歯車対** (gear pair) あるいは**歯車列** (gear train, train of gears) で使用されるので，たがいにかみ合う歯の大きさは同じでなければならない。すなわち，モジュールが同一になるよう設計しなければならない。モジュールが同一であれば，式 (6.5) より，次式が得られ，ピッチも同一になる。

[†] 従来は標準平歯車と呼ばれていた。
[††] JIS B 0102-1：2013, 2.2.1.5, 4.1.5.4

表 6.2 モジュールの標準値（単位：mm）（JIS B 1701-2：2017）

1mm 以上の場合		1mm 未満の場合	
I 系列	II 系列	I 系列	II 系列
1		0.1	
	1.125		0.15
1.25		0.2	
	1.375		0.25
1.5		0.3	
	1.75		0.35
2		0.4	
	2.25		0.45
2.5		0.5	
	2.75		0.55
3		0.6	
	3.5		0.7
4			0.75
	4.5	0.8	
5			0.9
	5.5		
6			
	6.5 (注2)		
7			
8			
	9		
10			
	11		
12			
	14		
16			
	18		
20			
	22		
25			
	28		
32			
	36		
40			
	45		
50			

(注1) この規格は，一般機械及び重機械用のインボリュート平歯車及びはすば歯車の歯直角モジュールの標準値について規定する。なお，この規格は，自動車用の歯車には適用しない。

(注2) 1mm 以上の場合は，できるだけ I 系列の値を用いることが望ましい。II 系列の 6.5 はできる限り避けるのがよい。

(注3) 1mm 未満の場合は，I 系列の値を優先して用い，必要に応じ II 系列を用いる。

(注4) 1mm 未満の場合は，我が国の実態を調査して規定したものであり，対応国際規格には規定していない。

$$p = \pi m \quad [\text{mm}] \tag{6.6}$$

表 6.2 にモジュールの標準値を示す．設計する際，なるべく優先順位の高い I 系列のモジュールを用いる．

歯車の基準円を直線としたときの直線歯形を**ラック** (rack) という．ラックの形状をした創成歯切り工具を**ラック工具**あるいは**ラックカッタ**†(rack-type cutter) といい，このラック工具で歯車の歯形が創成歯切りされる．

ラック工具のピッチ，**歯たけ** (tooth depth)，**歯厚** (tooth thickness)，圧

---

† JIS B 0102-1：2013, 3.1.9.1

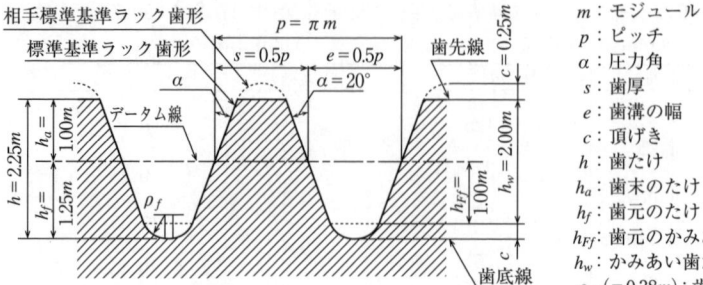

128　6. 歯　車

図中凡例：
- m：モジュール
- p：ピッチ
- α：圧力角
- s：歯厚
- e：歯溝の幅
- c：頂げき
- h：歯たけ
- h_a：歯末のたけ
- h_f：歯元のたけ
- h_{Ff}：歯元のかみあい歯たけ
- h_w：かみあい歯たけ
- $\rho_f (=0.38m)$：歯底すみ肉半径

図 6.4 基準ラック（標準基準ラック歯形）（JIS B 1701-1：2012）

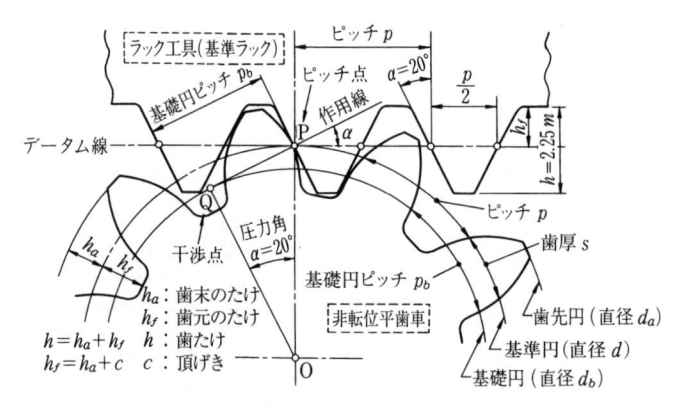

$h = h_a + h_f$　h：歯たけ
$h_f = h_a + c$　c：頂げき
h_a：歯末のたけ
h_f：歯元のたけ

図 6.5 非転位平歯車の歯切り

表 6.3 非転位平歯車の寸法計算式

圧力角	$\alpha = 20°$
基準円直径	$d = zm$
歯先円直径	$d_a = (z+2)m$
基礎円直径	$d_b = zm \cos \alpha$
ピッチ	$p = \pi m$
基礎円ピッチ	$p_b = \pi m \cos \alpha$
歯厚	$s = \dfrac{\pi m}{2} = \dfrac{p}{2}$
頂げき	$c = 0.25\,m$
歯末のたけ	$h_a = m$
歯元のたけ	$h_f = 1.25\,m$
歯たけ	$h = 2.25\,m$

力角などを規定したラックを**基準ラック**（basic rack）という（**図6.4**）。この基準ラック（標準基準ラック歯形）に基づいたラック工具で，基準ラックの**データム線**（datum line）[†]と歯車の基準円が接するように歯切りした歯車は，転位していないので，**非転位平歯車**という（**図6.5**，**表6.3**）[††]。この場合，基準ラックの圧力角はラック工具の**工具圧力角**（nominal pressure angle）[†]になる。JISでは，圧力角αを20°と定めている。

6.3.3 非転位平歯車の速度伝達比と中心距離 [52]

JISでは，一対の歯車の**速度伝達比**（transmission ratio）iは**駆動歯車**（driving gear）の回転角速度ω_1と**被動歯車**（driven gear）の回転角速度ω_2の比と定義されている。

たがいにかみ合う一対の非転位平歯車においては，二つの基準円がピッチ点で接しているので，駆動歯車の基準円直径，歯数，回転角速度，回転速度をd_1〔mm〕, z_1, ω_1〔rad/s〕, n_1〔min^{-1}〕，被動歯車の基準円直径，歯数，回転角速度，回転速度をd_2〔mm〕, z_2, ω_2〔rad/s〕, n_2〔min^{-1}〕とすると，非転位平歯車の場合の速度伝達比iは，式(6.7)で表される。

$$i = \frac{\omega_1}{\omega_2} = \frac{n_1}{n_2} = \frac{d_2}{d_1} = \frac{z_2}{z_1} \tag{6.7}$$

なお，大歯車の歯数を小歯車の歯数で除した値を**歯数比**（gear ratio）という。

中心距離（center distance）aは，**平行軸歯車対**（paralleled gears），または**くいちがい軸歯車対**（crossed gears）の軸間の最短距離とJISで定義されている。非転位平歯車対が外接してかみ合っている場合の中心距離aは，式(6.8)で表される。

$$a = (駆動歯車の基準円半径) + (被動歯車の基準円半径)$$
$$= \frac{d_1 + d_2}{2} = \frac{m(z_1 + z_2)}{2} \tag{6.8}$$

[†] JIS B 0102-1：2013, 3.1.8.5, 3.1.9.4
[††] "基準"と"かみ合い"とを明確に区別する必要がない場合，慣用的に限定詞"基準"を既知のこととして省略してよい（JIS B 0102-1：2013）。

式 (6.8) より，中心距離とモジュールが決まれば，歯数の和が決まり，さらに，速度伝達比が与えられれば，それぞれの歯数が決定される。

中心距離の精度が出ていないと組付けができなかったり，振動・騒音を発生しやすくなるので，中心距離の精度を重要視して，設計，加工，組付けを行っている。中心距離の許容値は，JIS では定められておらず，日本歯車工業会規格 JGMA 1101-01 に定められていて，これが活用されている。

6.3.4 かみ合い率

図 **6.6** のように，一対の歯車の歯のかみ合いは，被動歯車の**歯先円**（tip circle）と作用線の交点 a で始まり，駆動歯車の歯先円と作用線の交点 f で終わる。この af の長さを**かみ合い長さ**（length of path of contact）という。かみ合い長さを**基礎円ピッチ**（base pitch）で除した値を**かみ合い率**（contact ratio）という。基礎円ピッチとは，作用線上のピッチまたは基礎円上のピッチをいう。かみ合い率は歯のかみ合っている対の数の平均値を示しており，通常は 1.4〜1.9 程度である。かみ合い率の大きい方が，歯に加わる荷重の負担が少なくなるとともに，歯車の伝動が滑らかになる。

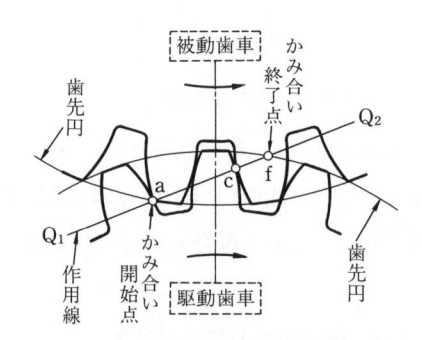

図 6.6 歯のかみ合い

一般に，**インボリュート平歯車**（involute spur gear）のかみ合い率 ε は式 (6.9) で表される。

$$\varepsilon = \frac{\sqrt{d_{a1}^2 - d_{b1}^2} + \sqrt{d_{a2}^2 - d_{b2}^2} - 2a \sin \alpha_w}{2 p_b} \tag{6.9}$$

ここに，d_{a1}，d_{b1} は駆動歯車の**歯先円直径**（tip diameter），基礎円直径を，

d_{a2}, d_{b2} は被動歯車の歯先円直径, 基礎円直径を, a は中心距離を, $α_w$ は**かみ合い圧力角** (operating pressure angle) を, p_b は基礎円ピッチを, それぞれ表す.

表6.3, 式 (6.8) および $α_w=α=20°$ を用いて, 式 (6.9) を計算すれば, 非転位平歯車のかみ合い率が算出できる.

6.3.5 歯の干渉と切下げ

一対の歯車において, **図6.6**のように, かみ合い区間 af が両基礎円に接する共通接線 Q_1Q_2 (**図6.3**) 内にあるときは, 正常なかみ合いで回転するが, 小歯車の歯数がある値より少なくなると, 大歯車の歯先円が共通接線 Q_1Q_2 の延長上で交わるようになるため, 大歯車の**歯先** (tooth tip) が小歯車の**歯元** (dedendum) に当たって回転できなくなる. この現象を**歯先干渉** (tip interference) という.

大歯車を基準ラックと見なしたラック工具で, 歯数がある値より少ない小歯車の創成歯切り加工すると, 小歯車の歯元が**図6.7**のように削り取られる. この現象を**切下げ** (natural undercut) という. 切下げが起こると, 歯が弱くなるとともに, かみ合い率が小さくなる.

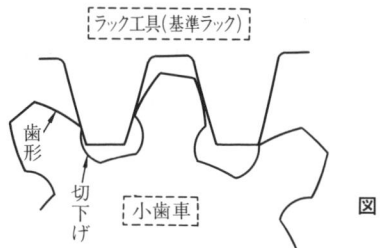

図6.7 歯の切下げ

非転位平歯車において, 切下げの生じない**理論限界歯数** z_c は, 工具圧力角を $α_c$ とすれば

$$z_c \geq \frac{2}{\sin^2 α_c} \qquad (6.10)$$

なる式が得られる. JIS では, $α_c=20°$ であるので, $z_c=17$ となるが, 実用上

は，$z_c=14$ まで問題なく使用できる。

6.3.6 転位平歯車

ラック工具で限界歯数以下の歯車を歯切りする際，非転位平歯車での，歯車の基準円にラック工具のデータム線が接して歯切りをする状態から，ラック工具のデータム線を歯車の基準円から外側にずらして歯切りをした歯車には切下げは起こらず，歯元の厚い歯車が製作できる。この「ずらし」を**転位**という。このように転位して歯切りした歯車を**転位平歯車**（profile shifted spur gear）という（**図6.8**）。ラック工具のずらした量を**転位量**（profile shift）といい，転位量をモジュール m で除したものを**転位係数**（profile shift coefficient）という。転位係数を x とおけば，転位量は xm となる。

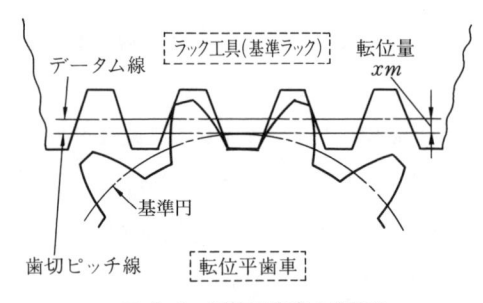

図 **6.8** 転位平歯車の歯切り

したがって，一対のかみ合っている転位平歯車の中心距離 a は，非転位平歯車の中心距離の式 (6.8) に転位による増加量を加えたものになる。さらに，**バックラッシ**（backlash）を付けるために中心距離を増加させた場合には，バックラッシによる増加量を加えればよい。

歯車の転位歯切りの際，転位量の大きさで，切下げ防止だけでなく，中心距離，歯厚，歯先円直径，歯たけ，かみ合い率などの値の調整ができる。なお，設計計算の際は，ラック工具のデータム線を歯車の基準円から外側にずらす量を正の転位量，内側にずらす量を負の転位量として符号を付けて取り扱われる。例えば，中心距離を非転位平歯車対と同じにしたい場合には，小歯車の方を正の転位係数 x_1，大歯車の方を負の転位係数 x_2 として，$x_1+x_2=0$ になる

ようにすればよい。

切下げの生じない**限界転位係数** x_c は，式 (6.11) で表される。

$$x_c \geq 1 - \frac{z}{2}\sin^2 \alpha_c = 1 - \frac{z}{z_c} \tag{6.11}$$

なお，転位係数が，大きくなると歯先の歯厚が薄くなり，ある限度以上になると歯先に**とがり**が生じる欠点があることも考慮しなければならない。

転位平歯車の寸法計算式を**表6.4**に示す。転位係数が $x_1 + x_2 \neq 0$ のときの転位平歯車の場合には，基準円と**かみ合いピッチ円**（contact pitch circle）は一致しないことに留意すること。

表6.4 転位平歯車の寸法計算式

	歯車1	歯車2
歯 数	z_1	z_2
転位係数	x_1	x_2
工具圧力角	$\alpha_c\ (=\alpha=20°)$	
かみ合い圧力角[1]	$\alpha_w : \text{inv } \alpha_w = 2\left(\dfrac{x_1+x_2}{z_1+z_2}\right)\tan \alpha_c + \text{inv } \alpha_c$	
中心距離増加係数	$y = \dfrac{z_1+z_2}{2}\left(\dfrac{\cos \alpha_c}{\cos \alpha_w} - 1\right)$	
中心距離	$a = \left(\dfrac{z_1+z_2}{2}+y\right)m = \dfrac{d_{w1}+d_{w2}}{2}$	
基準円直径	$d_1 = z_1 m$	$d_2 = z_2 m$
かみ合いピッチ円直径[2]	$d_{w1} = \dfrac{d_{b1}}{\cos \alpha_w}$	$d_{w2} = \dfrac{d_{b2}}{\cos \alpha_w}$
歯先円直径	$d_{a1} = (z_1+2+2x_1)m$	$d_{a2} = (z_2+2+2x_2)m$
基礎円直径	$d_{b1} = z_1 m \cos \alpha_c$	$d_{b2} = z_2 m \cos \alpha_c$
ピッチ	$p = \pi m$	
基礎円ピッチ	$p_b = p \cos \alpha_c = \pi m \cos \alpha_c$	

（注）（1）かみ合いピッチ円上の圧力角をいう
　　　（2）かみ合っているときのピッチ点を通るピッチ円の直径をいう

6.3.7 バックラッシ

実際，歯車の加工精度誤差，歯車列の組付き誤差，駆動時の荷重や熱による変形などがあるため，歯と歯の間に遊びといわれるわずかなすきまを設けて歯車のかみ合いを円滑にさせている。JISでは，この遊びを，かみ合いピッチ円

上の弧の長さで表したものを**円周方向バックラッシ** (circumferential backlash)，反かみ合い側歯面の最短距離で表したものを**法線方向バックラッシ** (normal backlash) と定義している（**図6.9**）。

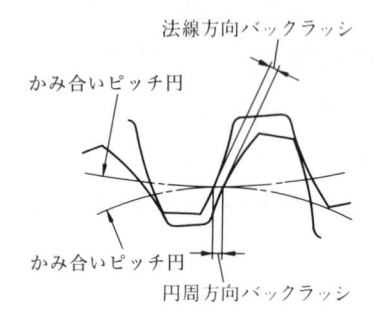

図6.9 バックラッシ（JIS B 0102-1：2013）

非転位平歯車の場合は，歯車の歯厚をわずかに薄くさせる加工を施してバックラッシが生じるようにしている。

転位平歯車の場合は，歯厚を薄くする方法のほか，中心距離を増加させることによりバックラッシを付けることができる。バックラッシを S_n，中心距離の増加量を a_s，かみ合い圧力角を α_w，とすれば，転位平歯車の場合のバックラッシの計算式は，式 (6.12) で表される。

$$S_n = 2a_s \sin \alpha_w \tag{6.12}$$

JIS B 1703 にはバックラッシの大きさが記述されている。

例題6.1 モジュール $m=6$ mm，歯数 $z_1=12$，$z_2=48$，転位係数 $x_1=0.35$，$x_2=0.05$ なる一対の転位平歯車の中心距離 a とかみ合い率 ε を求めよ。

【解答】 小歯車の切下げについては，x_1 の値が式 (6.11) の $x_c \geq 1-(12/17) = 0.294$ を満足しているから，切下げは生じない。工具圧力角は $\alpha_c = \alpha = 20°$。かみあい圧力角は**表6.4**のインボリュート関数式から求めるようになっているが，実際には，**図6.10**の計算図表を用いて算出される。

$$B(\alpha_w) = \frac{2(x_1+x_2)}{z_1+z_2} = \frac{2(0.35+0.05)}{12+48} = 0.0133$$

この値に対するかみ合い圧力角は，**図6.10**より，$\alpha_w = 21.85°$ となる。中心距離増加係数 y，中心距離 a，歯先円直径 d_{a1}，d_{a2}，基礎円直径 d_{b1}，d_{b2}，基礎円ピッチ

6.4 平歯車の強さ

$(\alpha = \alpha_c = 20°)$

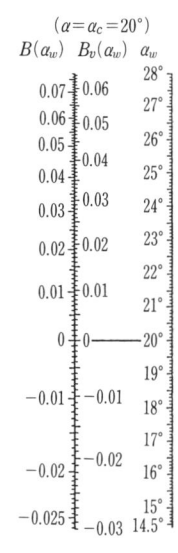

$$B(\alpha_w) = \frac{2(x_1 + x_2)}{z_1 + z_2}$$

$$B_v(\alpha_w) = \frac{2y}{z_1 + z_2}$$

図 6.10 計算図表
（日本機械学会「新版機械工学便覧 B1」による）

p_b は**表 6.4** の式に数値を代入して求めると，$y = 0.3727$，$a = 182.24$ mm，$d_{a1} = 88.20$ mm，$d_{a2} = 300.60$ mm，$d_{b1} = 67.66$ mm，$d_{b2} = 270.63$ mm，$p_b = 17.71$ mm。これらの数値を式 (6.9) に代入して，かみ合い率 ε を計算すると，$\varepsilon = 1.46$。

答：中心距離は $a = 182.24$ mm，かみ合い率は $\varepsilon = 1.46$ ◇

6.4 平歯車の強さ

歯車で動力伝達しているとき，歯には圧縮荷重，曲げ荷重，接触圧力などが

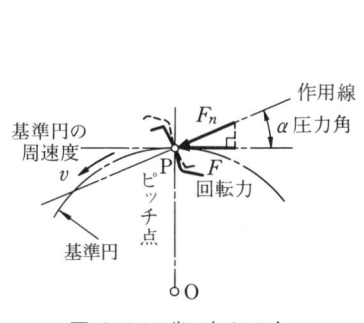

図 6.11 歯に加わる力

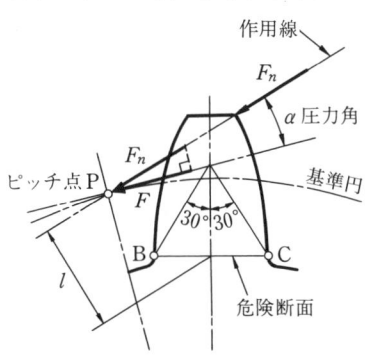

図 6.12 歯の曲げモーメント

加わっているが，特に問題となる曲げ荷重による**曲げ強さ**（bending strength）と接触圧力による**歯面強さ**（tooth flank strength）の二つについて検討する。ここでは，歯車は非転位平歯車で，歯に対して負担が一番大きいかみ合い率が1，すなわち1枚ごとの歯で伝達動力を伝えるという条件で扱う。

なお，転位平歯車の場合には，**図6.11**や**図6.12**などに記されている基準円と圧力角の用語をかみ合いピッチ円とかみ合い圧力角に置き換えることで対応できる。

6.4.1 歯に加わる力

一対の歯車において，基準円の周速度がv〔m/s〕で伝動動力P〔W〕が伝動されている場合を考える（**図6.11**）。このとき，基準円の接線方向に加わる力F〔N〕は，動力伝達の式$P = Fv$から求めることができ，式（6.13）となる。

$$F = \frac{P}{v} \tag{6.13}$$

力Fのかみ合い作用線方向分力をF_n，圧力角をαとすれば，$F = F_n \cos \alpha$が成り立つので，F_nは式（6.14）となる。

$$F_n = \frac{F}{\cos \alpha} \tag{6.14}$$

6.4.2 歯の曲げ強さ

歯の曲げ強さは，歯先に全荷重が集中して加わる片持ばりと見なして求められる。この場合，最大曲げモーメントおよび最大曲げ応力は歯元で生じるので，その位置すなわち**危険断面**の位置を決めなければならない。**図6.12**のように，歯形の中心線と30°をなす直線が歯元の歯形曲線と接する点B，Cを結ぶ直線と**歯幅**（facewidth）bで作る断面の位置を危険断面の位置とする。

歯元の危険断面に生じる最大曲げモーメント$M_{\max}$〔N・mm〕は，**図6.12**と式（2.20）より，式（6.15）のようになる。

$$M_{\max} = F_n l = \frac{Fl}{\cos \alpha} = \sigma_{b\max} Z \qquad (6.15)$$

ここに，l は危険断面の中心から作用線までの距離〔mm〕，Z は危険断面の断面係数〔mm³〕で $Z = bs^2/6$，s は BC の長さ，$\sigma_{b\max}$ は最大曲げ応力〔MPa〕である．

式 (6.15) より，最大曲げ応力 $\sigma_{b\max}$ は，式 (6.16) のように表される．

$$\sigma_{b\max} = \frac{Fl}{Z \cos \alpha} = \frac{6Fl}{bs^2 \cos \alpha} = \frac{F}{bm} Y \qquad (6.16)$$

ここに，m はモジュール〔mm〕，$Y = 6(l/m)/\{(s/m)^2 \cos \alpha\}$ である．

式 (6.16) における Y は**歯形係数** (tooth profile factor) といい，一般に，図 6.13 に示す平歯車の歯形係数が用いられる．[†]

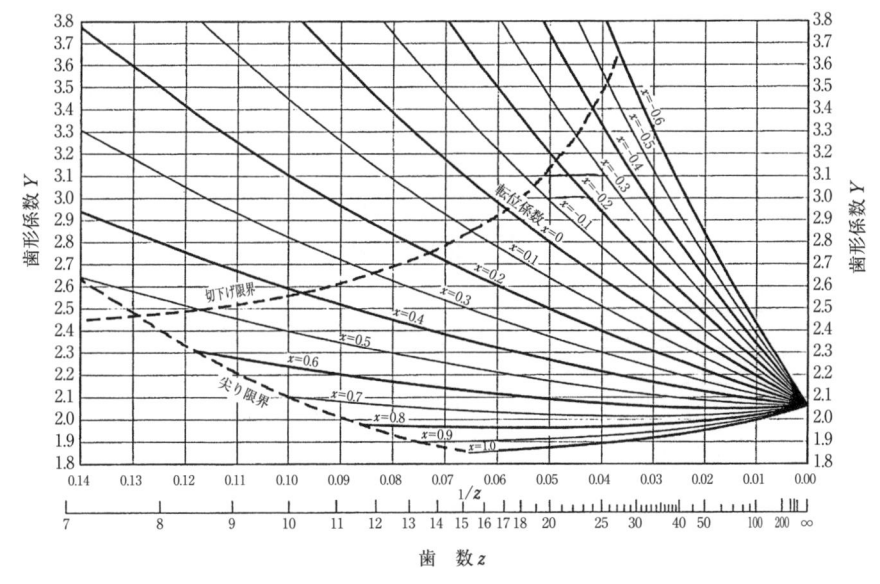

図 6.13 平歯車の歯形係数（$\alpha = 20°$, $h_a = 1.00m$, $h_f = 1.25m$, $\rho_f = 0.38m$）
（日本歯車工業会規格：JGMA 6101-02）

[†] JGMA 6101-02 では，複合歯形係数 Y_{FS} の概念が取り入れられている．Y_{FS} は歯元の呼び応力を求める歯形係数 Y と歯元すみ肉部の応力集中などを考慮した応力修正係数 Y_{Sa} との積（$Y_{FS} = Y \times Y_{Sa}$）で表される．実験データに基づいて導入された Y_{Sa} は複雑になっているので，ここでは，Y_{Sa} の影響は無視できる場合（$Y_{Sa} = 1$）として，$Y_{FS} = Y$ としている．

表 6.5 使用係数 K_A

駆動機械		被動機械の運転特性			
運転特性	駆動機械の例	均一負荷	中程度の衝撃	かなりの衝撃	激しい衝撃
均一荷重	電動機，蒸気タービン，ガスタービン(発生する起動トルクが小さくて稀なもの)	1.00	1.25	1.50	1.75
軽度の衝撃	蒸気タービン，ガスタービン，油圧モータおよび電動機(発生する起動トルクがより大きく，しばしばあるもの)	1.10	1.35	1.60	1.85
中程度の衝撃	多気筒内燃機関	1.25	1.50	1.75	2.0
激しい衝撃	単気筒内燃機関	1.50	1.70	2.0	≧2.25

(備考) 1. K_Aの値は，歯車がその共振回転数範囲内で運転しない場合にのみ有効とする。
2. 原動機から緩衝性のある軸継手，クラッチ，減速歯車装置などを介してその歯車に動力が伝わるような場合は，原動機側からの衝撃が緩和されるので表中一段低めの値を採用してよい。流体継手が用いられる場合は均一荷重となる (JGMA 6101-02, 6102-02)。

表 6.6 動荷重係数 K_V

JIS B 1702による歯車精度等級		基準円上の周速 [m/s]					
歯形		1以下	1を超え3以下	3を超え5以下	5を超え8以下	8を超え12以下	12を超え18以下	18を超え25以下
非修整	修整							
	1	—	—	1.0	1.0	1.1	1.2	1.3
1	2	—	1.0	1.05	1.1	1.2	1.3	1.5
2	3	1.0	1.1	1.15	1.2	1.3	1.5	—
3	4	1.0	1.2	1.3	1.4	1.5	—	—
4	—	1.0	1.3	1.4	1.5	—	—	—
5		1.1	1.4	1.5	—	—	—	—
6		1.2	1.5	—	—	—	—	—

(JGMA 401-01, 402-01)

式 (6.16) の最大曲げ応力 $\sigma_{b\,max}$ は，回転中のトルク変動や衝撃荷重を考慮した**使用係数** K_A および歯車の精度や歯車の回転速度を考慮した**動荷重係数** K_V を加えて修正される[†]。修正された最大曲げ応力 $\sigma_{b\,max}$ が歯車材料の**許容曲げ**

[†] JGMA 6101-02 では，K_V の算出が複雑であるので，ここでは，従来の**表 6.6** を用いる。

6.4 平歯車の強さ

表 6.7 歯車材料の疲労限度などの特性

材料（矢印は参考）	ブリネル硬さ HB	ビッカース硬さ HV	引張強さ下限* [MPa]（参考）	曲げ疲労限度 $\sigma_{F\,\mathrm{lim}}$ [MPa]	歯面疲労限度 $\sigma_{H\,\mathrm{lim}}$ [MPa]
鋳鋼 SC 360			≧363	71.2	335
鋳鋼 SC 410			≧412	82.4	345
鋳鋼 SC 450			≧451	90.6	355
鋳鋼 SC 480			≧481	97.5	365
鋳鋼 SCC 3 A	143 以上		≧520	108	390
鋳鋼 SCC 3 B	183 以上		≧618	122	435
構造用炭素鋼焼ならし（表面硬化しない歯車） S 25 C ～ S 58 C	120	126	382	135	405
	130	136	412	145	415
	140	147	441	155	430
	150	157	471	165	440
	160	167	500	173	455
	170	178	539	180	465
	180	189	569	186	480
	190	200	598	191	490
	200	210	628	196	505
	210	221	667	201	515
	220	231	696	206	530
	230	242	726	211	540
	240	252	755	216	555
	250	263	794	221	565
球状黒鉛鋳鉄 FCD 40	HB 121-201		≧392	85.0	405
球状黒鉛鋳鉄 FCD 45	143-217		≧441	100	435
球状黒鉛鋳鉄 FCD 50	170-241		≧490	113	465
球状黒鉛鋳鉄 FCD 60	192-269		≧588	121	490
球状黒鉛鋳鉄 FCD 70	229-302		≧685	132	540
球状黒鉛鋳鉄 FCD 80	248-352		≧785	139	560
ステンレス鋼 SUS 304	HB 187 以下		≧520	103	405

(JGMA 6101-02, 6102-02)

* 「引張強さ下限 [MPa]（参考）」における数値データの値が JGMA6102-02（2009）と JGMA6101-02（2007）とでは異なっているが，設計上安全側（数値の小さい方）にある JGMA6102-02（2009）の数値データをここでは表示している．

応力（allowable bending stress）$\sigma_{FP} = \sigma_{F\,\text{lim}}/S_F$ 以下になるようにする。ここに，$\sigma_{F\,\text{lim}}$ は歯車材料の**曲げ疲労限度**，S_F は安全率。これゆえ

$$\sigma_{b\,\max} = \frac{F}{bm}YK_AK_V \leq \sigma_{FP} = \frac{\sigma_{F\,\text{lim}}}{S_F} \qquad (6.17)$$

式（6.17）において，使用係数 K_A は**表 6.5** を参照，動荷重係数 K_V は**表 6.6** を参照，歯車材料の曲げ疲労限度 $\sigma_{F\,\text{lim}}$ は**表 6.7** を参照して選定され，安全率 S_F は1.2以上（JGMA 6101-02）とする。

基準円上で接線方向に作用する力 F は，式（6.17）より

$$F \leq \frac{\sigma_{F\,\text{lim}}\,bm}{YK_AK_VS_F} \qquad (6.18)$$

を満足するように，伝達動力やトルクの大きさを定めなければならない。

歯幅 b とモジュール m との関係を表す**歯幅係数**（face width factor）K があり，$K=b/m$ と表され，その値は**表 6.8** を参照して選定される。

表 6.8 歯幅係数 K

$K=\dfrac{b}{m}$	並　幅（軽荷重用）〜広　幅（重荷重用）
	6　　　〜　　　10

6.4.3 歯の歯面強さ

歯面（tooth flank）の接触圧力が大きすぎると，長時間使用しているうちに，歯面に著しい摩耗やピッチングといわれる**歯面疲労**（tooth flank fatigue）による小穴が生じることがある。ピッチングがピッチ点付近に発生することが多いので，歯車の歯と歯はピッチ点で接触していると見なす。接触している歯面の曲率半径を半径とする二つの円筒が接触しているものと考えるヘルツの式から**接触応力** σ_H が導かれる。その結果は，式（6.19）のようになる。

$$\sigma_H = \sqrt{\frac{F(i+1)}{bd_1 i}}Z_HZ_E\sqrt{K_A}\sqrt{K_V} \leq \sigma_{HP} = \frac{\sigma_{H\,\text{lim}}}{S_H} \qquad (6.19)$$

ここに，$\quad d_1$：小歯車の基準円直径（mz_1）〔mm〕

i：歯数比（z_2/z_1, $z_1 \leq z_2$）

6.4 平歯車の強さ

Z_H：領域係数 $(2/\sqrt{\sin(2\alpha)}$，$\alpha = 20°$ のとき $Z_H = 2.49)$

Z_E：材料定数係数 $(1/\sqrt{\pi\{(1-\nu_1^2)/E_1+(1-\nu_2^2)/E_2\}}$
$= \sqrt{0.35\,E_1E_2/(E_1+E_2)}$ 〔$\sqrt{\mathrm{MPa}}$〕，ν_1 と ν_2 は材料のポアソン比，E_1 と E_2 は材料の縦弾性係数：**表 6.9** 参照)

σ_{HP}：**許容接触応力**〔MPa〕

$\sigma_{H\,\mathrm{lim}}$：歯車材料の**歯面疲労限度**〔MPa〕（**表 6.7** 参照）

S_H：**安全率**〔1.1 以上 (JGMA 6102-02)〕

基準円上で接線方向に作用する力 F は，式 (6.19) より

$$F \leq \frac{\sigma_{H\,\mathrm{lim}}^2 b d_1}{Z_H^2 Z_E^2 K_A K_V S_H^2} \frac{i}{i+1} \tag{6.20}$$

を満足するように，伝達動力やトルクの大きさを定めなければならない。

したがって，式 (6.18) と式 (6.20) の両方を満足するように設計する。

表 6.9 材料定数係数 Z_E（材料の組み合せの例）

歯車			相手歯車			材料定数係数 Z_E
材料	記号	縦弾性係数 E〔MPa〕	材料	記号	縦弾性係数 E〔MPa〕	〔$\sqrt{\mathrm{MPa}}$〕
鋼＊	＊	2.06×10^5	鋼＊	＊	2.06×10^5	189.8
			鋳鋼	＊	2.02×10^5	188.9
			球状黒鉛鋳鉄	FCD	1.73×10^5	181.4
			ねずみ鋳鉄	FC	1.18×10^5	162.0
鋳鋼	＊	2.02×10^5	鋳鋼	＊	2.02×10^5	188.0
			球状黒鉛鋳鉄	FCD	1.73×10^5	180.5
			ねずみ鋳鉄	FC	1.18×10^5	161.5
球状黒鉛鋳鉄	FCD	1.73×10^5	球状黒鉛鋳鉄	FCD	1.73×10^5	173.9
			ねずみ鋳鉄	FC	1.18×10^5	156.6
ねずみ鋳鉄	FC	1.18×10^5	ねずみ鋳鉄	FC	1.18×10^5	143.7

（注） ポアソン比はいずれも 0.3 とする。

＊鋼は，炭素鋼（S～C），合金鋼（SMn, SNCM, SCM），窒化鋼（SACM）およびステンレス鋼（SUS）とする。鋳鋼は SC, SCC, SCMn とする。

(JGMA 6102-02)

142　6. 歯車

例題6.2 駆動軸の動力 P が 2.2kW, 回転速度 n_1 が毎分 1200 回転するとき, 速度伝達比 i = 約 4 で減速する一対の非転位平歯車の歯数 z_1, z_2, 歯幅 b, モジュール m を設計せよ. ただし, 駆動側からの衝撃は均一負荷, 被駆動側からの衝撃は中程度の衝撃とする. 歯車精度は歯形非修整 3 級. 歯車の材料は表面硬化しない S 35 C (HB 210), 歯幅係数は $K = 10$, 小歯車の基準円直径は約 60mm, 安全率は $S_F = 1.2$, $S_H = 1.1$, 歯数はたがいに素とする.

【解答】 小歯車について, 基準円上の周速度 v は $v = \pi d_1 n_1/60 = \pi \times 60 \times 1200/60 = 3770$ mm/s $= 3.77$ m/s. 歯に加わる力 F は $F = P/v = 2200$ W/3.77 m/s $= 584$ N. 歯面強さの式 (6.20) より, F に耐えうる歯幅 b を求める. 式 (6.20) と**表 6.5**, **表 6.6**, **表 6.7**, **表 6.9** より $b \geqq FZ_H^2 Z_E^2 K_A K_V S_H^2 (i+1)/(\sigma_{H\lim}^2 d_1 i) = 584\text{N} \times 2.49^2 \times 189.8^2\text{MPa} \times 1.25 \times 1.3 \times 1.1^2 \times (4+1)/(515^2\text{MPa}^2 \times 60\text{mm} \times 4) = 20.15$ mm. これより, 歯幅係数 10, I 系列のモジュール値 (表 6.2) を選定することをもとに $b = 25$ mm と定める. $K = 10$ であるから, $m = b/K = 25/10 = 2.5$ mm, 歯数は $z_1 = d_1/m = 60/2.5 = 24$ で切下げは生じない. $z_2 = iz_1 = 4 \times 24 = 96$ となるが, 歯数はたがいに素にするため $z_2 = 97$ とする. この場合, $i = z_2/z_1 = 97/24 = 4.04 ≒ 4$ となり, $z_2 = 97$ として問題ない. 曲げ強さについては, 式 (6.18) が成立することを確認する. 式 (6.18) と**図 6.13**, **表 6.5**, **表 6.6**, **表 6.7** より, 小歯車では, $F = 584\text{N} \leqq \sigma_{F\lim} bm/(YK_A K_V S_F) = 201\text{MPa} \times 25\text{mm} \times 2.5\text{mm}/(2.66 \times 1.25 \times 1.3 \times 1.2) = 2422$ N, 大歯車では, $F = 584\text{N} \leqq 201\text{MPa} \times 25\text{mm} \times 2.5\text{mm}/(2.21 \times 1.25 \times 1.3 \times 1.2) = 2915$ N となり, いずれも, 式 (6.18) が満足された. したがって, 上記で求められた設計値が使用できる.

答：$z_1 = 24$, $z_2 = 97$, $b = 25$ mm, $m = 2.5$ mm.　◇

6.5　は す ば 歯 車

基準歯すじ (tooth trace)[†] がつるまき線である**円筒歯車** (cylindrical gear) を**はすば歯車** (helical gear)[†] という (**図 6.14**). 基準円筒の母線とつるまき線とのなす角度を**ねじれ角** (helix angle) と称し, その角度 β は, 一般に 10°

[†] JIS B 0102-1：2013, 2.2.3.2, 2.2.6.3

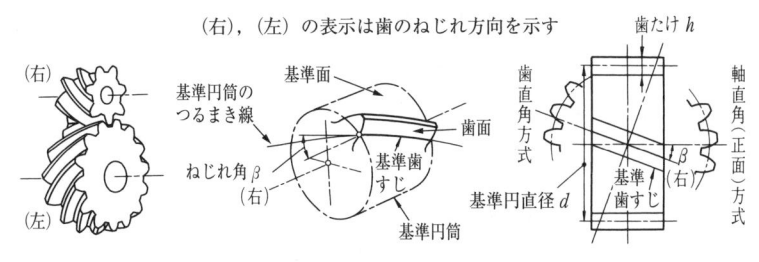

図 6.14 はすば歯車 (JIS B 0102-1：2013)

から 30° の間の値が用いられている。平歯車に比べてかみあい率が大きいので，静かで滑らかな回転が得られるが，軸方向にスラストが発生する欠点がある。

歯面は**インボリュートねじ面** (involute helicoid) になっている。はすば歯車の表し方として，**正面モジュール** (transverse module) および**正面圧力角** (transverse pressure angle) を標準とする**軸直角方式**と，基準歯すじに直角な**歯直角モジュール** (normal module) および**歯直角圧力角** (normal pressure angle) を標準とする**歯直角方式**がある（**表 6.10**）。一般には，歯直角方式が広く使用されている。

表 6.10 はすば歯車の寸法計算式（転位係数＝0 の場合）

	歯直角方式	軸直角(正面)方式
モジュール	$m_n = m$	$m_t = \dfrac{m_n}{\cos \beta}$
圧力角	$\alpha_n = 20°$	$\alpha_t：\tan \alpha_t = \dfrac{\tan \alpha_n}{\cos \beta}$
基準円直径	$d = \dfrac{zm_n}{\cos \beta} = zm_t$	
歯先円直径	$d_a = d + 2m_n = \left(\dfrac{z}{\cos \beta} + 2\right)m_n = zm_t + 2m_n$	
中心距離	$a = \dfrac{d_1 + d_2}{2} = \dfrac{(z_1 + z_2)m_n}{2\cos \beta} = \dfrac{(z_1 + z_2)m_t}{2}$	
歯たけ	$h = 2.25\,m_n$	

左右両ねじれのはすば歯車を一体化した**やまば歯車** (double helical gear) がある。やまば歯車は，はすば歯車の利点を保ちつつ，はすば歯車に発生するスラストを打ち消すので，大動力伝達用に使用されている。

はすば歯車とやまば歯車の速度伝達比は，平歯車と同様で式（6.7）と表される。はすば歯車の曲げ強さと歯面強さは，歯直角断面の**相当平歯車**（equivalent spur gear）に置き換えて近似的に求められている。

6.6 かさ歯車

かさ歯車（bevel gear）は，たがいに交わる2軸の動力や回転運動を伝達する場合に使用される歯車である（**図 6.15**）。一般に，2軸の交わる角度は90°である。かさ歯車は，円すい摩擦車の表面を基準面として歯を設けたもので，歯すじが円すいの母線と一致するものを**すぐばかさ歯車**（straight bevel gear），歯すじがつるまき線以外の曲線状になっているものを**まがりばかさ歯車**（spiral bevel gear），歯すじがつるまき線になっているものを**はすばかさ歯車**（helical bevel gear）という。また，特別なかさ歯車の種類として，歯数の等しい一対の歯車を**マイタ歯車**（miter gear）といい，基準円すい角が90°の歯車を**冠歯車**（crown gear, crown wheel）という。

(a) はすばかさ歯車　　(b) すぐばかさ歯車　　(c) まがりばかさ歯車　　(d) 冠歯車

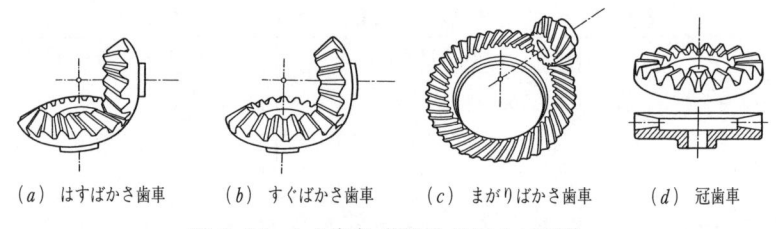

図 6.15 かさ歯車（JIS B 0102-1：2013）

かさ歯車の速度伝達比は平歯車と同様で式（6.7）と表される。

6.7 ウォームギヤ

ねじ状の歯をもつ歯車の**ウォーム**（worm）とこれとかみあう歯車の**ウォームホイール**（worm wheel）で一対になっている歯車対を**ウォームギヤ**（worm gear pair）という（**図 6.16**）。くいちがい軸間でかみあっていて，

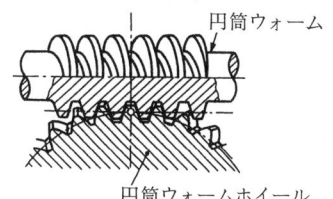

図6.16 ウォームギヤ（JIS B 0102-1：2013）

2軸の角度は直角である。ウォームホイールの歯はウォームを包むような形をしており，比較的小形で大きな速度伝達比が得られ，回転が静かである。一般には，ウォームを駆動歯車，ウォームホイールを被動歯車として使用する。

ウォームの条数をz_1，ウォームホイールの歯数をz_2のとき，ウォームギヤの速度伝達比iは$i = z_2/z_1$となる。

6.8 歯 車 列

歯車による回転運動の伝動には，一対の歯車によるものから，いくつもの歯車を組み合わせた歯車列までがある。ここでは，基本的な歯車列における速度伝達比について扱う。

図 6.17には，歯車①が入力軸歯車，歯車②が中間軸歯車，歯車③が出力軸歯車で構成されている歯車列である。歯車①，②，③の歯数をz_1，z_2，z_3，回転角速度をω_1，ω_2，ω_3，回転速度をn_1，n_2，n_3とすれば，式（6.7）などから，歯車①，②の速度伝達比i_1は

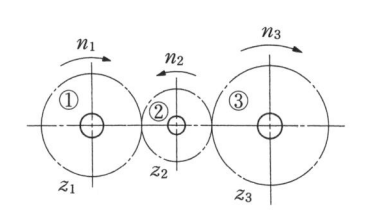

図 6.17 歯車列の例1[†]　　**図 6.18** 歯車列の例2[†]

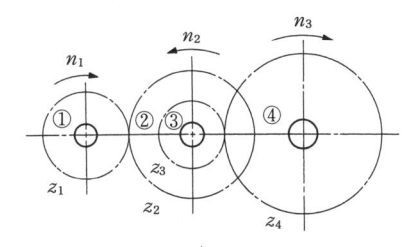

[†] 一点鎖線の円は，非転位歯車の場合には基準円を，転位歯車の場合にはかみ合いピッチ円を表している。

$$i_1 = \frac{\omega_1}{\omega_2} = \frac{n_1}{n_2} = \frac{z_2}{z_1} \tag{6.21}$$

となり，歯車②，③の速度伝達比 i_2 は

$$i_2 = \frac{\omega_2}{\omega_3} = \frac{n_2}{n_3} = \frac{z_3}{z_2} \tag{6.22}$$

となる。したがって，歯車列の速度伝達比 i は，式 (6.21)，(6.22) より

$$i = \frac{\omega_1}{\omega_3} = \frac{n_1}{n_3} = \frac{n_1}{n_2}\frac{n_2}{n_3} = i_1 i_2 = \frac{z_3}{z_1} \tag{6.23}$$

となる。式 (6.23) から，この例の歯車列の速度伝達比は，歯車①，③が直接かみあっている場合の速度伝達比とまったく同じになっていることがわかる。この中間軸歯車②は，速度伝達比には関係しないので，遊び歯車といわれている。

図 **6.17** より，中間軸歯車は歯車③の回転方法を逆にする役目をしていて，中間軸歯車の数によって出力軸歯車の回転方向が異なる。

図 **6.18** は，歯車①が入力軸歯車，歯車④が出力軸歯車で，中間軸歯車として歯車②と③が同軸に固定または一体化されている歯車列の例である。歯車①，③が駆動歯車，歯車②，④が被動歯車になっている。入力軸，中間軸，出力軸の回転速度が n_1, n_2, n_3, 歯車①，②，③，④の歯数が z_1, z_2, z_3, z_4, 歯車①と②の速度伝達比を i_1, 歯車③と④の速度伝達比を i_2 としたとき，この歯車列の速度伝達比 i は，式 (6.26) のようになる。

$$i_1 = \frac{n_1}{n_2} = \frac{z_2}{z_1} \tag{6.24}$$

$$i_2 = \frac{n_2}{n_3} = \frac{z_4}{z_3} \tag{6.25}$$

$$i = \frac{n_1}{n_3} = \frac{n_1}{n_2}\frac{n_2}{n_3} = i_1 i_2 = \frac{z_2}{z_1}\frac{z_4}{z_3} \tag{6.26}$$

式 (6.23) と式 (6.26) を比較すると，中間軸歯車として大小の歯車を一体化した歯車を組み入れると，幅広い速度伝達比が得られやすいことがわかる。このような歯車列は工作機械や減速歯車装置などに用いられている。

6.9 歯車伝動装置

インバータモータ,サーボモータなどのアクチュエータで駆動対象物の回転速度を電子的に直接制御している製品も見受けられるが,まだまだ,コスト,大動力伝達などで有利なところが数多くある変速装置は多方面で使用されている。一般には,回転駆動源と駆動対象物の間に,変速装置を組み込んで,必要な出力回転速度を得ている。

基本的な歯車列,いろいろな種類の歯車,および組合せアイデアなどを駆使して,各種変速**歯車伝動装置**(transmission gears)が製作されている。そのなかの代表的なものを紹介する。

6.9.1 減速歯車装置

歯車によって一定の速度伝達比で減速させる装置を**減速歯車装置**(speed reducing gears)という。減速歯車装置の速度伝達比を**減速比**(speed reducing ratio)という。簡単な減速装置には,平歯車が用いられ,一対すなわち1組の平歯車による減速比は低速で7,高速で5程度までである。それ以上の大きな減速比の減速装置には2段,3段による設計がなされている。

一般に多く使用されている減速装置には,回転が静かでなめらかなはすば歯車が用いられている。ウォームギヤを用いた減速装置は,1条のウォームでは効率が70％前後と低いが,小形で大きな減速比が得られる。**図6.18**が減速2段の減速歯車列を表している。減速歯車装置は,減速を必要とする以外に,入力軸の小トルクで出力軸の大トルクを得たいときに利用される。

6.9.2 変速歯車装置

駆動軸の一定回転速度に対して,歯車のかみあいを切り換えることで,出力軸のいく通りかの回転速度を得るための歯車装置を**変速歯車装置**(speed change gears)という。**図6.19**に,変速歯車装置の歯車組合せ例を示す。

148　6. 歯　　　車

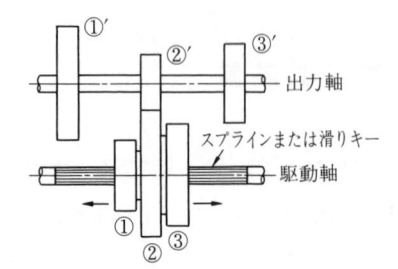

図 6.19　変速歯車装置の歯車組合せ例

駆動軸上の**スプライン**（spline）または**滑りキー**（sliding key）を利用して駆動側歯車①，②，③をレバーなどで移動させ，出力軸側の歯車①′，②′，③′にそれぞれかみあわせると，3通りの速度伝達比が得られる。

6.9.3　遊星歯車装置

遊星歯車装置（planetary gears）は，比較的小形軽量で大きな減速比あるいは増速比が得られる装置である。**図 6.20** は遊星歯車装置を示す。歯車①が**太陽歯車**（sun gear）という外歯車，歯車②が**遊星歯車**（planet gear）という外歯車，歯車③が**内歯歯車**（annulus gear），A は遊星歯車を支える**キャリヤ**（carrier）という腕である。

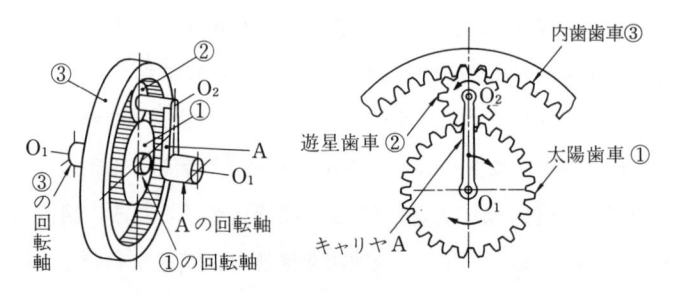

図 6.20　遊星歯車装置（JIS B 0102-1：2013）

歯車①を固定してキャリヤ A を O_1 を軸として回転させると，遊星歯車②は O_2 まわりを自転しながら太陽歯車①のまわりを公転する機構になっているので，遊星歯車装置といわれる。この装置では，O_1 軸の同じ軸心に，歯車①の軸，内歯歯車③の軸およびキャリヤ A の軸の 3 本の軸が出ている。そのうち 1 軸を固定して他の 2 軸を駆動軸と出力軸とすれば，選び方によって減速装

演習問題　149

表 6.11 遊星歯車装置の速度伝達比の計算式

固定する軸	キャリヤA	キャリヤA	内歯車③	内歯車③	太陽歯車①	太陽歯車①
駆動(入力)軸	太陽歯車①	内歯車③	太陽歯車①	キャリヤA	内歯車③	キャリヤA
出力軸	内歯車③	太陽歯車①	キャリヤA	太陽歯車①	キャリヤA	内歯車③
速度伝達比 i	$-\dfrac{z_3}{z_1}$	$-\dfrac{z_1}{z_3}$	$\dfrac{z_1+z_3}{z_1}$	$\dfrac{z_1}{z_1+z_3}$	$\dfrac{z_1+z_3}{z_3}$	$\dfrac{z_3}{z_1+z_3}$

置または増速装置として使用できる（**表 6.11**）。

6.9.4　差動歯車装置

　第一，第二の二つの軸に回転駆動を与えたとき，第三の出力軸がそれらの作用を同時に受けて回転する歯車装置，あるいは自動車で使用されているように，第一の軸に回転駆動を与えたとき，タイヤ軸に相当する第二，第三の出力軸の回転速度に差が得られる歯車装置を**差動歯車装置**（differential gears）という。

　図 6.21 に自動車用差動歯車装置概略図を示す。入力の駆動軸Aの回転は減速小歯車①から減速大歯車②に伝わり，減速大歯車②と一体になっている差動歯車箱Bを回転させると同時に差動歯車箱のなかでかみ合っている差動小歯車③，③′，差動大歯車④，④′も回転させ，そして差動大歯車④′，④の出力軸C，Dが回転する仕組みになっている。

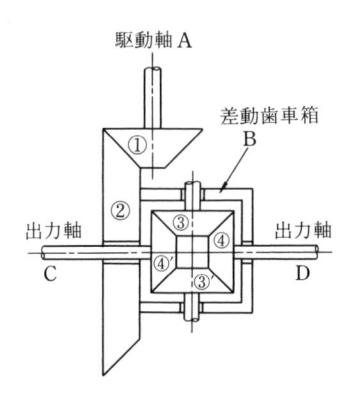

図 6.21　自動車用差動歯車装置

　自動車が左折するとき，出力軸Cに抵抗が加わって回転速度が落ち，その落ちたぶんだけ差動小歯車③，③′が回転して差動大歯車④と出力軸Dを速

く回転させて，スムースな左折が可能になる。逆に，右折のときは，出力軸Dが低速で，出力軸Cが高速で回転して，スムースな右折が可能になる。

演 習 問 題

【1】 モジュール $m=2$ mm，歯数 $z=24$ の非転位平歯車のピッチ p と基準円直径 d を求めよ。

【2】 モジュール $m=2$ mm，中心距離 $a=80$ mm，速度伝達比 $i=3$ の一対の非転位平歯車の歯数 z_1 と z_2 を求めよ。

【3】 小歯車の歯数 $z_1=18$，中心距離 $a=72$ mm，速度伝達比 $i=3$ の一対の非転位平歯車のモジュール m，大歯数の歯数 z_2，基準円直径 d_1，d_2 を求めよ。

【4】 モジュール $m=4$ mm，速度伝達比 $i=3$ の一対の非転位平歯車で，小歯数の数を $z_1=18$ としたとき，大歯車の歯数 z_2，中心距離 a およびかみ合い率 ε を求めよ。

【5】 一対の転位平歯車において，モジュール $m=3$ mm，速度伝達比 $i=2$，中心距離 $a=81.00$ mm，転位係数の和が $x_1+x_2=0$ のとき，小歯車と大歯車の歯数 z_1 と z_2 を求めよ。

【6】 一対の平歯車において，モジュール $m=3$ mm，速度伝達比 $i=2$，中心距離 $a=87.00$ mm，大歯車の転位係数が $x_2=0$ のとき，小歯数と大歯車の歯数 z_1 と z_2，かみ合い圧力角 α_b，小歯車の転位係数 x_1 およびかみ合い率 ε を求めよ。

【7】 モジュール $m=4$ mm，圧力角 $\alpha=20°$，歯幅 $b=40$ mm の表面硬化しない一対の非転位平歯車（歯車精度は歯形非修整3級）において，駆動側，被駆動側からの衝撃がともに均一負荷の条件のもとで伝達できる動力 P を求めよ。ここで，小歯車は材料が S 35 C（HB 180），歯数 $z_1=18$，回転速度 $n_1=600$ min^{-1}（rpm，r/min），大歯車は材料が SC 410，歯数 $z_2=55$，回転速度 $n_2=200$ min^{-1}（rpm，r/min）である。安全率は $S_F=1.2$，$S_H=1.1$ とする。

【8】 図 6.21 の自動車用差動歯車装置において，歯車②を回転速度 n_2 で回転させているとき，軸C（=歯車④'）を回転速度 n_C で回転させた場合，軸D（=歯車④）の回転速度 n_D を求めよ。ただし，歯車③と③'の歯数は等しく，かつ歯車④と④'の歯数も等しい。

7

ベルトとチェーン

原動軸と従動軸が相当離れているときに,動力や回転を伝える目的で利用されるのがベルトやチェーンに代表される**巻掛け伝動装置**である。

7.1 平ベルト伝動

平ベルト伝動は原動軸と従動軸に取り付けた**平プーリ**（flat-pulley）に**平ベルト**（flat-belt）を掛け渡し,プーリとベルトの間の摩擦力によって回転を伝動するものである。構造が簡単でメインテナンス性はよいが,高いトルク,大きな動力や高速回転の伝動は不向きである。

ベルトの掛け方には,**図7.1**に示すように同一方向に回転させるための平

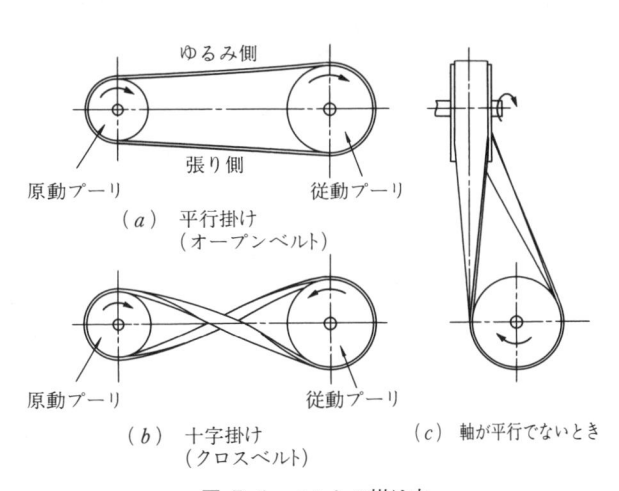

図7.1 ベルトの掛け方

行掛け（オープンベルト）と逆方向に回転させるための十字掛け（クロスベルト）などがある。平行掛けで，ベルトが原動プーリに引き込まれる側を張り側，その反対側をゆるみ側と呼ぶ。上側のベルトがゆるみ側に下のベルトが張り側になるようにして，ベルトとプーリの接触角が大きくなるようにする。

7.1.1 平ベルトとプーリ

平ベルトの種類は，材質によって皮ベルト，ゴムベルト，鋼ベルトがあり，JIS K 6321 によって構造や寸法が規定されている。

平プーリは通常は鋳鉄，鋳鋼製であるが，高速用には軽合金製も使われる。構造は図 7.2 にあるように一体形のものと比較的大形の割り形のものがある。プーリ外周面の種類はフラットな F 形と中央を高くしクラウンを付けた C 形がある。クラウンを付けることで回転中にベルトが外れにくくなる。なお，図中の D 寸法を呼び径，B 寸法を呼び幅と呼ぶ。

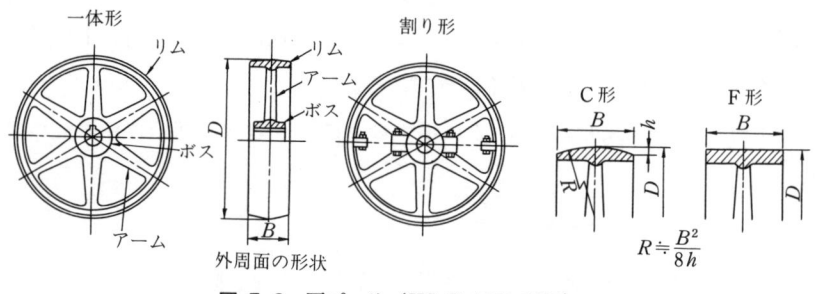

図 7.2 平プーリ (JIS B 1852-1980)

7.1.2 ベルトの長さ

平行掛けの際のベルトの長さ l は，小プーリと大プーリの直径をそれぞれ D_1, D_2 とし，中心間距離を a，中心線とベルトの傾斜角を ϕ [rad] とすれば，図 7.3 の幾何学的関係から式 (7.1) のようになる。

$$l = \frac{\pi}{2}(D_2+D_1) + \phi(D_2-D_1) + 2a\cos\phi \qquad (7.1)$$

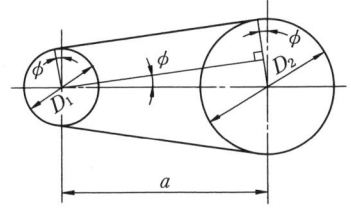

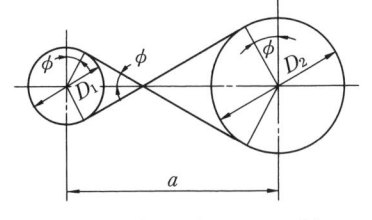

(a) 平行掛け（オープンベルト）　　　(b) 十字掛け（クロスベルト）

図 7.3　ベルトの長さ

$\cos\phi = \sqrt{(1-\sin^2\phi)}$，$\sin\phi = (D_2-D_1)/(2a)$ の関係を使えば，$\cos\phi$ の値を求めなくても計算できる。

ϕ が小さければ $\cos\phi \fallingdotseq 1-(1/2)\sin^2\phi$ となるから

$$l = 2a + \frac{\pi}{2}(D_2+D_1) + \frac{(D_2-D_1)^2}{4a} \tag{7.2}$$

となる。

十字掛けのときのベルト長さは，図 7.3 から

$$l = \frac{\pi}{2}(D_2+D_1) + \phi(D_2+D_1) + 2a\cos\phi \tag{7.3}$$

同じく ϕ が小さいときには，式（7.4）のようになる。

$$l = 2a + \frac{\pi}{2}(D_2+D_1) + \frac{(D_2+D_1)^2}{4a} \tag{7.4}$$

7.1.3　速　度　比

原動プーリと従動プーリの直径を D_1，D_2，回転速度を n_1，n_2 とし，ベルトの厚さがプーリ径に対して十分小さいとすれば，**速度比**（回転比・速度伝達比）i は式（7.5）のように求められる。

$$i = \frac{n_1}{n_2} \fallingdotseq \frac{D_2}{D_1} \tag{7.5}$$

通常，i の値は 6 以内になるようにする。実際にはベルトのスリップなどがあるために従動プーリの回転速度は計算値より 1～2％ほど小さくなる。

7.2 Vベルト伝動

Vベルト伝動は，台形断面をもったループ状の**Vベルト**（V-belt）をV溝をもったプーリに掛け渡し，動力を伝動する装置である。Vベルト伝動では，プーリのV溝側面の接触摩擦力を利用するために接触面積が大きいだけでなく，溝にくさび効果でしっかりとベルトが食い込むために接触圧力も高くなり，結果として滑りが少ない効率の高い伝達ができる。

7.2.1 Vベルトとプーリ

〔1〕**Vベルト**　一般用Vベルトは断面寸法によって**表7.1**に示すようなM形，A形，B形，C形，D形そしてE形の6種類が規格化されている。いずれも台形角は40°に決められている。ベルトは継ぎ目なしの環状に作られており，長さはそれぞれの形ごとに各種のものが規格化（JIS K 6323）されている。ベルトの呼び番号は，ベルトの長さをインチ表示した数値（1インチ＝25.4mm）で表している。

表7.1　一般用Vベルトの断面形状と基準寸法

（単位：mm）

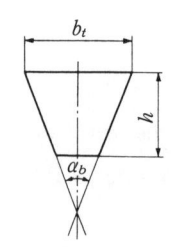

種類	b_t	h	α_b〔°〕	1本当たりの引張強さ〔kN〕
M	10.0	5.5	40	1.2以上
A	12.5	9.0		2.4以上
B	16.5	11.0		3.5以上
C	22.0	14.0		5.9以上
D	31.5	19.0		10.8以上

(JIS K 6323-2008)

〔2〕**Vプーリ**　**Vプーリ**（V-pulley）は平プーリと同様に鋳鉄，鋳鋼，軽合金鋳物で作られ，その形状は**表7.2**のようにJISで規定されている。溝の角度αは呼び径の範囲によって異なる値を取るように設定してある。こ

7.2 Ｖベルト伝動

表7.2 一般用Ｖプーリの溝部の形状および寸法(単位：mm)

Ｖベルトの種類	呼び径[2]	α [°]	l_0	k	k_0	e	f	r_1	r_2	r_3
M	50 以上　　71 以下 71 を超え　90 以下 90 を超えるもの	34 36 38	8.0	2.7	6.3	—[1]	9.5	0.2〜0.5	0.5〜1.0	1〜2
A	71 以上　　100 以下 100 を超え　125 以下 125 を超えるもの	34 36 38	9.2	4.5	8.0	15.0	10.0	0.2〜0.5	0.5〜1.0	1〜2
B	125 以上　　160 以下 160 を超え　200 以下 200 を超えるもの	34 36 38	12.5	5.5	9.5	19.0	12.5	0.2〜0.5	0.5〜1.0	1〜2
C	200 以上　　250 以下 250 を超え　315 以下 315 を超えるもの	34 36 38	16.9	7.0	12.0	25.5	17.0	0.2〜0.5	1.0〜1.6	2〜3
D	355 以上　　450 以下 450 を超えるもの	36 38	24.6	9.5	15.5	37.0	24.0	0.2〜0.5	1.6〜2.0	3〜4

(注) *1　M形は, 原則として1本掛けとする.
　　 *2　上図の直径(d_m)をいい, ベルト長さの測定, 回転比の目安などの計算にもこれを用い, 溝の基準幅が l_0 をもつところの直径である.
(JIS B 1854-1987)

れはＶベルトの台形角は40°一定であるが, これがプーリに巻き付けられるときに曲率によって変形状態が異なることを考慮しているためである.

〔3〕**速　度　比**　　原動プーリと従動プーリの回転速度の比である速度比 i は, 表7.2 のプーリの呼び径 (ピッチ円直径に相当) を D_1, D_2, 回転速度を n_1, n_2 とすれば平ベルトと同じように式 (7.6) で求められる.

$$i = \frac{n_1}{n_2} = \frac{D_2}{D_1} \qquad (7.6)$$

〔4〕**Vベルトの長さと軸間距離**　Vベルトの長さは平ベルトの式 (7.1) 中の D_1, D_2 に大小のプーリの呼び径を，また，a に設計当初の軸間距離を代入して計算し，この長さに近いベルトを規格から選定すればよい．

7.2.2　細幅Vベルト

表 7.1 に示した一般用Vベルトに比べて幅が狭く，厚みを大きくした**細幅**

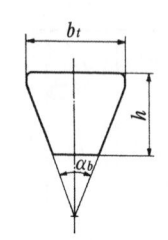

表 7.3　細幅Vベルトの種類と断面形状

種類	b_t 〔mm〕	h 〔mm〕	a_b 〔°〕	1本当たりの引張強さ〔kN〕
3V	9.5	8.0	40	2.3 以上
5V	16.0	13.5	40	5.4 以上
8V	25.5	23.0	40	12.7 以上

(JIS K 6368-1999)

表 7.4　細幅Vプーリの溝部形状と寸法(単位：mm)

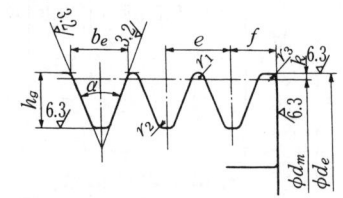

Vベルトの種類	呼び外径*	α	b_e	h_g	k	e	f (最小寸法)	r_1	r_2	r_3
3V	67 以上　90 以下	36°	8.9	9	0.6	10.3	8.7	0.2〜0.5	0.5〜1	1〜2
	90 を超え 150 以下	38°								
	150 を超え 300 以下	40°								
	300 を超えるもの	42°								
5V	180 以上　250 以下	38°	15.2	15	1.3	17.5	12.7	0.2〜0.5	0.5〜1	2〜3
	250 を超え 400 以下	40°								
	400 を超えるもの	42°								
8V	315 以上　400 以下	38°	25.4	25	2.5	28.6	19	0.2〜0.5	1〜1.5	3〜5
	400 を超え 560 以下	40°								
	560 を超えるもの	42°								

(注)　*溝の幅 b_e が表中の値となるところの直径 d_e で，一般に外径と同じである．
(JIS B 1855-1991)

Vベルト (narrow V-belt) が，寿命や高速運転の点で優れているために多用されてきている。このベルトは**表 7.3**のように3V，5V，8Vの3種類が定められ，各ベルトの長さはJIS K 6369で規定されている。長さに対応する呼び番号は，ベルトの長さをインチで表した数値を10倍した番号となる。

細幅Vベルトに使用するVプーリの溝部形状と寸法を**表 7.4**に示す。速度比やベルト長さの計算においては，D_1，D_2の代わりに**表 7.4**中の図の$d_m = d_e - 2k$の直径を用いる。d_mの値はJIS B 1855を参照されたい。

7.2.3 ベルトに作用する力と伝達動力

〔1〕 **ベルトに作用する力** Vベルトが半径rのプーリに**図 7.4**のように巻き掛けられているとき，ベルトの引張側の張力をT_t，ゆるみ側の張力をT_sとすると，これらの差$T_e = T_t - T_s$を**有効張力**と呼ぶ。また，ベルトとプーリの接触範囲を示すプーリの中心角θを，接触角または**巻掛け角**という。伝達動力を高めるには有効張力や巻掛け角を大きくすることが必要となる。

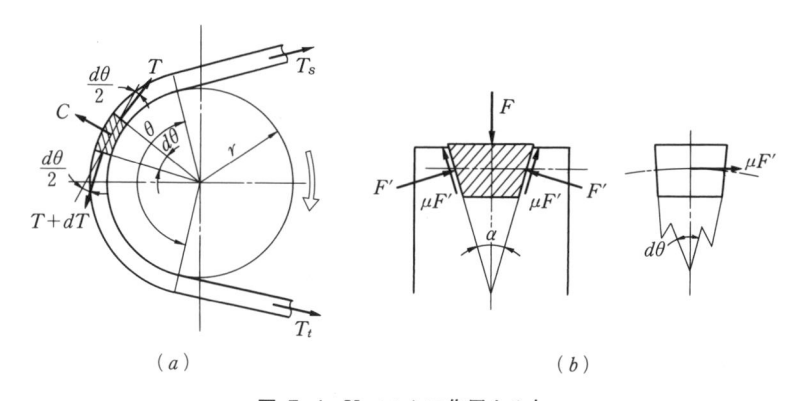

図 7.4 Vベルトに作用する力

図 7.4(a)のようにベルトの微小部分（中心角$d\theta$）のピッチ円上の力の関係を考える。ゆるみ側，引張側のそれぞれの張力をT，$T+dT$とする。微小部分がプーリに押し付けられる力をFとする。Fはベルトの断面図〔図(b)〕から式 (7.7) のようになる。

$$F = 2\left(F' \sin \frac{\alpha}{2} + \mu F' \cos \frac{\alpha}{2}\right) \tag{7.7}$$

ただし，F' はベルト側面に直角に作用する力，μ はベルトとプーリの間の摩擦係数，α はプーリ溝角度を示す．

また，微小部分の法線方向の力のつりあいから式（7.8）が成り立つ．

$$(T+dT)\sin \frac{d\theta}{2} + T \sin \frac{d\theta}{2} = F + C \tag{7.8}$$

ここに，C は遠心力を表し，ベルトの単位長さ当りの質量を m，ベルトの速度を v とすれば式（7.9）のように求められる．

$$C = mr d\theta \frac{v^2}{r} = mv^2 d\theta \tag{7.9}$$

つぎに微小部分の円周方向の力のつりあいから式（7.10）が導かれる．

$$(T+dT)\cos \frac{d\theta}{2} = T \cos \frac{d\theta}{2} + 2\mu F' \tag{7.10}$$

$d\theta$ が微小とすれば，$\sin(d\theta/2) \fallingdotseq d\theta/2$，$\cos(d\theta/2) \fallingdotseq 1$ と考えてもよく，式（7.8），（7.10）は高次の微小量を省略して

$$T d\theta = F + C \tag{7.11}$$

$$dT = 2\mu F' \tag{7.12}$$

式（7.12）に式（7.7）から求められる F' を代入すると

$$dT = \frac{\mu}{\sin(\alpha/2) + \mu \cos(\alpha/2)} F = \mu' F \tag{7.13}$$

ここに，$\mu' = \dfrac{\mu}{\sin(\alpha/2) + \mu \cos(\alpha/2)} \tag{7.14}$

式（7.13）に式（7.11）を代入して最終的に式（7.15）を得る．

$$\frac{dT}{T - mv^2} = \mu' d\theta \tag{7.15}$$

ここで，巻掛け角 θ について積分すれば

$$\int_0^\theta \mu' d\theta = \int_{T_s}^{T_t} \frac{dT}{T - mv^2}$$

となり

$$\frac{T_t - mv^2}{T_s - mv^2} = e^{\mu'\theta} \tag{7.16}$$

したがって，有効張力 T_e は式（7.17）または式（7.18）で求められる．

$$T_e = T_t - T_s = mv^2 - T_s + (T_s - mv^2) e^{\mu'\theta} = (T_s - mv^2)(e^{\mu'\theta} - 1) \tag{7.17}$$

$$T_e = \{mv^2 + (T_t - mv^2) e^{-\mu'\theta} - mv^2\}(e^{\mu'\theta} - 1)$$

$$= (T_t - mv^2) \frac{e^{\mu'\theta} - 1}{e^{\mu'\theta}} \tag{7.18}$$

〔2〕 **ベルトの伝達動力**　　ベルトがプーリに与える**伝達動力** P は，有効張力 T_e と速度 v から式（7.18）を用いて

$$P = T_e v = v(T_t - mv^2) \frac{e^{\mu'\theta} - 1}{e^{\mu'\theta}} \tag{7.19}$$

P を最大にする v の値は，$dP/dv = 0$ のときの v を求めればよいから

$$v = \sqrt{\frac{T_t}{3m}} \tag{7.20}$$

となり，このときが最も伝達効率がよいことになる．

7.2.4　Vベルト伝動装置の設計

これまでに述べてきた知識をもとにして，実際にVベルトやVプーリの選定やその他の条件を決定する手順を示す．

〔1〕 **設　計　動　力**　　伝達動力 P が同じであっても，使用条件によって設計動力 P_d は異なる．そこで**表 7.5** に示す**負荷補正係数** K_0 により P_d を式（7.21）で求める．

$$P_d = K_0 P \tag{7.21}$$

〔2〕 **Vベルトの選定**　　設計動力 P_d と小プーリの回転速度 n_1 から，一般用Vベルトについては**図 7.5** によって，また細幅Vベルトについては**図 7.6** によってベルトを選定する．

〔3〕 **Vプーリの選定**　　原動プーリと従動プーリの各直径の組合せは，式（7.6）にすでに決まっている速度比（回転比・速度伝達比）を代入して決め

表 7.5 Vベルトを使用する機械の一例および負荷補正係数 K_o

Vベルトを使用する機械の一例	原動機						
	最大出力が定格の300%以下のもの 交流モータ(標準モータ,同期モータ) 直流モータ(分巻) 2シリンダ以上のエンジン			最大出力が定格の300%を超えるもの 特殊モータ(高トルク) 直流モータ(直巻) 単シリンダエンジン,ラインシャフト またはクラッチによる運転			
	運転時間			運転時間			
	断続使用 1日,3〜5 時間使用	普通使用 1日,8〜10 時間使用	連続使用 1日,16〜 24時間使用	断続使用 1日,3〜5 時間使用	普通使用 1日,8〜10 時間使用	連続使用 1日,16〜 24時間使用	
送風機(7.5 kW 以下) 遠心ポンプ,遠心圧縮機	1.0	1.1	1.2	1.1	1.2	1.3	
送風機(7.5 kW を超えるもの) 発電機 工作機械 パンチ,プレス,せん断機 回転ポンプ	1.1	1.2	1.3	1.2	1.3	1.4	
往復圧縮機 ピストンポンプ ルーツブロワ	1.2	1.3	1.4	1.4	1.5	1.6	
クラッシャ ミル(ボール,ロッド) ホイスト	1.3	1.4	1.5	1.5	1.6	1.8	

(注)始動・停止の回数が多い場合,保守点検が容易にできない場合,粉じんなどが多く消耗を起こしやすい場合,熱のあるところで使用する場合,および油類,水などが付着する場合には,この表の値に 0.2 を加える。
(JIS K 6323-2008)

7.2 Vベルト伝動

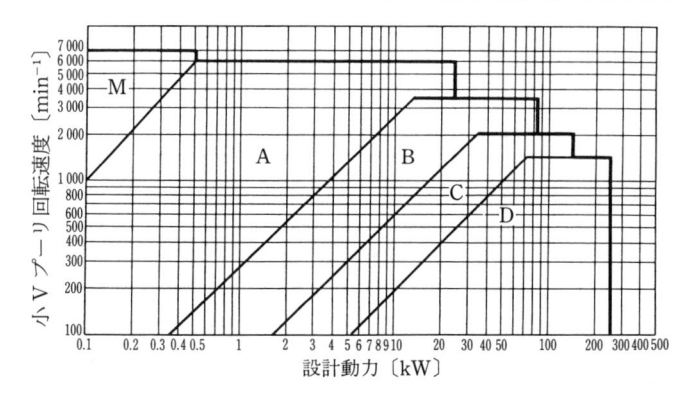

図7.5 Vベルトの種類の選定図（JIS K 6323-2008）

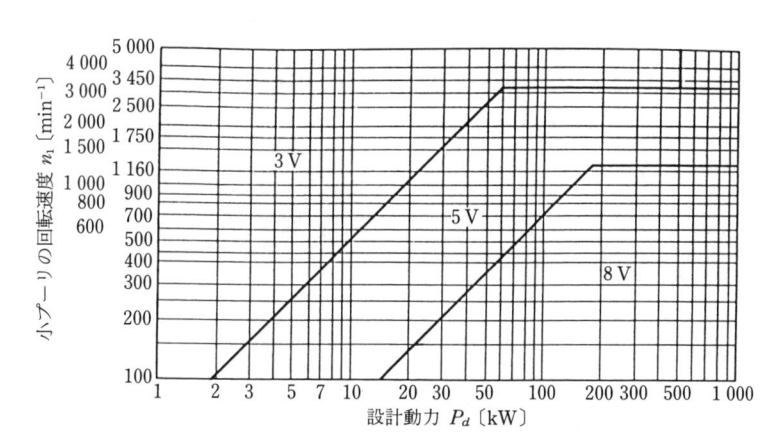

図7.6 細幅Vベルトの種類の選定図（JIS K 6368-1999）

る。あまり小さい直径のプーリを使うと，滑りによって伝達効率やベルト寿命を低下させることになるので注意が必要である。

〔4〕 **Vベルトの長さの選定**　式（7.2）で求めた l に近い長さのベルトを規格（細幅Vベルトであれば JIS K 6369）のなかから選定する。

〔5〕 **中心間距離の決定**　すでに決定されたプーリの呼び径 D_1，D_2 とベルト長さ l から，式（7.2）によってあらためて中心間距離 a を決定する。式（7.2）から a を求める式を以下に示す。

$$a = \frac{B + \sqrt{B^2 - 2(D_2 - D_1)^2}}{4} \quad (7.22)$$

ここに，$B = l - \frac{\pi}{2}(D_1 + D_2)$

〔6〕 **ベルト本数の決定**　式 (7.19) 中の伝達動力を設計動力 P_d に置き換えて，ベルト張力 T_t を求め，この値がベルト1本当りの許容引張荷重以下になるようにベルト本数を決める。ベルトの許容引張荷重を，**表 7.1** や**表 7.3** に示すベルトの引張強さから求めるときには，使用条件に合わせて安全率 (10 程度) を設定することになる。

例題 7.1　V ベルト伝動において，原動プーリのピッチ径 $D_1 = 80\,\text{mm}$，回転速度 $n = 2\,000\,\text{min}^{-1}$，ベルト巻き掛け角 $\theta = 150°$ で 3 kW の動力を伝動するときのベルトの必要本数を求めよ。ベルトとプーリの間の摩擦係数 $\mu = 0.3$，A 形 V ベルトを使うとすると，単位長さ当りの質量 m は JIS K 6323 から 0.12 kg/m であり，ベルトの許容引張荷重は，**表 7.1** の A 形ベルトの引張強さ 2.4 kN から安全率を 12 として計算せよ。

【解答】

周速度 $v = \dfrac{\pi D_1 n}{1\,000 \times 60} = \dfrac{\pi \times 80 \times 2\,000}{1\,000 \times 60} = 8.37\,\text{m/s}$

ベルト 1 m 当りの質量 $m = 0.12\,\text{kg/m}$

式 (7.14) の μ' は μ を 0.3，プーリ溝角度 α は JIS B 1854 から 34° として

$$\mu' = \frac{0.3}{\sin 17° + 0.3 \cos 17°} \fallingdotseq 0.52$$

さらに引張側の張力 $T_t = 2\,400/12 = 200\,N$，θ を $150° = 0.83\pi\,\text{rad}$ として式 (7.19) に代入して，ベルト 1 本当りの伝達動力を求めると

$$P = 8.37 \times (200 - 0.12 \times 8.37^2) \times \frac{e^{0.52\theta} - 1}{e^{0.52\theta}} = 801.2\,\text{W}$$

したがって，ベルト本数 N は

$$N \fallingdotseq \frac{3}{0.8} \fallingdotseq 3.8$$

これより必要本数は 4 本となる。　　　　　　　　　　　　　　　　　　◇

7.3 歯付きベルト伝動

図 7.7 に示すように，平ベルトの内側に歯を付けたベルトを外周歯をもつプーリにかみあわせて動力を伝動する装置である．歯を付けたベルトを**歯付きベルト** (synchronous belt) というが，用途によっては**タイミングベルト** (timing belt) と呼ぶこともある．

ベルトの歯とプーリの歯がかみあっているために，スリップを起こさずに高トルクの動力を大きな速度比で伝動できる．また，形状はコンパクトで軽量で静かな運転ができるなどの有利な特徴を有しているため，OA 機器，家電製品，自転車，自動車など広く利用されている．

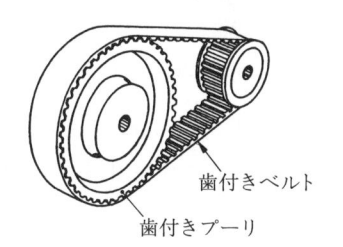

図 7.7 歯付きベルト伝動

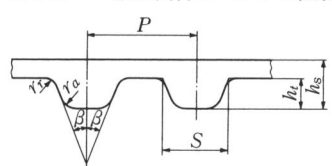

表 7.6 一般用歯付きベルトの種類

記号	種類				
	XL	L	H	XH	XXH
P [mm]	5.080	9.525	12.700	22.225	31.750
2β [°]	50	40	40	40	40
S [mm]	2.57	4.65	6.12	12.57	19.05
h_t [mm]	1.27	1.91	2.29	6.35	9.53
h_s [mm]	2.3	3.6	4.3	11.2	15.7
r_r [mm]	0.38	0.51	1.02	1.57	2.29
r_a [mm]	0.38	0.51	1.02	1.19	1.52

(JIS K 6372-1995)

7. ベルトとチェーン

歯付きベルトの種類は**表7.6**に示すようにXL, L, H, XH, XXHの5種類がある。XLからXXHになるに従ってピッチが大きくなり，伝動動力は大きくなる。設計動力と回転速度からベルトの種類を選択する目安を**図7.8**に示す。

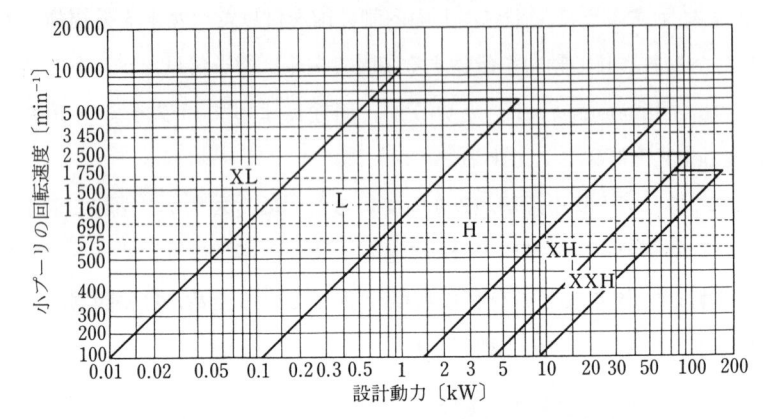

図7.8 歯付きベルト種類の選定図（JIS K 6372-1995 一部変更）

ベルトの長さはピッチ線上の長さで示し，JIS K 6372に規格として決められている。設計に際しては，平ベルトの平行掛けの式を用いて計算し，その値に近いものを選択することになる。

ベルトの幅はベルトの種類ごとに**表7.7**のようなものが規定されている。ベルトの幅は，伝動動力を決定する要因となる。ベルト幅の決定にあたって

表7.7 歯付きベルトの幅

種類	ベルト呼び幅	ベルト幅〔mm〕	種類	ベルト呼び幅	ベルト幅〔mm〕
XL	025	6.4	H	200	50.8
	031	7.9		300	76.2
	037	9.5	XH	200	50.8
L	050	12.7		300	76.2
	075	19.1		400	101.6
	100	25.4	XXH	200	50.8
H	075	19.1		300	76.2
	100	25.4		400	101.6
	150	38.1		500	127.0

(JIS K 6372-1995)

7.3 歯付きベルト伝動

表 7.8 H 形の基準伝動容量　　　　　　　　　　（単位：kW）

小プーリ回転速度 [min⁻¹]	小プーリ歯数 ピッチ円直径 [mm]	14 56.60	15 60.64	16 64.68	18 72.77	19 76.81	20 80.85	21 84.89	22 88.94	24 97.02
	100	0.18	0.19	0.21	0.23	0.25	0.26	0.27	0.28	0.31
	200	0.36	0.39	0.42	0.47	0.50	0.52	0.55	0.57	0.63
	300	0.55	0.59	0.63	0.71	0.75	0.79	0.83	0.86	0.94
	400	0.73	0.79	0.84	0.94	1.00	1.05	1.10	1.15	1.26
	500	0.92	0.98	1.05	1.18	1.25	1.31	1.38	1.44	1.57
	600	1.10	1.18	1.26	1.42	1.50	1.57	1.65	1.73	1.89
	700	1.29	1.38	1.47	1.65	1.75	1.84	1.93	2.02	2.20
	800	1.47	1.57	1.68	1.89	1.99	2.10	2.20	2.31	2.52
	900	1.65	1.77	1.89	2.13	2.24	2.36	2.48	2.60	2.83
	1 000			2.10	2.36	2.49	2.62	2.75	2.88	3.14
	1 100			2.31	2.60	2.74	2.88	3.02	3.17	3.45
	1 200			2.52	2.83	2.99	3.14	3.30	3.45	3.76
	1 300				3.06	3.23	3.40	3.57	3.74	4.07
	1 400				3.30	3.48	3.66	3.84	4.02	4.38
	1 500				3.53	3.72	3.92	4.11	4.30	4.68

（注）一部を抜粋したものであり，他の種類についても同様の一覧表がある。
(JIS K 6372-1995　一部変更)

表 7.9 ベルト幅係数 K_w の値

ベルト呼び幅	025	031	037	050	075	100	150	200	300	400	500
ベルト幅 [mm]	6.4	7.9	9.5	12.7	19.1	25.4	38.1	50.8	76.2	101.6	127.0
K_w	0.15	0.21	0.28	0.42	0.71	1.00	1.56	2.14	3.36	4.76	6.15

(JIS K 6372-1995)

は，設計動力に対してベルトの伝達動力が上回るようにしなければならない。

　ベルトの伝達動力はつぎの手順で求める。はじめに**表 7.8** を参照して，ベルト種類，プーリ歯数，回転速度からベルト基準幅（25.4 mm）当りの伝達可能動力を示す基準伝動容量 P_r [kW] を求める。さらにこれにベルト幅ごとに規定されている**表 7.9** の幅係数 K_w をかけることでベルトの伝動容量を求めることができる。したがって，設計動力 P_d [kW] を超える伝達容量になるような幅係数をもつベルト幅を選定することになる。ただし，ここではかみあい

歯数が6歯以上の場合を想定している。以上のことは式（7.23）で示すことができる。

$$K_w P_r \geq P_d \tag{7.23}$$

歯付きプーリはベルトの歯に合致したものを使うが，その最小歯数は**表7.10**のように決められているので，それ以上になるように設計する。

表7.10 プーリ最小許容歯数

小プーリ回転速度〔$\min^{-1}$〕	ベルト種類				
	XL	L	H	XH	XXH
90 以下	10	12	14	22	22
900 を超え 1 200 以下	10	12	16	24	24
1 200 を超え 1 800 以下	12	14	18	26	26
1 800 を超え 3 600 以下	12	16	20	30	—
3 600 を超え 4 800 以下	15	18	22	—	—

(JIS K 6372-1995 一部変更)

例題 7.2 回転速度 $n_1 = 1\,500\,\min^{-1}$，定格出力 3.6 kW のモータで送風機を回転速度 600 $\min^{-1}$ で1日8時間運転している。歯付きベルトの形，ベルトの幅を求めよ。

【解答】 設計動力 P_d は**表7.5**の負荷補正係数は安全を考慮して $K_0 = 1.2$ とすると
$P_d = K_0 P = 1.2 \times 3.6 = 4.32\,\mathrm{kW}$

ベルトの種類は**図7.8**より H 形となる。
小プーリの歯数 z_1 は**表7.10**より18であるからピッチ円直径 D_p は

$$D_p = \frac{z_1 p}{\pi} = \frac{18 \times 12.7}{\pi} = 72.8\,\mathrm{mm}$$

基準伝動容量 P_r は**表7.8**より 3.53 kW となる。
ベルト幅係数 K_w は

$$K_w = \frac{P_d}{P_r} = \frac{4.32}{3.53} = 1.22$$

これを満足するベルト幅は，**表7.9**よりベルト幅 38.1 mm の呼び幅 150 のものになる。　◇

7.4 ローラチェーン伝動

チェーンをスプロケットに巻き掛けて回転を伝える仕組みを**チェーン伝動**(chain drive)という．チェーン伝動の長所は，①滑りがないので，確実な速度比で大きな動力を伝えることができ，②初張力が必要ないために軸受への余計な負荷が避けられ，③軸間距離を大きくとれるとともに多軸を同時に駆動でき，④簡単な保守で強度や耐久性が得られるなどがあげられる．ただし，高速にすると重量があるために振動が発生しやすい欠点がある．

7.4.1 ローラチェーン

チェーンには多くの種類があるが，最も多く使用されているのは**ローラチェーン**である．ローラチェーン（roller chain）の構造は図 **7.9** に示すように，

(a) ローラチェーン

(b) 内リンク(ローラリンク)

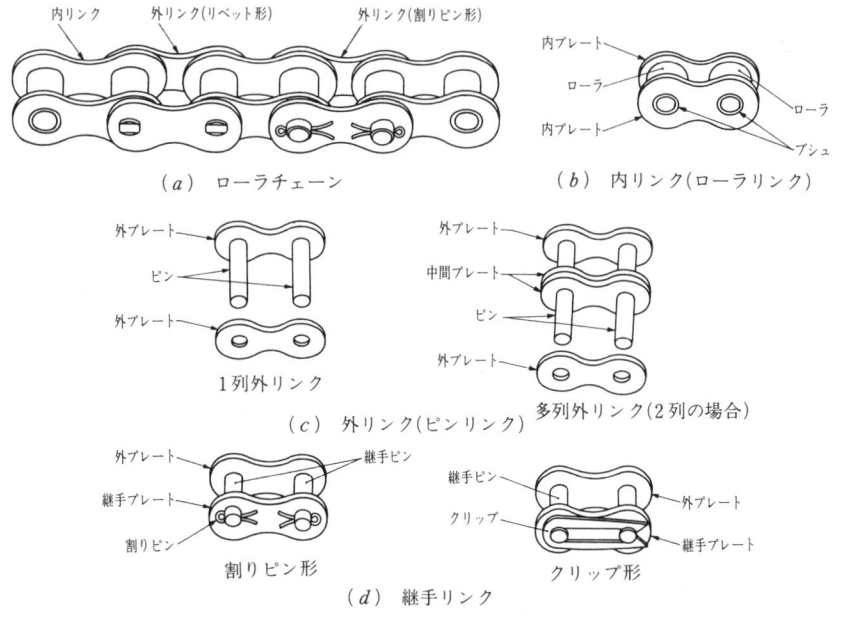

(c) 外リンク(ピンリンク)　1列外リンク　多列外リンク(2列の場合)

(d) 継手リンク　割りピン形　クリップ形

図 **7.9** ローラチェーンの構造と各部の名称 (JIS B 1801-2014)

168   7. ベルトとチェーン

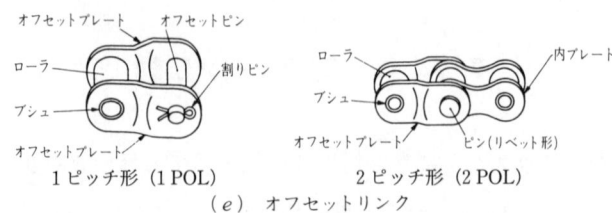

1ピッチ形（1 POL）　　　2ピッチ形（2 POL）

(e) オフセットリンク

図 7.9 （続き）

表 7.11 ローラチェーンの種類と呼び番号

ピッチ （基準寸法） 〔mm〕	呼び番号				チェーンの形式
	A系ローラチェーン			B系ローラ チェーン	
	A系	H級	HE級		
6.35	25			—	ブシュチェーン
9.525	35			—	（ローラのないもの）
8	—	—	—	05B	ローラチェーン
9.525	—	—	—	06B	
12.7	—	—	—	081	
12.7	—	—	—	083	
12.7	—	—	—	084	
12.7	41			—	一列のみ
12.7	40			08B	
15.875	50			10B	
19.05	60	60H	60HE	12B	
25.4	80	80H	80HE	16B	
31.75	100	100H	100HE	20B	
38.1	120	120H	120HE	24B	
44.45	140	140H	140HE	28B	
50.8	160	160H	160HE	32B	
57.15	180	180H	180HE	—	
63.5	200	200H	200HE	40B	
76.2	240	240H	240HE	48B	
88.9	—			50B	
101.6	—			64B	
114.3	—			72B	

(JIS B 1801-2014)

外リンク（ピンリンク）と内リンク（ローラリンク）を交互につないである。外リンクは2本のピンを2枚のプレートに圧入してあり，内リンクは2枚のプ

レートの圧入されたブッシュの外側に自由に回転できるローラをはめ込んだ構造である．実際にはチェーンを輪状につないで使用するが，このとき結合に使用するのが継ぎ手リンクである．もし全体のリンクの個数が奇数になるときには，オフセットリンクを使用する．

ローラチェーンの種類と呼び番号を，ピンまたはローラのピッチを基準として**表7.11**に示す．表中A系の呼び番号の最初の数字は，ピッチを1/8インチ（3.175 mm）で割った値を示している．また，伝達動力が大きいときに使用するローラチェーンとして，単列形を複数個並列に結合した多列形のローラチェーンがある（軽量形を除く）．

7.4.2 スプロケット

ローラチェーンにかみあう**スプロケット**（sprocket）の基準寸法は**表7.12**のように求める．

歯数は通常10〜70枚程度にとるが，あまり少ないと運動の円滑性が損なわれ，振動も発生しやすいことから，できるだけ17枚以上にとる．また，歯数は奇数にしたほうが摩耗が平均化されるので好ましい．

表7.12 スプロケットの基準寸法　　（単位：mm）

項　目	計算式
ピッチ円直径 (d)	$d = \dfrac{p}{\sin\dfrac{180°}{z}}$
外　径 (d_a)	$d_a = p\left(0.6 + \cot\dfrac{180°}{z}\right)$
歯底円直径 (d_f)	$d_f = d - d_1$

表 7.12 （続き）

項目	計算式
歯底距離 (d_c)	$d_c = d_f$ （偶数歯） $d_c = d\cos\dfrac{90°}{z} - d_1$ （奇数歯） $= p\dfrac{1}{2\sin\dfrac{180°}{2z}} - d_1$
最大ボス直径および最大溝直径 (d_g)	$d_g = p\left(\cot\dfrac{180°}{z} - 1\right) - 0.76$

ここに，p：ローラチェーンのピッチ，d_1：ローラチェーンのローラ外径，z：歯数

(JIS B 1801-2014)

7.4.3 伝動装置の設計

〔1〕 **回転比とチェーン速度** 原動軸と従動軸のスプロケットの回転速度を n_1, n_2 〔min^{-1}〕，歯数を z_1, z_2 とすると，速度比（回転比・速度伝達比）i は式（7.24）で求められる．

$$i = \frac{n_1}{n_2} = \frac{z_2}{z_1} \tag{7.24}$$

速度比は通常 7 程度にとる．

ローラチェーンの平均速度 v 〔m/s〕は，チェーンのピッチを p 〔mm〕として式（7.25）で求められる．

$$v = \frac{z_1 n_1 p}{60 \times 1\,000} = \frac{z_2 n_2 p}{60 \times 1\,000} \tag{7.25}$$

この速度は 1〜4 m/s が一般的で，大きくても 10 m/s を超えないようにする．

〔2〕 **チェーンの長さ** チェーンの長さは，ピッチ p と式（7.26）で求まるリンクの数 N を掛け合わせることで決まってくる．

$$N = \frac{2a}{p} + \frac{1}{2}(z_1 + z_2) + \frac{p(z_2 - z_1)^2}{4\pi^2 a} \tag{7.26}$$

ここに，a は原動軸と従動軸の軸間距離を示している．軸間距離はローラチェーンのピッチの 30〜50 倍程度にとるようにする．

〔3〕 **伝達動力** 伝達動力 P 〔kW〕はチェーンに作用する荷重 F 〔kN〕とチェーン速度 v 〔m/s〕を掛ければ求められる．チェーンはベルトと

異なり，上側が引張側，下側がゆるみ側となる。ゆるみ側の張力を 0，引張側の張力を T 〔kN〕とし，遠心力のチェーンへの影響を無視すれば，F を T に等しくとると伝達動力 P は式（7.27）で求めることができる。

$$P = Fv = Tv \tag{7.27}$$

F または T は，**表 7.13** の最小破断負荷荷重の 1/10 以下（安全率でいえば 10 以上）になるようにする。

表 7.13 チェーンの最小破断負荷荷重（引張強さ）（A 系のみ示す）

(単位：kN)

呼び番号	1 列	2 列	3 列
25	3.5	7.0	10.5
35	7.9	15.8	23.7
41	6.7	—	—
40	13.9	27.8	41.7
50	21.8	43.6	65.4
60	31.3	62.6	93.9
80	55.6	111.2	166.8
100	87.0	174.0	261.0
120	125.0	250.0	375.0
140	170.0	340.0	510.0
160	223.0	446.0	669.0
180	281.0	562.0	843.0
200	347.0	694.0	1 041.0
240	500.0	1 000.0	1 500.0

(JIS B 1801-2014)

例題 7.3 伝達動力 2.2 kW，回転速度 600 min^{-1} の原動機で，発電機を 300 min^{-1} で連続して 1 日 18 時間回す。2 軸間距離が約 500 mm あるとして，ローラチェーン伝動装置を設計せよ。

【解答】
（1） 設計動力 P_d は **表 7.5** から負荷補正係数 K_0 を 1.3 として
 $P_d = K_0 P = 1.3 \times 2.2 = 2.86$ kW

（2） ここでローラチェーンをA系の呼び番号40（$p=12.7$ mm）とし，原動側スプロケットの歯数 $z_1=20$ とすると，式（7.25）からチェーンの平均速度 v は

$$v = \frac{z_1 n_1 p}{60 \times 1\,000} = \frac{20 \times 600 \times 12.7}{60 \times 1\,000} = 2.54 \text{ m/s}$$

チェーンに作用する荷重 F は式（7.27）より

$$F = \frac{P_d}{v} = \frac{2.86}{2.54} = 1.126 \text{ kN}$$

呼び番号40のチェーンの最小破断負荷荷重は表 7.13 から 13.9 kN であるため，安全率は $13.9/1.126=12.3$ となる。

（3） 原動側スプロケットの歯数は20枚なので，図 7.10によりピッチ円直径 d は

$$d = \frac{p}{\sin(180°/z)} = \frac{12.7}{\sin(180°/20)} = \frac{12.7}{0.156\,4} = 81.2 \text{ mm}$$

従動側スプロケットの歯数は 40 枚だから，同様にして

$$d = \frac{p}{\sin(180°/z)} = \frac{12.7}{\sin(180°/40)} = \frac{12.7}{0.078\,5} = 161.8 \text{ mm}$$

（4） チェーンのリンク数 N は，式（7.26）から

$$N = \frac{2a}{p} + \frac{1}{2}(z_1+z_2) + \frac{p(z_2-z_1)^2}{4\pi^2 a}$$

$$= \frac{2 \times 500}{12.7} + \frac{1}{2}(20+40) + \frac{12.7 \times (40-20)^2}{4 \times \pi^2 \times 500} = 109 \text{ 枚}$$

（5） ここでは，中心間距離を 500 mm としてリンク数 N が 109 と算出できた。もし N に端数が出たときには式（7.26）に変更した N を代入して，中心間距離 a をあらためて決定しなければならない。 ◇

7.5 サイレントチェーン伝動

サイレントチェーン（silent chain）と，これにかみあうスプロケットの状態を図 7.10 に示す。スプロケットの歯をリンクプレートが挟むようにして回転が伝動されるために，運転がスムースで音の発生も少ない。また，伝達効率も当然高い。なお，かみあい歯をもったリングプレートの中央または両側においてスプロケットの切った溝にガイドリンクプレートを沿わせることで，チェーンの横方向の動きを拘束することができる。

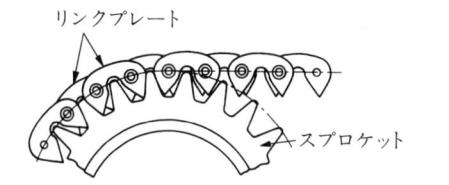

図 7.10　サイレントチェーン

演 習 問 題

【1】 プーリの外径がそれぞれ 800 mm, 500 mm でそれらの中心間距離が 4 000 mm のとき, 平行掛けと十字掛けの場合のベルトの長さを求めよ。

【2】 例題 7.2 を V ベルトで伝動するとしたときの適当な V ベルトを選定せよ。ただし, 小プーリの呼び径は 100 mm, プーリ間の距離は 500 mm とする。

【3】 上の問題【2】においてベルト本数を求めよ。

【4】 例題 7.2 の歯付きベルトにおいて, 軸間距離を 300 mm としたときのベルト長さはいくらになるか。

【5】 歯数 25 枚のスプロケットに, 呼び番号 40 のローラチェーンを掛けて 300 min^{-1} で回転させるときの伝達動力はいくらになるか計算せよ。

8

ブレーキ

　ブレーキは動作している機械の運動エネルギーを吸収することで，その速度を調節したり停止させたりする機能をもつ機械要素である．最も多く使われているブレーキは，運動エネルギーを摩擦による熱エネルギーに変換し，これを熱として放出する機構を有する**摩擦ブレーキ**（friction brake）である．

　摩擦ブレーキの形式は，制動の機構や制動部の押付け方でブロックブレーキ，内側ブレーキ，帯ブレーキ，円板ブレーキ（ディスクブレーキ），円すいブレーキなどに分類される．

8.1 ブロックブレーキ

　ブロックブレーキ（block brake）は回転するドラム（brake drum）外周にブレーキブロックを押し付けてドラムの速度をコントロールするもので，ブロックを1個使うものを単ブロックブレーキ，2個用いるものを複ブロックブレーキと呼ぶ．

　〔**1**〕**ブレーキの作用力**　　単ブロックブレーキは，ブロックが固定されたレバーの支点の位置により**図 8.1**のように三つの場合が想定される．

　回転するブレーキドラムのトルクをT，ブレーキドラム上の押付け力をF，レバー端に加える力をF'，ブレーキブロックとドラムの間の摩擦係数をμ，ドラム半径をrそしてレバーの各部分の寸法を図のようにa, b, cとすると

$$T = \mu F r \tag{8.1}$$

8.1 ブロックブレーキ

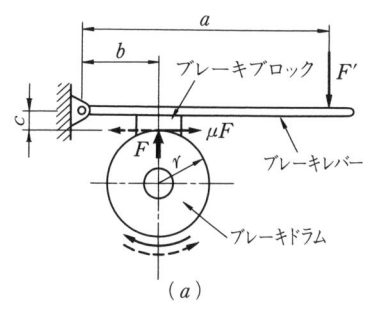

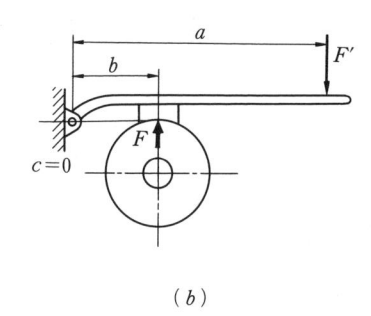

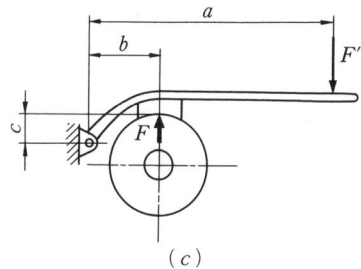

図 8.1 単ブロックブレーキ

となる。

つぎにレバー支点まわりのモーメントのつりあいを考えることで，**図 8.1** のそれぞれの場合における作用力 F' を求める。

(a) の右回転の場合は $F'a - Fb - \mu Fc = 0$ から

$$F' = \frac{F}{a}(b + \mu c) \tag{8.2}$$

左回転の場合は $F'a - Fb + \mu Fc = 0$ から

$$F' = \frac{F}{a}(b - \mu c) \tag{8.3}$$

(b) の場合は $c = 0$ のために回転方向に関係なく $F'a - Fb = 0$ から

$$F' = \frac{b}{a}F \tag{8.4}$$

(c) の右回転の場合は $F'a - Fb + \mu Fc = 0$ から

$$F' = \frac{F}{a}(b - \mu c) \tag{8.5}$$

左回転の場合は $F'a - Fb - \mu Fc = 0$ から

$$F' = \frac{F}{a}(b + \mu c) \tag{8.6}$$

（a）の左回転，（c）の右回転の場合には $b - \mu c \leqq 0$ となると，$F' \leqq 0$ となり，ブレーキレバーに力を加えなくても自動的にブレーキがかかることとなり，回転止めにはなるが制動のためのブレーキとしては使えないことがわかる。

上述の式中のレバーの寸法に関して，b/a は一般的に 1/3〜1/6 にとる。また，手動でのレバーに作用できる力 F' は 100〜150 N である。

〔2〕 **ブレーキブロックの設計** ブロックに垂直に作用する力を F〔N〕，押付け圧力を p〔Pa〕，ブロックの接触面積を A〔m²〕とすればこれらの関係は

$$p = \frac{F}{A} \tag{8.7}$$

この押付け圧力 p は，ブロックに使用する材料ごとに決まる**表 8.1** の許容押付け圧力 p_a の値をとるようにする。

表 8.1 各種ブレーキ材の摩擦係数と許容押付け圧力

ブロック材料	摩擦係数 μ		許容押付け圧力 p_a〔MPa〕
	乾式	湿式	
鋳 鉄	0.10〜0.20	0.08〜0.12	1 〜1.8
青 銅	0.10〜0.20	0.05〜0.10	0.5〜0.8
木 材	0.20〜0.35	0.10〜0.15	0.2〜0.4

（注）相手材料は鋳鉄または鋳鋼

さらに，ブレーキ作動時の摩擦熱の観点から，つぎの点を考慮する。ドラムの周速を v〔m/s〕，摩擦係数 μ とすると，単位時間・単位面積当りの摩擦仕事 P は式 (8.8) で求まる。

$$P = \mu \frac{F}{A} v = \mu p v \quad \text{〔Pa·m/s〕} \tag{8.8}$$

この摩擦仕事が摩擦熱として放散されることになり，$\mu p v$ を**ブレーキ容量**と呼ぶ。ブレーキ容量は**表 8.2** のようにとる。

表 8.2　ブレーキ容量（自然冷却の場合）
（単位：MPa・m/s）

放熱状態がよく使用条件が軽い場合	3以下
使用条件が軽い場合	1以下
使用条件が激しい場合	0.6以下

例題 8.1　回転速度 80 min^{-1} で回転する直径 400 mm のブレーキドラムに，ブレーキブロックを $F=500$ N で押し付けるとする。ブロックの長さを 40 mm としたとき幅はいくらにしたらよいか。ただし，摩擦係数 $\mu=0.15$，許容押付け圧力 p_a は 1.2 MPa とする。

【解答】

$$p_a = \frac{F}{A} \text{ から，面積 } A = \frac{F}{p_a} = \frac{500}{1.2 \times 10^6} = 4.17 \times 10^{-4} \text{ m}^2$$
$$= 417 \text{ mm}^2$$

したがって，幅は $417/40 = 10.5$ mm とする。

ブレーキ容量は，式 (8.8) より

$$\mu p_a v = 0.15 \times (1.2 \times 10^6) \times \frac{\pi \times (400 \times 10^{-3}) \times 80}{60}$$
$$= 301 \times 10^3 \text{ Pa·m/s} = 0.301 \text{ MPa·m/s}$$

表 8.2 の許容値以下であるために安全であることがわかる。　　　◇

8.2　複ブロックブレーキと内側ブレーキ（ドラムブレーキ）

複ブロックブレーキは図 8.2 にあるように，2 個のブロックを向かい合わせて配置し制動力をつりあわせることで，より大きなブレーキ力を得ることができる。つまり制動トルク（ブレーキトルク）はブロックの押付け力を F，ドラム半径を r とすると式 (8.9) のようになる。

$$T = 2\mu Fr \tag{8.9}$$

単ブロックブレーキと同様に支点 A まわりのモーメントのつりあいを考慮す

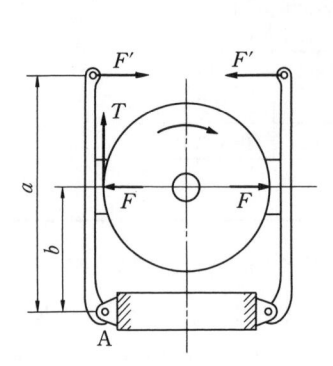

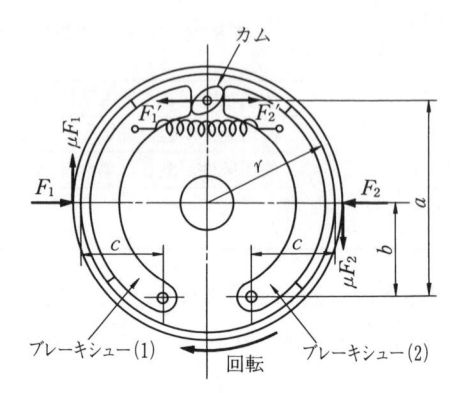

図 8.2　複ブロックブレーキ　　図 8.3　内側ブレーキ（ドラムブレーキ）

ると，レバーに加える力 F' は $Fb = F'a$ から

$$F' = \frac{b}{a} F \tag{8.10}$$

内側ブレーキは，図 8.3 に示すように複ブロックブレーキを回転ドラムのなかに組み込んだ構造で，ブロックに相当するブレーキシューをドラム内面に押し付けることで制動を行う．別名内部拡張式ブレーキ，ドラムブレーキ，また作動力としてカムの代わりに油圧を使用することからオイルブレーキなどと呼ばれることもある．

小スペースに組み込むことができ，摩擦面が内部にあるためにごみや異物の侵入が防げ，熱の発散にも優れているといった特徴を有している．

ブレーキ力がそれぞれのシューの中心に働くとすれば，その作用はブロックブレーキと同様に考えられる．図 8.3 の内側ブレーキにおいて，ブレーキシューを押し開く力を F_1'，F_2'，シューに作用する力 F_1，F_2 とすると，それらの関係は以下のようになる．

右回転の場合でブレーキシュー（1）については式（8.2）から $F_1 = F_1'a/(b+\mu c)$ となり，シュー（2）については式（8.5）から $F_2 = F_2'a/(b-\mu c)$ となる．

したがって，ブレーキトルク T は，$F_1' = F_2' = F'$ とおけば，式（8.11）

で求めることができる。

$$T = \mu(F_1+F_2)r = \frac{2r\mu F'ab}{(b+\mu c)(b-\mu c)} \tag{8.11}$$

8.3 帯ブレーキ（バンドブレーキ）

帯ブレーキ（band brake）はドラムに制動材料を裏打ちした鋼製の帯（バンド）を巻き付け，張力を加えることでドラムとの間の摩擦力を利用して制動を与えるブレーキである。

図 8.4 はバンドブレーキの一形式を示している。同図のドラムが左回りに回転しているとき，帯の引張側の張力を T_t，ゆるみ側の張力を T_s，巻掛け角度を θ〔°〕，摩擦係数を μ，制動力（ブレーキ力）を f とすれば，レバーに作用する力 F は以下のようにして求められる。

T_t と T_s の関係は，ベルトとベルト車の場合と同様に考えられる。つまり，7章の式 (7.16) で $m=0$ とおけば，式 (8.12) が求まる。

$$\frac{T_t}{T_s} = e^{\mu\theta} \tag{8.12}$$

制動力 f は

$$f = T_t - T_s$$

であるから

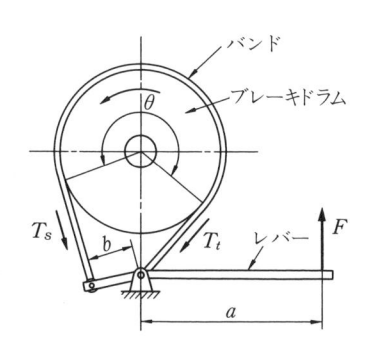

図 8.4 バンドブレーキ

$$T_s = \frac{f}{e^{\mu\theta}-1}$$

$$T_t = \frac{fe^{\mu\theta}}{e^{\mu\theta}-1} \tag{8.13}$$

操作レバー支点まわりのモーメントのつりあいから

$$Fa = T_s b$$

したがって

$$F = \frac{b}{a}\frac{f}{e^{\mu\theta}-1} \tag{8.14}$$

となる。

ドラムが逆回転(右回り)であれば式(8.15)のようになる。

$$F = \frac{b}{a}\frac{fe^{\mu\theta}}{e^{\mu\theta}-1} \tag{8.15}$$

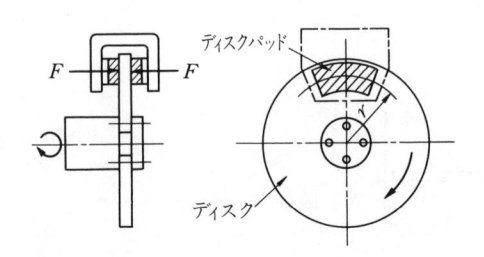

8.4 ディスクブレーキ

ディスクブレーキ(disc brake)は図8.5に示すように,回転する円板(ディスク)の一部または全面に摩擦材であるパッドを押し付けて制動力を発生させるブレーキである。このブレーキは構造上ディスク表面の清浄化が容易で,熱放散性がよく,摩擦係数の変化に対する制動力が安定しており,整備性も良好であるなどの長所を有しているために,自動車や産業機械に広く用いられている。

ディスクブレーキの制動トルク T は,ディスクを両側からパッドで押さえ

図8.5 ディスクブレーキ

付ける構造のときには式 (8.16) で求められる．

$$T = 2\mu F r \tag{8.16}$$

ここに，T は制動トルク，μ は摩擦係数，F はパッドの押付け力，r は回転中心から F の作用点までの有効半径である．

　ディスクブレーキは押付け力に対する制動力が小さいので，押付け力を増大させるための培力装置が必要である．油圧シリンダで押付け力を発生するとすると，ブレーキ作動油圧を p，油圧シリンダ有効面積を A として，押付け力 F は

$$F = pA$$

となる．

演 習 問 題

【1】 図 8.1 (b) のブロックブレーキにおいて，右回転する直径 500 mm のブレーキドラムの軸にトルク $T = 50 \, \text{N·m}$ が作用している．これを完全に停止させるためにはレバー先端にいくらの力を加えたらよいか．ただし，図の各寸法のうち $a = 500 \, \text{mm}$，$b = 100 \, \text{mm}$ とし，摩擦係数 $\mu = 0.5$ とする．

【2】 図 8.1 (a) のブロックブレーキにおいて，右回転する半径 200 mm のブレーキドラムの軸にトルク $T = 40 \, \text{N·m}$ が作用している．レバー端に作用する力 F' は 100 N として，ブレーキレバーの長さをいくらにしたらよいか．ただし，図の各寸法のうち $b = 300 \, \text{mm}$，$c = 50 \, \text{mm}$ とし，摩擦係数 $\mu = 0.2$ とする．

【3】 図 8.2 の複ブロックブレーキにおいて，レバー先端に加える力 $F' = 100 \, \text{N}$ としたときのブレーキトルクを求めよ．ただし，図の $a = 1\,000 \, \text{mm}$，$b = 200 \, \text{mm}$，ドラムブレーキの直径 300 mm，摩擦係数 $\mu = 0.2$ とする．

【4】 図 8.4 のバンドブレーキにおいて，左回転する半径 200 mm のブレーキドラムの軸にトルク $T = 400 \, \text{N·m}$ が作用している．制動力（ブレーキ力）はいくらか．またレバー端に作用する力 F を 100 N として，ブレーキレバーの長さをいくらにしたらよいか．ただし，図の各寸法のうち $b = 100 \, \text{mm}$，帯の巻掛け角度 $\theta = 270°$ とし，摩擦係数 $\mu = 0.2$ とする．

9

ばね

　弾性変形を積極的に利用してエネルギーを蓄積したり，これを放出したりすることで仕事をする機械要素をばねという。

9.1 ばねの機能と用途

　ばね（spring）はさまざまな機能を利用して，各種の用途に使われている。ばねの用途をまとめると以下のようになる。

1）　ばねに加わる荷重 W（力またはモーメント）とこれによる変形量 δ（たわみ量またはたわみ角）との関係は，多くの場合

$$W = k\delta \tag{9.1}$$

の比例関係が成り立ち，比例定数 k を**ばね定数**（spring constant）と呼ぶ。これを利用すれば変形量から力やモーメントの測定ができる。また，弾性力を利用したものにはばね座金や安全弁の圧力調整ばねなどがある。

2）　荷重 W がばねに対してなす仕事を U とすると

$$U = \int W d\delta$$

で求められ，荷重と変形量が直線関係があるために式（9.2）のようになる。

$$U = \frac{1}{2}W\delta = \frac{1}{2}k\delta^2 \tag{9.2}$$

このエネルギーはばねが変形するときにばねに吸収され，弾性エネルギーとして内部に蓄積される。ばねが回復するときには，このエネルギーが放

出され外部に仕事をすることになる。
3) ばねは変形することで衝撃を緩和したり，ばね内部の摩擦やダッシュポットと組み合わせて振動の減衰を促進するショックアブソーバ（緩衝器）としての用途がある。
4) 機械から発生する振動の伝達を防止するために，ばねやダッシュポットを組み込んだ防振装置が使われる。これらは構造体自体を振動系としてとらえ，振動系の固有振動数を利用して設計される。

9.2 ばね材料

表 9.1 にばねに使用される金属線材を示す。ばねの機能を果たす機械要素には，金属以外にゴム，流体，プラスチックなどの非金属材料も最近では多く利用されている。

表 9.1 ばね材料

種類		記号	縦弾性係数 E [GPa]	横弾性係数 G [GPa]
鋼	ばね鋼鋼材	SUP 6 SUP 7 SUP 9 SUP 9 A SUP 10 SUP 11 A SUP 12 SUP 13	206	78
線	硬鋼線	SW-B SW-C	206	78
	ピアノ線	SWP	206	78
	ばね用炭素鋼オイルテンパー線	SWO	206	78
	ばね用ステンレス鋼線	SUS 302 SUS 304 SUS 304 N 1 SUS 316	186	69
		SUS 631 J 1	196	74

表 9.1 （続き）

種類		記号	縦弾性係数 E〔GPa〕	横弾性係数 G〔GPa〕
銅合金線	黄銅線	C 2600 W C 2700 W C 2800 W	98	39
	洋白線	C 7521 W C 7541 W C 7701 W	108	39
	りん青銅線	C 5102 W C 5191 W C 5212 W	98	42
	ベリリウム銅線	C 1720 W	127	44

(JIS B 2704-2009)

9.3 ばねの種類

金属ばねを形状によって分類すると以下のようになる。

〔1〕 **コイルばね** コイルばね（coil spring）は線材をコイル状に巻いたばねである。軽量であることに加え，低荷重のものから大荷重のものまで比較的容易に製作できるために最も広く普及しているばねである。**図 9.1**（a）に示すように荷重の作用方向によって圧縮コイルばね（compression coil spring），引張コイルばね（extension coil spring），およびねじりコイルばね（torsion coil spring）に分類される。

通常の円筒コイルばねは，コイル径とピッチが一定である線形ばねであるが，線材の直径を連続的に変えたテーパコイルばねや，ピッチを変えたりした不等ピッチばねなどの非線形コイルばねもある。これに属する圧縮ばねとしては，そのコイル部分の形状から円すいコイルばね，つづみ形コイルばね，たる形コイルばねなどがある。

〔2〕 **渦巻ばね** 渦巻ばね（spiral spring）は，**図 9.1**（b）に示すように薄鋼板や帯鋼などのばね材を渦巻き状に巻いたばねである。ねじりモーメントによって，ばね素材に曲げによる弾性エネルギーが蓄積される。小さいスペ

9.3 ばねの種類

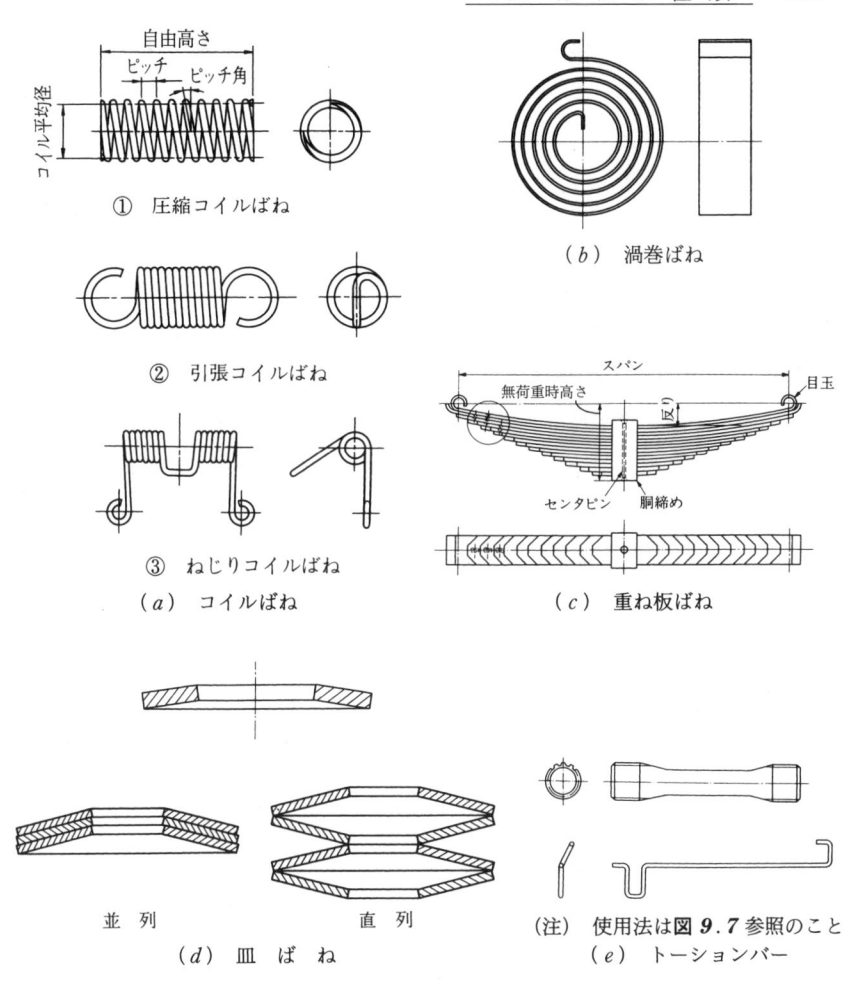

図 9.1 ばねの種類 (JIS B 0103-2005)

(a) コイルばね
① 圧縮コイルばね
② 引張コイルばね
③ ねじりコイルばね

(b) 渦巻ばね

(c) 重ね板ばね

(d) 皿ばね（並列／直列）

(e) トーションバー
(注) 使用法は図 **9.7** 参照のこと

ースに大きな回転角とエネルギーが蓄積できるために，これの放出を利用して動力源として用いることもできる．このような用途に使われるばねをぜんまいばねとも呼ぶ．

〔3〕 重ね板ばね　重ね板ばね (laminated spring, leaf spring) は，図 **9.1** (c) に示すように，何枚かのばね板を重ねて中央部を固定したばねで，トラックや鉄道車両の緩衝効果をもつ懸架装置に用いられる．

〔4〕皿ばね　皿ばね (coned disc spring) は，図 9.1 (d) にあるように穴のあいた皿のような形状のばねである．比較的小スペースで大きな負荷荷重を受けることができる．皿ばねは数個を重ねて使用することが多く，その場合には図に示すように並列組合せと直列組合せがある．並列組合せでは同一荷重でも枚数に比例してたわみが小さくなるし，直列組合せではたわみは枚数に比例して大きくなる．

〔5〕トーションバー　トーションバー (torsion spring) は，図 9.1 (e) のような形状をもつ棒状のばねで，ねじりによる復元力をばねとして利用する．形状が簡単でばね特性が見積もりやすく，軽量でエネルギー吸収量の大きいばねとすることができる．自動車車輪の懸架装置などに利用されている．

9.4　コイルばねの設計

9.4.1　ばね材料に作用する応力

最も一般的な円形断面の線材を使った圧縮円筒コイルばねを考える．

図 9.2 に示すように，コイルばねに軸方向に荷重 W が働くとする．コイル平均径を D，ばねのピッチ角を α とすると，ばね材料の断面にはねじりモ

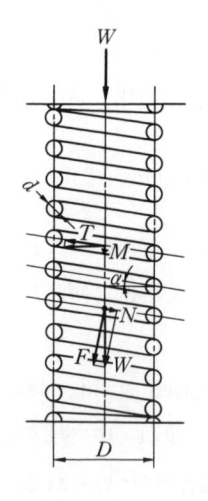

図 9.2　圧縮コイルばね

ーメント $T = W(D/2)\cos\alpha$，曲げモーメント $M = W(D/2)\sin\alpha$，せん断力 $F = W\cos\alpha$，そして圧縮力 $N = W\sin\alpha$ が作用する．ここで α は非常に小さいために $\sin\alpha \fallingdotseq 0$, $\cos\alpha \fallingdotseq 1$ と近似すれば，ばね材料には式 (9.3)，(9.4) で示すねじりモーメント T とせん断力 F が作用することになる．

$$T = \frac{WD}{2} \tag{9.3}$$

$$F = W \tag{9.4}$$

ねじりモーメント T によって，ばね材料に作用するせん断応力 τ_0 のみを考える．ばね線材の極断面係数を Z_p とすると，円形断面時の Z_p は $\pi d^3/16$（d は線材の直径）となるから，式 (9.3) を考慮して τ_0 は

$$\tau_0 = \frac{T}{Z_p} = \frac{8WD}{\pi d^3} \tag{9.5}$$

式 (9.5) は式 (9.4) のせん断力 F とコイルのわん曲による曲率の影響を考えていない．これらを考慮して修正式が実用化されている．つまり，コイルの内側の応力のほうが外側の応力より大きくなり，そのせん断応力 τ は式 (9.6) で求める．

$$\tau = \kappa\tau_0 = \kappa\frac{8WD}{\pi d^3} \tag{9.6}$$

κ は応力修正係数であり，JIS ではワールによるつぎの式 (9.7) による係数が採用されている．

$$\kappa = \frac{4c-1}{4c-4} + \frac{0.615}{c} \tag{9.7}$$

ここに，$c = D/d$ であり，**ばね指数**（spring index）と呼んでいる．この値は成形のやりやすさから熱間成形時で 4〜15 の値をとる．

式 (9.6) で求められるせん断応力は，ばね材料の許容せん断応力以下になるように設計する．圧縮ばねの使用応力は**図 9.3** の許容応力の 80% 以下になるようにする．また引張ばねのときは，さらにその値の 80%（したがって 64%）を超えないようにする．

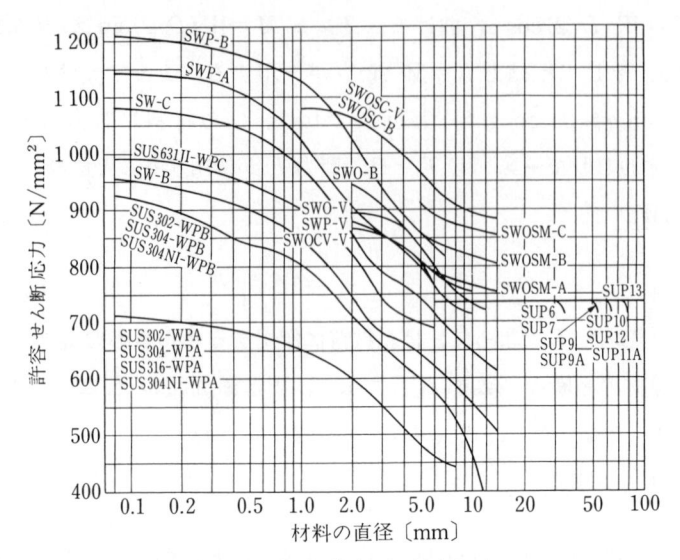

図 9.3 圧縮コイルばねの許容せん断応力（JIS B 2704-2000）

9.4.2 たわみとばね定数の計算

圧縮コイルばねのたわみを求める。

たわみ δ だけ変形を起こす荷重 W のなすエネルギーが，ねじりモーメント T による線材の弾性エネルギー U と等しいとすると式（9.8）が成り立つ。

$$U = \frac{W\delta}{2} = \frac{T}{2}\frac{Tl}{GI_p} \tag{9.8}$$

ここに，G は線材の横弾性係数，I_p はばね線材の断面二次極モーメント（円形断面時 $\pi d^4/32$）である。また，l はばね線材の長さで**有効巻き数**（number of active coils）を N_a とすれば，近似的に $\pi D N_a$ となる。

式（9.8）を式（9.3）を使って変形すると

$$U = \frac{4N_a D^3 W^2}{G d^4} \tag{9.9}$$

式（9.8），（9.9）から，たわみ量 δ は式（9.10）のように計算できる。

$$\delta = \frac{8N_a D^3 W}{G d^4} \tag{9.10}$$

ばね定数 k は式（9.11）のように求めることができる。

$$k = \frac{W}{\delta} = \frac{Gd^4}{8N_a D^3} \tag{9.11}$$

9.4.3 有効巻き数

設計に用いる有効巻き数 N_a は，自由巻き数 N_f と等しくとり，総巻き数 N_t からコイル両端のばねとして機能しない座巻き数を考慮して求める。

図 9.4 (b), (c) に示すようなクローズドエンドでは，有効巻き数 N_a は式 (9.12) のようになる。

$$N_a = N_f = N_t - 2 \tag{9.12}$$

また，図 (e) のようなオープンエンドでは式 (9.13) で求められる。

$$N_a = N_f = N_t - 1.5 \tag{9.13}$$

これらの式で求められる有効巻き数は通常 3 以上にとる。

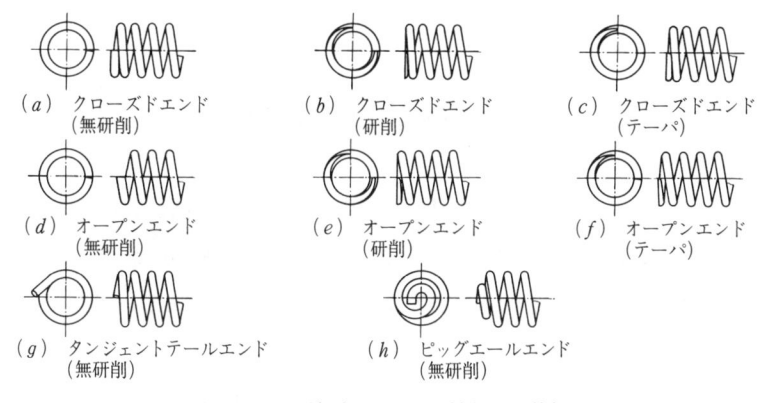

(a) クローズドエンド (無研削)
(b) クローズドエンド (研削)
(c) クローズドエンド (テーパ)
(d) オープンエンド (無研削)
(e) オープンエンド (研削)
(f) オープンエンド (テーパ)
(g) タンジェントテールエンド (無研削)
(h) ピッグテールエンド (無研削)

図 9.4 圧縮ばねのコイル端部の形状例

例題 9.1 荷重が 400 N から 600 N に増えたときに，たわみが 20 mm 変化するような圧縮コイルばねの線材の直径 d とコイル有効径 D，ならびに有効巻き数 N_a を計算せよ。ただし，許容せん断応力 $\tau = 500$ MPa，横弾性係数 $G = 78$ GPa，ばね指数 $c = 7$ とする。

【解答】式 (9.7) より

$$\kappa = \frac{4\times 7 - 1}{4\times 7 - 4} + \frac{0.615}{7} \fallingdotseq 1.21$$

となり，式 (9.6) を $D = cd$ で変換して

$$\tau = \kappa \frac{8Wc}{\pi d^2} = 1.21 \times \frac{8\times 600 \times 7}{\pi d^2} = 500\,\text{N/mm}^2$$

となり，したがって直径 d は

$$d = 5.09\,\text{mm}$$

線材の基準寸法としては $d=5.5\,\text{mm}$ とする。
したがって，コイル有効径 $D = 7d = 35\,\text{mm}$ となる。
有効巻き数 N_a は式 (9.10) から $D = 7d$，$G = 78\,\text{GPa} = 78\times 10^3\,\text{N/mm}^2$ として

$$\begin{aligned}N_a &= \frac{\delta G d^4}{8P(7d)^3} = \frac{\delta G d}{8\times 7^3 \times W} \\ &= \frac{20\times 78\times 10^3 \times 5.5}{8\times 7^3 \times (600-400)} = 15.6 \fallingdotseq 16\ \text{巻き}\end{aligned}$$

となる。 ◇

9.5 板ばねの設計

図 9.1 (c) の重ね板ばねの特徴は，ばね材料のどの断面にも同じ曲げ応力が作用するように作られていることである。この原理を図 9.5 で示すような二等辺三角形の1枚の板で作られた板ばねで考える。ただし，説明で出てくる記号は図中のものを使う。

図 9.5 の板ばねを片持ばりと考える。はりの先端に荷重 W が加わっているとき，自由端から x の断面では曲げモーメント $M = Wx$ が働く。したがって，この断面の断面係数を $Z = b_x h^2/6$ とし，曲げ応力は式 (9.14) のように求めることができる。

$$\sigma = \frac{M}{Z} = \frac{6Wx}{b_x h^2} \qquad (9.14)$$

三角形であるために $b_x = (b_0/l)x$ で書き換えて

図 9.5 三角形の板ばね　　**図 9.6** 重ね板ばね

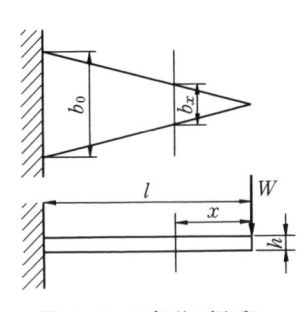

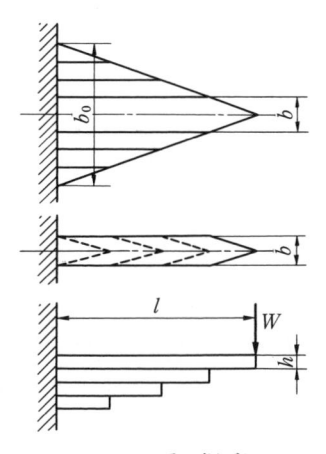

$$\sigma = \frac{6Wl}{b_0 h^2} \tag{9.15}$$

となる。式（9.15）は x が含まれていないことから，ばね形状を三角形にすれば，曲げ応力は一定になることがわかる。

先端におけるたわみ δ は，縦弾性係数を E として式（9.16）で求まる。

$$\delta = \frac{6W}{b_0 E}\left(\frac{l}{h}\right)^3 \tag{9.16}$$

まったく同じ性質をもたせるために，**図 9.5** の三角形の板を中央の幅が $b = b_0/n$ になるように n 枚に裁断し，**図 9.6** のように n 枚重ね合わせたものが重ね板ばねである。このときの曲げ応力とたわみは，$b_0 = nb$ として式（9.15），（9.16）から求めることができる。

実際の重ね板ばねはこれらを左右対象に配置して使用する。

9.6　トーションバーの設計

図 9.7 の円形断面のトーションバーにトルク $T = Wr$ が作用して，ねじれ角 θ のねじり変形が発生したとすると，これらの間には式（9.1）と同様，k_t

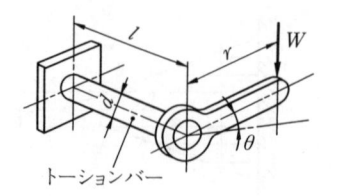

図 9.7 トーションバーの設計

をばね定数として式 (9.17) のような線形性が成立する。

$$T = k_t \theta \tag{9.17}$$

ばね定数 k_t はトーションバーの長さ l，直径 d，断面二次極モーメント $I_p = \pi d^4/32$，横弾性係数 G から式 (9.18) で計算できる。

$$k_t = \frac{I_p G}{l} = \frac{\pi d^4 G}{32 l} \tag{9.18}$$

演 習 問 題

【1】 直径 10 mm のばね線材を使用したコイル平均直径 45 mm の圧縮コイルばねに，荷重 2 kN が加わるときのばね材料に作用する最大せん断応力を求めよ。また，このときのたわみ量が 30 mm となるような有効巻き数を計算せよ。ただし，材料はばね鋼 SUP とし，横弾性係数 G は 78 GPa とする。

【2】 直径 4 mm のばね線材を使用した圧縮コイルばねにおいて，コイル平均直径 40 mm，有効巻き数 10 としたときの，ばね定数を求めよ。ただし，横弾性係数 G は 78 GPa とする。

【3】 図 9.1 (c) の重ね板ばねにおいて，スパン 1 000 mm の中央に 10 kN の力が作用している。板の厚さを 12 mm，幅を 100 mm，板の重ね枚数を 4 枚，縦弾性係数 210 GPa として曲げ応力と最大たわみを求めよ。

【4】 図 9.7 のトーションバーにトルク 500 N·m が作用しているときの，ばね定数とねじれ角を求めよ。ただし，トーションバーの長さは 200 mm，直径を 20 mm，横弾性係数 G を 78 GPa とする。

10

カムとリンク

　設計される機械は，周期的な動きを繰り返すものが多い。そのような周期的な動きを実現するためにカム（cam）やリンク（link）機構が広く用いられている。

10.1　カ　　　ム

　図 *10.1* のような任意の輪郭曲線をもつbを，軸aを中心に回転させたとき，dはcを介して上下に往復運動する。この機構をカム機構と呼び，原動節bをカム，dを従動節という。カムが回転運動するかぎり，回転速度の変化にかかわらず，従動節もカムの回転数に同期した周期運動を繰り返す。したがって，単純な動きから複雑な動きまで，周期的な動きを実現できるため，大量生産の現場において広く用いられている。

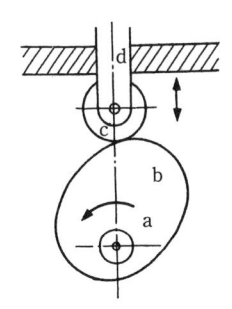

図 *10.1*　カ ム 機 構

　カムの設計は，仕様で与えられる従動節の動きを実現させるための静的・動的な機構設計と強度や動力計算が考えられるが，ここではカムの輪郭を求める

機構設計について述べる。

10.1.1 カムの種類

カムは運動様式やその形状によって分類される。**図10.2**にカムの分類例を示す。

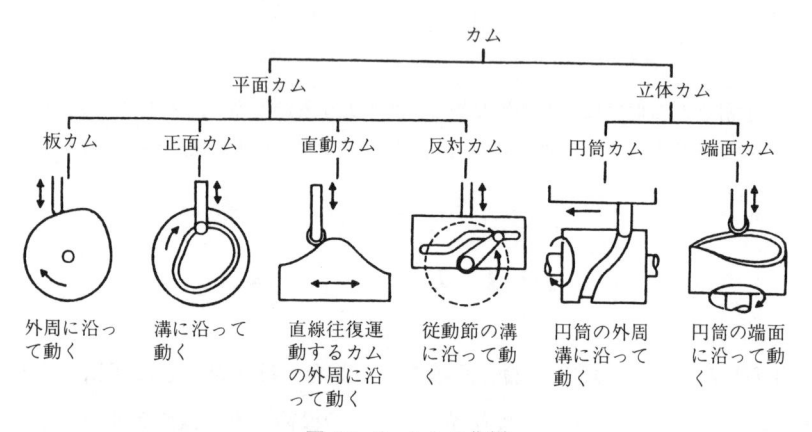

図10.2 カムの分類

10.1.2 カム線図

カムの設計においては，実現させるべき従動節の動き，すなわち，カム回転に応じた従動節の運動が仕様として与えられる。最も単純な例として，直線運動する従動節の移動量，すなわち，**リフト**（lift）のみが与えられている場合を考える。この場合には，**図10.3**のような円板をリフトの半分の量だけ偏心させて回転することによって実現できる。このようなカムを**円板カム**（circular disc cam）と呼び，従動節の変位 y は

$$y = e(1-\cos\theta) \qquad (10.1)$$

で表され，ここに，e は偏心量を示す。

一般的なカムの輪郭を求めるには，等速回転するカムに対して横軸にカムの回転角をとり，従動節の変位量や速度・加速度を縦軸にとった**変位線図**（displacement diagram），**速度線図**（velocity diagram）や**加速度線図**（acceler-

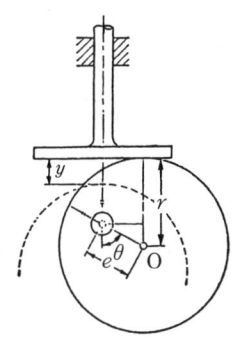

図 10.3 円板カム

ation diagram）が用いられる．これらをまとめて**カム線図**（cam diagram）と呼ぶ．

図 10.4 にカム線図と対応したカムの例を示す．このカムの場合，aとbの位置で急激に加速度が変化するため，高速時には振動を生じやすい．

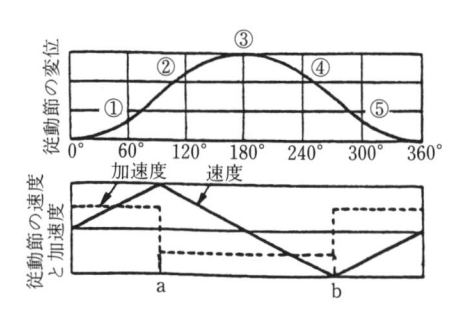

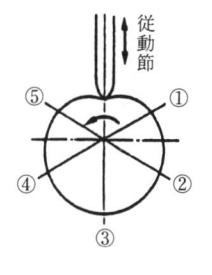

図 10.4　カム線図とカム輪郭

したがって，カムが高速回転する場合には，従動節に等加速度運動や単振動させるような放物線，正弦曲線などの**緩和曲線**（easement curve）を用いる．

変位線図が放物線の場合を図 10.5（a）に示す．カムの前半と後半が，逆向きの対称形であるため半回転分を示している．リフト h とすると，カムの回転角 θ に対する変位 y，速度 v および加速度 a は式（10.2），（10.3）のようになる．

$0 \leq \theta \leq \pi/2$ において

(a) 放物線　　　　　　　　(b) 正弦曲線

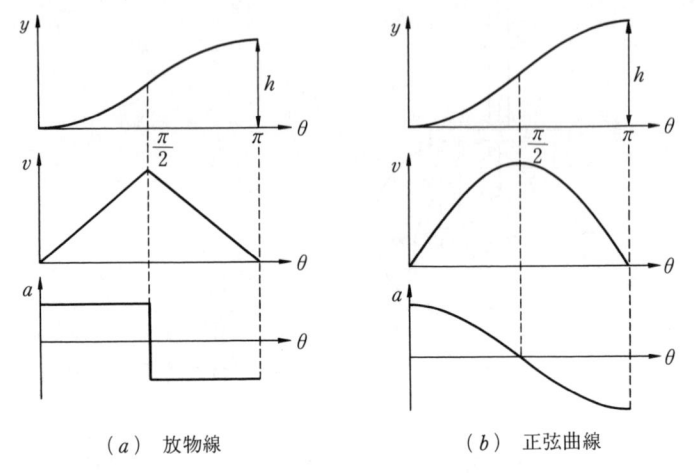

図 10.5 緩和曲線のカム線図

$$\left.\begin{array}{l} y = 2h\dfrac{\theta^2}{\pi^2} \\[4pt] v = 4h\dfrac{\theta\omega}{\pi^2} \\[4pt] a = 4h\dfrac{\omega^2}{\pi^2} \end{array}\right\} \qquad (10.2)$$

$\pi/2 < \theta \leqq \pi$ において

$$\left.\begin{array}{l} y = h - 2h\dfrac{(\pi-\theta)^2}{\pi^2} \\[4pt] v = 4h\dfrac{(\pi-\theta)\omega}{\pi^2} \\[4pt] a = -4h\dfrac{\omega^2}{\pi^2} \end{array}\right\} \qquad (10.3)$$

また，図 **10.5**(b) は正弦曲線の場合を示す。カムの回転角 θ に対する変位 y，速度 v および加速度 a は式 (10.4)〜(10.6) のようになる。

$$y = \dfrac{h}{2}(1-\cos\theta) \qquad (10.4)$$

$$v = \frac{h}{2}\omega \sin\theta \qquad (10.5)$$

$$a = \frac{h}{2}\omega^2 \cos\theta \qquad (10.6)$$

10.1.3　カム輪郭曲線の作図

カム輪郭曲線（cam profile）の作図は，**図10.6**のように基礎円の外側にカムの変位線図の変位に等しい点をとる．ここで，基礎円半径は小さいほど重量やコスト面でよいが，基礎円の半径が小さいほど圧力角が大きくなり，カムを回転させるために必要なトルクも増大する．スムースに回転するためには圧力角の限界があり，したがって基礎円半径にも限界がある．この最小の半径を**最小基礎円半径**と呼ぶ．

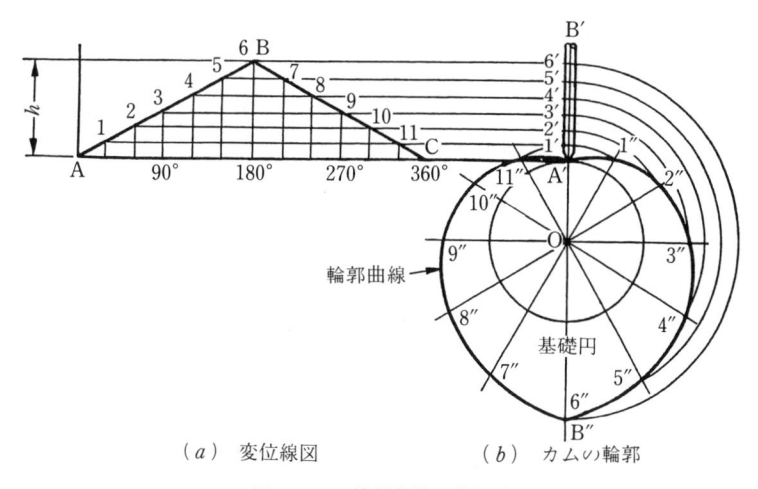

（*a*）変位線図　　　　（*b*）カムの輪郭

図10.6　輪郭曲線の作図法

図10.7のような変位線図において，変位曲線上の傾斜角が最大となる点を P_0，この点を通り横軸に平行な直線を**ピッチ線**（pitch line）といい，カムの基礎円周上に移したものを**ピッチ円**（pitch circle）という．最大傾斜角 ϕ_m に対応するカム上の点において，カムの**圧力角**（pressure angle）も最大圧力

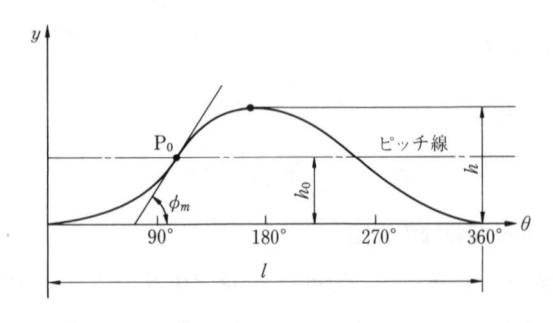

図 10.7 変位線図

角 $α_m$ となる。一般に低速カムでは 45°以下，高速カムでは 30°以下に制限される。

変位線図の $θ$ 軸の長さを l，P_0 点のリフト量を h_0 とすると，最小基礎円半径 r_g は式（10.7）で表せる。

$$r_g = \frac{l \tan φ_m}{2π \tan α_m} - h_0 \qquad (10.7)$$

また，接触子からカムに作用する負荷を F〔N〕，カムの回転速度を n〔min^{-1}〕としたときに必要な動力 P〔W〕は式（10.8）となる。

$$P = F(r_g + h_0) \tan α_m \frac{2πn}{60} \quad 〔W〕 \qquad (10.8)$$

10.2 リンク

10.2.1 リンク機構

リンク機構（linkage）とは，4個以上の剛体リンクが一定の動きをする機構である。リンクはたがいにピンなどの**ジョイント**（joint）で連結されている。リンク機構はさまざまな運動を実現できるため，機械工学分野だけでなく，動物の動きを再現するようなロボットなど広い分野に応用されている。図 10.8 は自動車にみられる機構を示す。

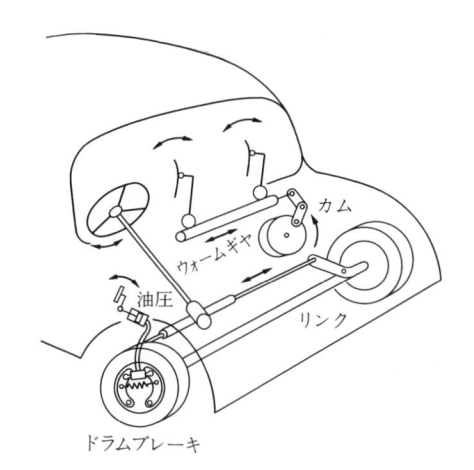

図 10.8　自動車における機構

10.2.2　四節リンク機構

最も単純なリンク機構は，図 10.9 に示すような四つのリンクから構成される**四節リンク機構**（four-bar linkage）である．リンクとリンクを結ぶジョイントには，回転ジョイントやスライドジョイントなど 1 自由度のものから，人間の肩の関節など高次の自由度をもつものもある．単純な四節リンク機構においても，ジョイントの種類やフレーム位置によって異なった機構となる．図 10.9 にリンク機構の分類例を示す．

これらのリンクのなかで，360°回転できるリンクを**クランク**（crank），てこ運動するリンクを**てこ**（lever），また，空間的に固定するリンクを**フレーム**（frame）と呼ぶ．図 (a) てこクランク機構において，リンク a はクランク，リンク c はてこ，リンク d はフレームである．この場合，てこの揺り角 θ は，余弦定理を用い，四つのリンクの長さ a, b, c, d によって式 (10.9) となる．

$$\theta = \cos^{-1}\frac{c^2+d^2-(a+b)^2}{2cd} - \cos^{-1}\frac{c^2+d^2-(b-a)^2}{2cd} \qquad (10.9)$$

四つのジョイントとも回転ジョイントとした場合では，フレームとするリンクを替えることによって，(a) てこクランク機構，(b) 両てこ機構と (c)

四節リンク機構

四つとも回転ジョイント

(a) てこクランク機構

(b) 両てこ機構

(c) 両クランク機構

一つをスライダに置換

(d) スライダクランク機構

(e) 早戻り機構

二つをスライダに置換

(f) スコッチヨーク機構

(g) だ円コンパス

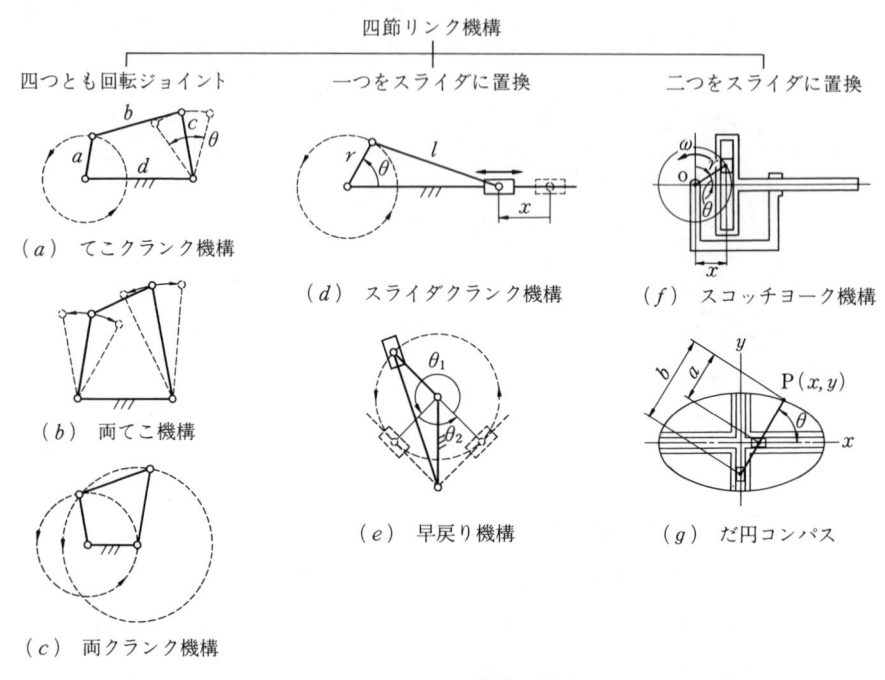

図 **10.9** リンク機構の分類

両クランク機構を実現できる。

　四つのジョイントの一つをスライダに置換えた場合の例として，(d) スライダクランク機構は，往復直線運動するスライダを入力，クランク回転を出力とする自動車エンジンとして，また，クランク回転を入力，スライダ運動を出力とするコンプレッサなどに利用されている。クランク回転角を θ とするとスライダの上死点（スライダがクランク回転中心と最も離れる位置）からの距離 x は式 (10.10) で表せる。

$$x = r\left\{1-\cos\theta+\frac{1}{\lambda}(1-\sqrt{1-\lambda^2\sin^2\theta})\right\}$$
$$\fallingdotseq r\left\{1-\cos\theta+\frac{\lambda(1-\cos 2\theta)}{4}\right\} \quad (10.10)$$

ここに，r はクランク長さ，l は中間リンク長さで，λ はそれらの長さ比 r/l

である。

　また，(e) 早戻り機構は，回転ジョイントでクランクに接続されたスライダによって左右に揺れるリンクの左右への揺れ角度（時間）差を利用したものである。すなわち，クランクが図のように反時計回りに等速回転している場合を考える。リンクが右から左へ揺れるときのクランク回転角 θ_1 と左から右に揺れるときのクランク回転角 θ_2 とすると，$\theta_1 > \theta_2$ より，左から右へ揺れるほうが速いことがわかる。

　四つのジョイントの二つをスライダに置き換えた例として，(f) スコッチヨーク機構は，長さ r のクランクを回転させることによってスライダと接続されているリンクを左右に移動させるもので，その移動変位 x がつぎの式（10.11）で表されるような余弦波となるため，加振機などに利用される。

$$x = r \cos \theta \tag{10.11}$$

　さらに，(g) だ円コンパスは，二つのスライダと回転ジョイントで接続されたリンク上の任意点の運動軌跡がだ円となる機構である。図中の点 P の軌跡は式（10.12）で表せる。

$$\left(\frac{x}{b}\right)^2 + \left(\frac{y}{a}\right)^2 = 1 \tag{10.12}$$

　図 **10.10** はスライダクランク機構と同じ機構であるが，この機構において点 O_1 に力 f を加えると大きな力 F を発生できるもので，**トグル機構**（toggle joint mechanism）と呼ばれている。

　点 O_0 まわりのモーメントのつりあいより，$fO_0Q = F_1O_0P$ であるから

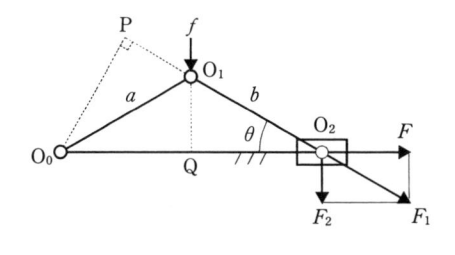

図 **10.10**　トグル機構

$$F_1 = \frac{O_0Q}{O_0P} f$$

ここに，$F = F_1 \cos \theta$ より

$$F = \frac{O_0Q \cos \theta}{O_0P} f \qquad (10.13)$$

となる．したがって，リンク a，b が直線に近づくほど O_0P が 0 に近づくため，小さな力 f で大きな力 F を発生できる．

また，四節リンク機構のたがいに向かい合うリンクの長さが等しい平行リンク機構は，パンタグラフや図 **10.11** のようなロボットハンドなど平行四辺形を維持した平行運動を実現するのに用いられる．

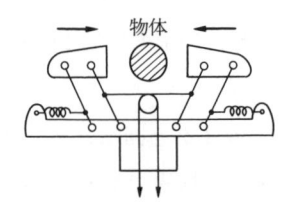

図 **10.11** ロボットハンド

10.2.3 機構の設計

10.2.2 項において，いろいろな機構例を紹介した．しかし，実際の設計現場では，必要とする運動をいかに実現するかが問題となる．そのために，どのような機構を用い，それらの**要素**（element）の寸法をどのように定めるかが**機構の設計**（design of mechanism）である．さらに，機構の設計後には，強度設計が必要となる．

この機構設計において必要となる実現すべき運動が与えられたとしても，実現する機構は一つでなく，すなわち，実現できる機構はさまざまなものが考えられ（解の多様性），設計者の知識量とアイデアによるところが大きい．したがって，ここでは機構の寸法を決定する解析的な一例を紹介するにとどめる．

図 **10.12** の四節リンク機構における四つのリンクの長さを決定する設計について説明する．リンク a，b，c，d に対応するベクトルを $\boldsymbol{a}$，$\boldsymbol{b}$，$\boldsymbol{c}$，$\boldsymbol{d}$ と

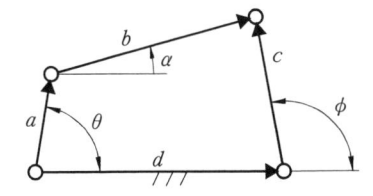

図 *10.12* 四節リンク機構のベクトル図

すると，四つのベクトルが閉じた条件より

$$a + b - c - d = 0 \tag{10.14}$$

となる。この関係を複素数形式で表現すると式 (*10.15*) のようになる。

$$ae^{j\theta} + be^{j\alpha} - ce^{j\phi} - d = 0 \tag{10.15}$$

式 (*10.15*) が成り立つのは，実数部と虚数部がともに 0 のときである。したがって

$$a \cos \theta + b \cos \alpha - c \cos \phi - d = 0$$

$$a \sin \theta + b \sin \alpha - c \sin \phi = 0$$

となる。この 2 式より，α を消去すると式 (*10.16*) となる。

$$-\frac{d}{c} \cos \theta \frac{d}{a} \cos \phi + \frac{a^2 - b^2 + c^2 + d^2}{2ac} = \cos(\theta - \phi) \tag{10.16}$$

四つのリンク長を求める場合に，一つの基準リンク長を定め，リンク比で表せば三つの未知数を求める問題に還元される。したがって，三つの拘束条件を与えることによって各リンク長を求めることができる。

すなわち，式 (*10.16*) において

$$L_1 = \frac{d}{c}, \quad L_2 = \frac{d}{a}, \quad L_3 = \frac{a^2 - b^2 + c^2 + d^2}{2ac}$$

とおくと，式 (*10.16*) は

$$-L_1 \cos \theta + L_2 \cos \phi + L_3 = \cos(\theta - \phi) \tag{10.17}$$

となる。

10.2.4 リンクの応用

最近のロボット機構の発展に伴って，生き物の動きを介護ロボットなどへ取

り入れることが検討されるようになっている。骨格動物の骨格はリンク機構と見なせることから，動物の動きをリンク機構で再現させる設計も行われている。このような機構を**メカニックアニマル**（mechanic animal）というが，その例としてカニの歩行運動に似せた動きを実現した機構を図 10.13 に紹介する。身体を移動するために片足が地面に直線運動するなか，もう片方の足は足先を上げ，引き戻す運動を実現している。

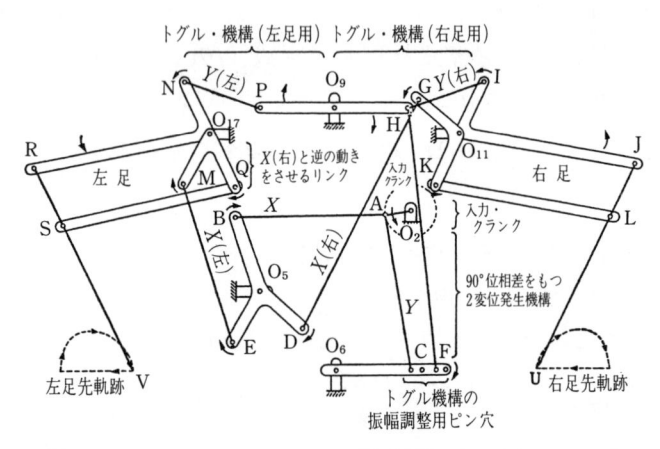

図 10.13 メカニックアニマルの例〔文献 32）の図 6.22 より〕

演習問題

【1】 図 10.7 において，$l = 200$ mm，$h_0 = 15$ mm で $\phi_m = 45°$ とする。カムの最大圧力角を $a_m \leq 30°$ としたいときの基礎円半径を求めよ。

【2】 前問【1】において，接触子の負荷 10 N，カムの回転速度 $n = 60$ min^{-1} のとき，必要な動力はいくらか。

【3】 図 10.9 の四節リンク機構において，$a = 10$ cm，$b = 35$ cm，$c = 22$ cm，$d = 40$ cm としたときの揺り角 θ を求めよ。

【4】 図 10.9(d) のスライダクランク機構において，スライダの速度，加速度を求める式を導け。また，$r = 100$ mm，$l = 400$ mm，クランクの角速度 $\omega = 8\pi$ rad/s のときのスライダの最大速度とそのときの回転角 θ を求めよ。

【5】 図 **10.10** のトグル機構において,リンク $a=b$ の長さとし,$f=10\,\mathrm{N}$ の力を加えた。$\theta=5°$ のときに発生できる力 F を求めよ。

【6】 図 **10.12** のリンク機構において,θ を 20°,40°,60° と変えたときに,ϕ が 0°,30°,60° と変化するようなリンク長を求めよ。

【7】 図 **10.12** のリンク機構において,クランクとなるリンクを $a=1$ とし,$a/d=1/3$,$\phi_{\max}=150°$,$\phi_{\min}=60°$ のときのリンク長を求めよ。

11

油空圧機器

大きなパワーや経済的な位置決めシステムには油空圧機器が使われる。油空圧機器を使うには，各種の弁やアクチュエータの仕組みと選定法を理解することが必要である。

11.1 油空圧機器の構成

油圧機器 (hydraulic components) と**空気圧機器** (pneumatic components) を使ったシステムは図 **11.1** のようになり，圧油や圧縮空気を作る装置，各

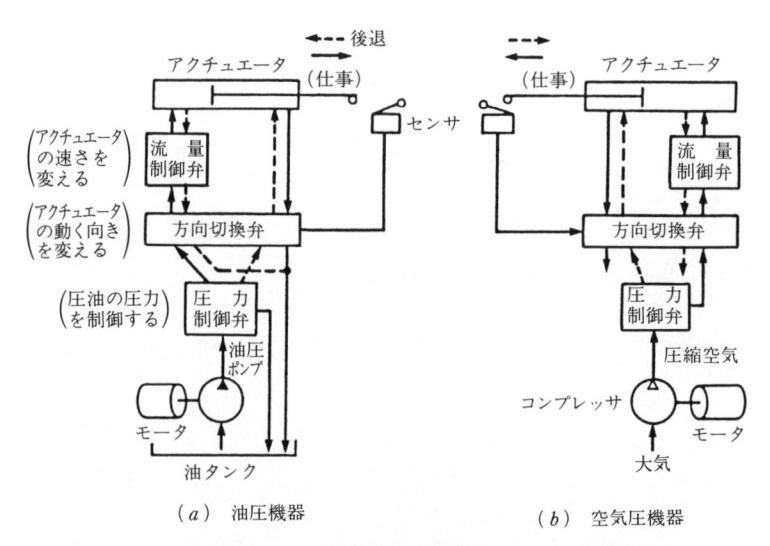

(*a*) 油圧機器　　　　　(*b*) 空気圧機器

図 **11.1** 油圧機器と空気圧機器の構成

種の弁，シリンダなどで構成される．

　油圧機器は小形，軽量でパワーが大きく，広範囲で安定した速度制御ができるが，油に圧力エネルギーを与えるための装置が大がかりであり，配管が面倒で，油漏れが生じやすいなどの短所もある．

　空気圧機器は出力が小さく，空気には圧縮性があり，精密な位置決めや速度制御が難しいが，油漏れなどの心配がなく，システムを容易に，安価に構成できる．また，保守の容易さ，環境への影響が少ないことや衝撃の緩和や柔軟性から，人体などへの危険度を低減できるなどの利点があり広範囲に利用されている．ここでは，空気圧機器の設計に限定するが，その設計の考え方は他の作動流体の設計にも基礎となる．

11.1.1　圧　力　源

　アクチュエータを駆動し仕事させるには，エネルギー源としての高圧の作動流体を必要とする．圧縮空気では**空気圧縮機**（air compressor），油圧では**油圧ポンプ**（hydraulic pump）によって高圧流体を発生させる．しかし，圧縮機より吐出される圧縮空気は，高温で水分や汚れを含み，そのままで使用するとシリンダの動作不良や寿命を短くする原因となる．そこで，良質の圧縮空気を供給するために，**クーラ**（after cooler），**フィルタ**（air filter），**空気タンク**（air tank）や**ドライヤ**（air dryer）などを組み合わせた空圧源システムを構成する．**図 11.2** に基本構成図の例を示す．空気圧縮機や空気タンクは JIS B 8342：2008 に規定されている．

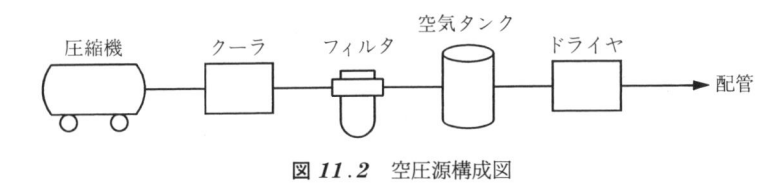

図 11.2　空圧源構成図

11.1.2　圧　力　制　御　弁

　圧力源から供給される作動流体によってアクチュエータを駆動する場合に必

要となる弁は，**圧力制御弁**（pressure control valve），方向制御弁と流量制御弁の三つに大別される。

圧力制御弁は供給された高圧流体を使用圧力に調整する目的で用いられる。機能と構造に応じて，**減圧弁**（pressure regulator）や**比例制御弁**（proportional control valve）などがある。

〔1〕 **減 圧 弁**　減圧弁は，弁に入る一次側の圧力が使用する圧力より高い場合に使用する。また，減圧後の二次側圧力を一定に保つことが要求される。代表形式としては，直動形やパイロット形がある。**図 11.3** にリリーフ式直動形の作動機構の原理を示す。ハンドルを回し調整ばねを圧縮すると，ダイヤフラムを介して二次側圧力を調整する。理想的には，流量に関係なく一定圧を保てればよいが，一般的に流量の増大によって圧力低下する。

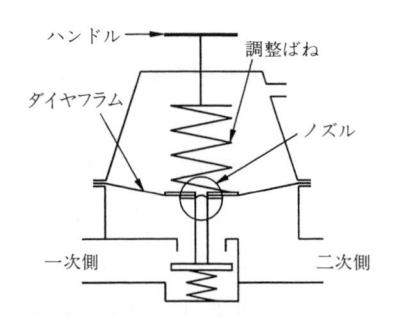

図 11.3　リリーフ式減圧弁

〔2〕 **比例制御弁**　位置決め装置など，特に高機能や高精度の制御を必要とする用途に空気圧機器を利用する場合，圧力や流量の制御が要求されることがある。すなわち，電気入力信号に応じて圧力や流量を制御できる構造となっている弁を比例制御弁という。駆動方式によって，直動形やパイロット形がある。

比例制御弁は，圧力制御範囲において，ヒステリシスなどの入出力特性，流量特性や過渡特性などが機器によって異なり，メーカーカタログなどよりこれらの特性を考慮して選定する必要がある。

11.1.3 流量制御弁

流量制御弁（flow control valve）はアクチュエータの動作速度を制御するために用いられる。すなわちアクチュエータを動作させる場合，その動作速度は，負荷，動作圧力が一定であれば，アクチュエータへの空気供給流量または排出流量によって決まる。

流量制御弁の弁構造は，ニードル弁が最も一般的であるが，ポペット弁やスプール弁もある。用途や構造からは，絞り弁，速度制御弁，クッション弁や流量比例制御弁などに分類できる。**図 11.4** は，ニードル式絞り弁である。空気圧回路中に取り付け，空気流量を調整する弁として用いる。実際のアクチュエータの動作速度を調整する目的として広く使われている速度制御弁（one-way flow control valve）を**図 11.5** に示す。絞り弁と逆止め弁が組み合わされた構造で，逆止め弁が閉じる方向に流れるときは，絞り弁を経由して流量が調整される「制御流れ」となる。一方，逆止め弁が開く方向に流れるときは，絞り弁に加え，逆止め弁からも大量に流れる「自由流れ」となる。

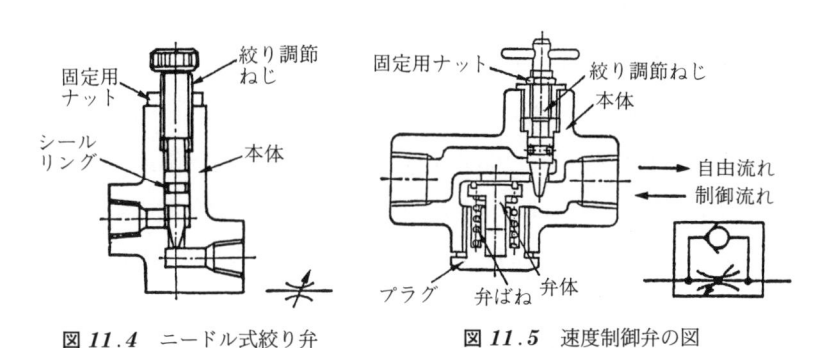

図 11.4 ニードル式絞り弁　　**図 11.5** 速度制御弁の図

絞り弁の最大流量は，JIS B 8376-1994 で基準流量として定められている。**表 11.1** にその一部を示す。ここで基準流量とは，弁の入力側圧力を 0.3 MPa，出力側を大気圧開放としたときの流量を標準状態に換算したものである。また制御流れの流量は，調整ねじの回転角度によって絞りの開口面積が変化することによって引き起こされるが，調整ねじの回転角度と流量特性は機器に依存するので，メーカーカタログなどを参照する。

表 11.1 絞り弁の基準流量と有効断面積

口径の呼び	ねじ継手の呼び	基準流量 l_{min}(ANR)		表示記号	有効断面積〔mm²〕(参考)	
		制御流れ	自由流れ		制御流れ	自由流れ
6	$R_c{}^1/_8$	550	700	SC-6L	13	15
		340	450	SC-6 M	8	10
8	$R_c{}^1/_4$	1 100	1 400	SC-8 L	25	30
		700	900	SC-8M	16	20
10	$R_c{}^1/_8$	2 100	2 700	SC-10 L	50	60
		1 300	1 700	SC-10M	30	40

(JIS B 8376-1994)

11.1.4 方 向 制 御 弁

方向制御弁（directional-control valve）はアクチュエータの駆動方向の切換えや位置決めを制御する弁である。油空気圧回路の構成要素で最も重要な役割を果たしている。用途によって，方向切換弁，逆止め弁，シャトル弁や急速排気弁などがある。ここでは，方向切換弁の説明にとどめ，他の弁については記述しない。

方向切換弁の種類は非常に多く，分類方法もさまざまである。ここでは，制御回路の設計を念頭に弁機能による分類を**表 11.2** に示す。弁の機能は，ポート数と切換状態（切換位置）の数によって決まる。油圧・空気圧システム及び機器の図記号はJIS B 0125-1：2007に規定されている。切換位置の変化させる駆動力としては，電磁力を利用した電磁弁が一般的であり，電磁弁の流量特性

表 11.2 方向切換弁の分類

種 類		JIS 記号			流 路 の 機 能		
ポートの数	切換位置の数	1	2	3	1	2	3
2ポート	2位置						
3ポート	2位置						

表 11.2 （続き）

4 ポート	2 位置				
	3 位置 (オールポートブロック)				
	3 位置 (ABR接続)				
	3 位置 (PAB接続)				
5 ポート	2 位置		機能は 4 ポート弁と同じ。A, B の専用 R ポートがある		
	3 位置 (オールポートブロックの例)				

や漏れ量などは JIS B 8373：2015 にポート数ごとに基準値が定められている。

11.1.5 アクチュエータ

　エネルギーとしての作動圧を機械的な運動に変換するものがアクチュエータである。出力として得られる運動には，直線，回転や揺動運動などがある。空気圧アクチュエータは，空気圧のエネルギーを容易に機械的運動に変換できるが，空気の圧縮性によって，速度や位置制御が困難であり，負荷変動に影響を受けやすい。一般に空気アクチュエータにおいて，伸縮（直線）運動するものをシリンダ，回転運動するものを空気圧モータ，揺動運動するものを揺動形アクチュエータと呼ぶ。構造や種類は，運動のパワー，速度や方向でさまざまである。

　ここでは，最も基本的な空気圧シリンダについて説明し，その他の説明は省略する。表 11.3 に空気圧シリンダの構造による分類例を示す。

　空気圧シリンダの制御について述べる。図 11.6 は，最も一般的な片ロッド複動シリンダを 5 ポート方向切換弁と速度制御弁で制御する場合の基本的構成を示す。速度制御弁の方向によって，(a) メータアウト回路と (b) メータ

表 11.3 構造による空気圧シリンダの分類

分類	構造 (JIS記号)	特徴
片ロッド複動シリンダ	(図) JIS記号	空気圧をピストンの両側に供給できるもので，片側ロッドのピストン方式のものが一般的である。
両ロッド複動シリンダ	(図) JIS記号	空気圧をピストンの受圧面積が同一の両側に供給できるもので，両側ロッドのピストン方式のものである。
単動シリンダ	(図) JIS記号	空気圧を片側に供給し，戻りは通常外力またはばねで行うものである。
ダイヤフラムシリンダ	(図) JIS記号	受圧可動部にダイヤフラムまたはベローズを用いたもので，シール能力がよく，また摩擦力が小さいなどの特徴がある。

(a) メータアウト回路　　(b) メータイン回路

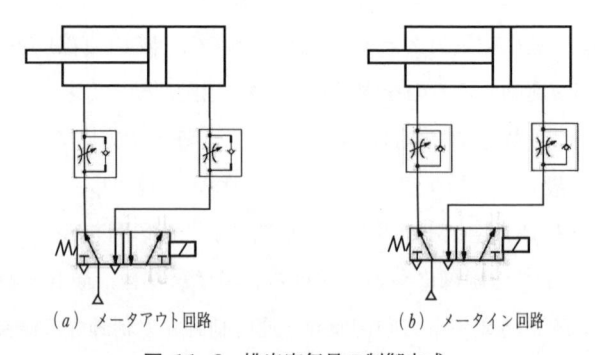

図 11.6 排出空気量の制御方式

イン回路の2通りの制御方式があり，一般的にはシリンダへの流入する空気量が絞られずに多く供給され，負荷能力が高いメータアウト回路が用いられる。

11.1.6 シリンダの速度と推力

油圧や空気圧のシリンダではピストンが押す力は推力をいい，その大きさ F〔N〕はシリンダの断面積を A〔m²〕，油や空気の圧力を p〔Pa〕とすると

$$F = Ap \quad \text{〔N〕} \tag{11.1}$$

となる。実際のシリンダでは，ロッドを含むため押出し側と戻り側で推力が異なる。チューブ内径 D_1，ロッド内径 D_2 とすると，押出し推力 F_1 と戻り推力 F_2 は式 (11.2) のように表される。

$$F_1 = k_1 \frac{\pi D_1^2}{4} p, \quad F_2 = k_2 \frac{\pi(D_1^2 - D_2^2)}{4} p \quad \text{〔N〕} \tag{11.2}$$

係数 k_1，k_2 は，各部の抵抗を考慮した推力効率であり**図 11.7** に一例を示す。

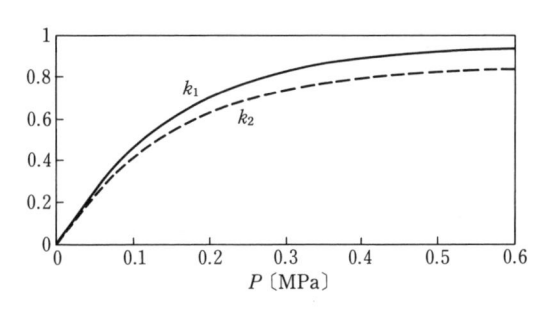

図 11.7 シリンダの推力効率

油圧シリンダでは送り込まれる油の流量 Q〔m³/s〕によってシリンダの速度 V〔m/s〕が式 (11.3) で決まる。

$$V = \frac{Q}{A} \tag{11.3}$$

ここに，A はシリンダの断面積である。

空気圧シリンダは，負荷に打ち勝つまでの時間遅れを生じたり，ピストンが移動中の内圧の変化を生じる。ここでは，負荷 F による時間遅れを負荷率と

して考慮した移動速度 V の概略式を紹介する。

$$V \fallingdotseq \frac{2S}{(\pi/4)D^2(1+2\alpha)} \qquad (11.4)$$

ここに，V：シリンダ移動速度〔m/s〕，S：バルブ，配管などの合成有効断面積〔m²〕，D：シリンダチューブ内径〔m〕，α：負荷率（$=F/F_1$），F_1：シリンダ推力．使用圧力が 0.6 MPa 以下では，$\alpha \leqq 0.5$ が望ましい．

11.2 配管と管継手

11.2.1 配　　　管

配管（pipe）材料は，金属管と非金属管に大別される．さらに，金属管は，JIS G 5526：2014「鋳鉄管」，JIS G 3452：2014「鋼管」と銅や黄銅などの非鉄金属管に分類される．非金属管では，ゴム製は JIS K 6332：1999「エアーホース」，樹脂製のものは JIS B 8381-1, 2：2008「チューブ」と呼ばれている．一般に，低圧の空気圧回路ではチューブが多用され，高圧の油圧回路では金属管が用いられる．

11.2.2 管　継　手

チューブと弁，機器やアクチュエータとの接続はワンタッチ継手によって接続される．これらの継手はメーカのカタログを参照して選定する．また，金属管の場合，JIS B 2301：2013「ねじ込み式管継手」が用いられることが多い．流体の漏れを防ぐために，ねじ部には 4 章の**表 4.1** の JIS B 0203：1999「管用テーパねじ」が用いられ，さらにシールテープなどを併用する場合が多い．

11.3 ハンドリングロボット

ここでは空気圧回路設計の事例として，物体の移動装置としてのハンドリングロボットの機能中心とした回路設計の手順を示す．

1） 実現すべき仕様の把握　　移動すべき物体の重量，移動距離・速度や

場合によっては加速度も含む．また，移動パターン，負荷条件，動作回数，動作時間，過渡的条件や取付け状態などを把握する．

2） アクチュエータの選定　　移動の自由度，移動距離や必要推力からアクチュエータの種類と配置を決め，全体の大きさを把握する．

3） 機器・配管サイズと回路圧力の決定　　切換弁の種類を各アクチュエータごとに決め，供給圧力を設定する．移動速度などを考慮し，配管サイズを決める．

4） 制御方式の決定　　動作パターンを参考に，制御方式と制御回路（ラダーチャートなど）を決める．これらはたがいに関連しているため，具体的にはフィードバックしながら検討を進める．

機器の選定には，実際のメーカーカタログが必要となる．

11.3.1　設　計　課　題

図 11.8 に示すように，A地点にある物体をつかみ，同一平面上のB点に移動させ物体を離すことを繰り返す空気圧ハンドリングロボットの設計を行う．

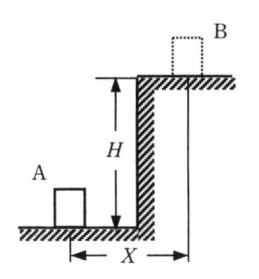

図 11.8　設計課題

[設計仕様]
- 移動範囲：高さ方向 $H = 73$ mm，前後方向 $X = 50$ mm の2次元平面
- 物　　体：$\phi 8 \times 20$，$M = 0.2$ kg
- 移動速度：上下方向 25 mm/s，前後方向 30 mm/s

11.3.2 設　　　　計

〔1〕 **アクチュエータの選定**　物体の把持と2次元の移動を実現するために，ハンド，前後移動と上下移動に別々のアクチュエータを用い，必要なストロークと推力より各部のアクチュエータを選定する。選定の順は，それぞれのアクチュエータの重量が負荷として加わるのを考慮し，ハンドより順に選定する。

（**a**）**ハ　ン　ド**　物体の大きさ（$\phi 8 \times 20$）と質量 $M=0.2\,\mathrm{kg}$ より，ハンド部のアクチュエータを選定する。ハンド部はエアチャックを用い，形式は，供給圧の節減を考慮し，物体を把握時（ハンド閉のとき）のみ供給圧を必要とする常時開形の単動形チャックとする。

ハンドに必要な把持力は，負荷率 $\alpha = 0.5$ とすると

$$F_1 = 0.2 \times 9.8 \div 0.5 \fallingdotseq 4\,\mathrm{N}$$

メーカーカタログより以下のエアチャックを選定した。

［仕様］シリンダ内径 10 mm，供給圧 0.3 MPa 以上での把持力 7.8 N，チャック開 9.6 mm，開閉ストローク 4 mm，質量 50 g，磁石内蔵のオートスイッチ付き。

（**b**）**前後シリンダ**　シリンダに要求される推力は，前進時と後退時で異なるが，物体の負荷が加わる前進時の加速運動に必要な推力より求められる。物体とエアチャック最大加速度を $2\,\mathrm{m/s^2}$ と仮定し，摩擦抵抗や慣性力を含め，負荷率を 0.2 とすると，シリンダ推力は

$$F_2 = (0.2 + 0.05) \times 2 \div 0.2 \fallingdotseq 2.5\,\mathrm{N}$$

となる。

一般の単動シリンダでは，シリンダの移動方向を軸とした回転回りや軸直角方向の剛性が低い。そこで，空圧シリンダやボールねじを用いた直線位置決め機構においては，移動軸まわりの回転を拘束し，位置決め精度を高めるために軸移動方向に並行するガイドを設けている。

ここでは，ガイド機能を有する2本ロッド構造のデュアルロッドシリンダを選定することとした。移動軸まわりの回転誤差は $\pm 0.1°$ 以内である。

［仕様］チューブ内径 10 mm，標準ストローク 50 mm，使用ピストン速度

30〜800 mm/s，理論推力 78.5 N（前進），50 N（後退），質量 0.23 kg，磁石内蔵のオートスイッチ付き．

（**c**）**上下シリンダ**　　上下方向（H 方向）の移動においては，上への移動時に物体と前後移動用のシリンダの重量も負荷として加わる．この負荷に対する能力と前後シリンダ同様に直線移動を可能とするデュアルロッドシリンダとして以下のものを選定した．シリンダに要求される推力は，物体の加速に重力が加わるため

$$F_3 = (0.2+0.05+0.23) \times (9.8+2) \div 0.2 \fallingdotseq 28\,\mathrm{N}$$

メーカーカタログより以下のデュアルロッドシリンダを選定した．

［仕様］チューブ内径 10 mm，標準ストローク 75 mm，使用ピストン速度 30〜800 mm/s，理論推力 78.5 N（前進），50 N（後退），質量 0.28 kg，磁石内蔵のオートスイッチ付き

メーカーカタログ中の負荷質量とシリンダ速度特性を**図 11.9** に示す．図より，負荷質量が多い上下シリンダにおいても，物体，ハンドと前後シリンダを合わせた質量が 480 g であり，シリンダ負荷能力としては 150 mm/s の速度まで可能であることがわかる．

エアチャックと二つのシリンダとも磁石内蔵のオートスイッチを用いているが，このスイッチはシリンダ内のピストン位置を磁気式に検出できるものであり，このスイッチの取付け位置を変えることによってピストンの移動範囲を調整できる．

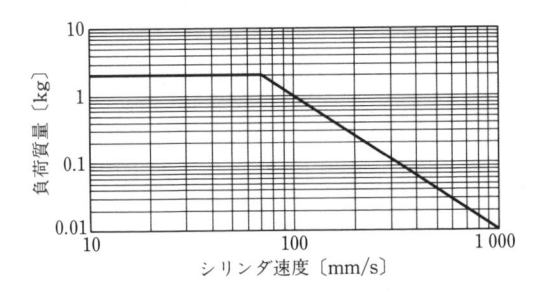

図 **11.9**　負荷質量とシリンダ速度特性

〔2〕 制御機器・配管の選定

（a） **方向制御弁**　ハンド部のエアチャックはばね復帰の単動形を駆動するため，方向制御弁は有効断面積 $1.8\,\mathrm{mm}^2$ の 3 ポート弁を選定した。また，前後と上下部のシリンダには，有効断面積 $3.6\,\mathrm{mm}^2$ の 5 ポート 2 位置弁を選定した。

（b） **流量制御弁**　シリンダの移動速度を決定する流量制御弁には，速度変動の少ないメータアウト方式を採用し，有効断面積 $1.5\,\mathrm{mm}^2$ の速度制御弁を選定した。

（c） **配　管**　配管には，柔軟性のある一般的な配管用として用いられている外径 $4\,\mathrm{mm}$，内径 $2.5\,\mathrm{mm}$ のポリウレタンチューブを選定した。有効断面積は約 $4.9\,\mathrm{mm}^2$ である。

（d） **フィルタレギュレータ**　標準供給圧力 $0.5\,\mathrm{MPa}$ の設定が可能で，かつ，省スペースを考慮して，フィルタと減圧弁が一体化したものを選定した。

（e） **シリンダ移動速度**　レギュレータからピストンまでは，配管，方向制御弁と流量制御弁が直列に接続するので，それぞれの有効断面積を S_p，S_d，S_f とすると合成有効断面積 S_c は次式で表せる。

$$\frac{1}{S_c^2} = \frac{1}{S_p^2/\sqrt{l}} + \frac{1}{S_d^2} + \frac{1}{S_f^2}$$

この式において，配管の長さを $l=0.8\,\mathrm{m}$ とし，各シリンダまでの有効断面積を計算すると，ハンド用シリンダまでは約 $1.13\,\mathrm{mm}^2$，前後と上下用シリンダまでは約 $1.34\,\mathrm{mm}^2$ となる。

したがって，各部シリンダの移動速度は式 (11.4) より

　　　ハンド部　　$V_1 \fallingdotseq 19\,\mathrm{mm/s}$

　　　前後部　　$V_2 \fallingdotseq 34\,\mathrm{mm/s}$

　　　上下部　　$V_3 \fallingdotseq 30\,\mathrm{mm/s}$

となり，仕様の速度を満足する。

また，片ロッドシリンダの一動作当りの空気消費量はつぎのように表せる。

$$Q_1 = \frac{\pi}{4} D_1^2 L \left(\frac{P+0.101\,3}{0.101\,3} \right) \times 10^{-6} \quad [l]$$

$$Q_2 = \frac{\pi}{4} (D_1^2 - D_2^2) L \left(\frac{P+0.101\,3}{0.101\,3} \right) \times 10^{-6} \quad [l]$$

ここに，Q_1 と Q_2 はそれぞれ押出し側と引き側の空気消費量，D_1 [mm] はチューブ内径，D_2 [mm] はロッド径，L [mm] はシリンダストローク，P [MPa] は使用空気圧力を示す．

上式より，消費量の多い押出し時での各シリンダ消費量を求めると，それぞれ，ハンド部約 $2 \times 10^{-4}\, l$，前後部約 $2.3 \times 10^{-2}\, l$，上下部約 $3.5 \times 10^{-2}\, l$ となる．ここで，動作のサイクルタイムを 10 sec とすると，単位時間当りの総消費量はレギュレータからの管路部での消費量を単純に引き側に加え，押出し側と引き側の消費量を等しいと仮定すると

$$Q = \frac{2 \times (2 \times 10^{-4} + 2.3 \times 10^{-2} + 3.5 \times 10^{-2}) \times 60}{10} \fallingdotseq 0.7\, l/\text{min}$$

となる．

したがって，この空気量を上回る空圧源を用意する必要がある．

以上の設計によって，選定した機器を用い組み立てたハンドリングロボットの概観を図 **11.10** に示す．

(**f**) **制御回路例**　　空気圧回路の制御には，**シーケンス制御**（sequence control）とフィードバック制御があるが，一般的には一定論理によって逐次進めていくシーケンス制御が多く用いられている．

シーケンス制御の動作や回路を表現するには，機器の時間的推移を表す**タイムチャート**（time chart）や**プログラマブルコントローラ**（programmable controller）の制御手段を表す**ラダー図**（ladder diagram）が用いられている．

図 **11.11** はロボット上の動作位置を検出するオートスイッチ $LS_0 \sim LS_5$ と，シリンダ動作出力 501〜503 が ON の場合のシリンダ動作を示す．これらのスイッチの動作に基づくシーケンス制御の一例をタイムチャートとして**表 11.4** に示す．表において，SW は始動スイッチを示し，ハンドが下方，後方

11. 油空圧機器

図 11.10 ハンドリングロボットの概観

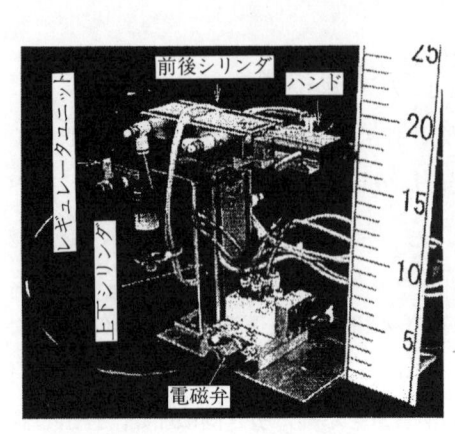

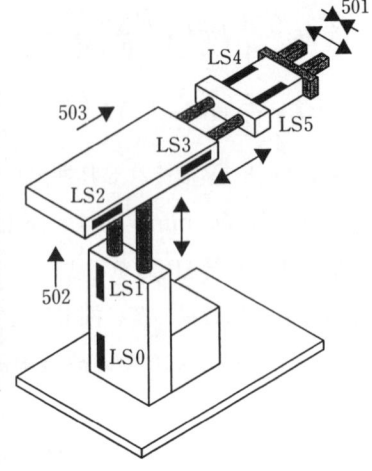

図 11.11 オートスイッチの配置とシリンダ動作方向

表 11.4 タイムチャート例

			初期状態	前進	チャック閉	後退	上昇	前進	チャック開	後退	下降
入力	始動	SW1									
	下降端	LS0	○								
	上昇端	LS1									
	後退端	LS2	○								
	前進端	LS3									
	チャック開	LS4	○								
	チャック閉	LS5									
出力	チャック閉	501									
	上昇	502									
	前進	503									

で開の状態（LS_0, LS_2, LS_4 がON）より，始動スイッチが押された後，前進，閉（物体の把持），後退，上昇，前進，開（物体を離す），後退し下降する一連の動作が行われる．

演 習 問 題

【1】 シリンダ内径 20 mm の空気圧シリンダに圧力 0.5 MPa の圧縮空気を送り込む。シリンダの推力は何 N か。

【2】 使用空気圧力 0.5 MPa において，シリンダのチューブ内径 ϕ16 mm，ロッド内径 ϕ5 mm としたときの押し側と引き側のシリンダ推力を求めよ。ただし，押し側と引き側の推力効率をそれぞれ 0.8 と 0.75 とする。

【3】 前問【2】のシリンダに 30 N の負荷がかかっているときの負荷の移動速度を求めよ。ただし，バルブ，配管などの合成有効断面積は 5 mm^2 とする。

付　録

機械要素・ユニット関連企業のホームページ URL

[全　　般]

ファクトリー・マート・ジャパン	http://www.fa-mart.co.jp/
MiSUMi-VONA	http://jp.misumi-ec.com/

[電気モータ（DC，AC，ステッピング）]

日本電産サーボ（株）	http://www.nidec-servo.com/jp/
オリエンタルモーター（株）	http://www.orientalmotor.co.jp/
山洋電気（株）	http://www.sanyodenki.co.jp/
ツカサ電工（株）	http://www.tsukasa-d.co.jp/
マブチモーター（株）	http://www.mabuchi-motor.co.jp/ja_JP/

[油圧・空気圧機器]

SMC（株）	http://www.smcworld.com/
（株）コガネイ	http://www.koganei.co.jp/
（株）TAIYO	http://www.taiyo-ltd.co.jp/

[軸受・位置決め装置]

NTN（株）	http://www.ntn.co.jp/
日本トムソン（株）	http://www.ikont.co.jp/
THK（株）	http://www.thk.co.jp/
オイレス工業（株）	http://www.oiles.co.jp/
NSK，日本精工（株）	http://www.nsk.com/
黒田精工（株）	http://www.kuroda-precision.co.jp

[動力伝達機器]

協育歯車工業（株）	http://www.kggear.co.jp/
小原歯車工業（株）	http://www.khkgears.co.jp/

三木プーリ（株）	http://www.mikipulley.co.jp/
（株）ハーモニック・ドライブ・システムズ	http://www.hds.co.jp/
三ツ星ベルト（株）	http://www.mitsuboshi.co.jp/
（株）椿本チエイン	http://www.tsubakimoto.co.jp/
小倉クラッチ（株）	http://www.oguraclutch.co.jp/
シンフォニアテクノロジー（株）	http://www.shinfo-t.jp/
サミニ（株）	http://www.samini.co.jp/

[**マイコン・基板部品**]

（株）インタフェース	http://www.interface.co.jp/
（株）秋月電子通商	http://akizukidenshi.com/
アールエスコンポーネンツ（株）	http://jp.rs-online.com/web/
（株）マイクロアプリケーションラボラトリー	http://www.mal.jp/
（株）若松通商	http://www.wakamatsu-net.com/biz/
山一電機（株）	http://www.yamaichi.co.jp/

[**セ ン サ**]

オムロン（株）	http://www.omron.co.jp/
（株）キーエンス	http://www.keyence.co.jp/

引用・参考文献

1) 日本機械学会誌，**101**，954（1998）
2) 岩田一明，中沢　弘：生産工学，コロナ社（1988）
3) 岩田一明監修，NEDEK 研究会編著：生産工学入門，森北出版（1997）
4) 中島尚正：機械設計基本原理からマイクロマシンまで，東京大学出版会（1993）
5) 朝比奈奎一：CAD/CAM 入門，海文堂出版（1992）
6) 黒須　茂，三田純義：メカトロ・エンジニアリング（10），制御技術，パワー社（1999）
7) 渥美　光，伊藤勝悦：やさしく学べる材料力学，森北出版（1987）
8) 堀野正俊：材料力学入門，理工学社（1995）
9) 加藤康司，他2名：機械材料学，朝倉書店（1991）
10) 青木顕一郎，堀内　良：基礎機械材料学，朝倉書店（1991）
11) テキストforビギナー"超よくわかる"機械設計入門，機械設計，**41**，5（1997）
12) 伊藤光久：実践入門シリーズ，わかりやすいメカトロ機構設計，工業調査会（1996）
13) 林　則行，冨坂兼嗣，平賀英資：機械設計法改訂・SI 版，森北出版（1994）
14) 兼田もと宏，山本雄二：基礎機械設計法，理工学社（1995）
15) 林　洋次，他9名：基礎シリーズ，機械要素概論1・2，実教出版（1998）
16) 川北和明：朝倉機械工学講座11，機械要素設計，朝倉書店（1997）
17) 井澤　實：機械工学基礎講座，機械設計工学，理工学社（1997）
18) 米山　猛：実際の設計選書，機械設計の基礎知識，日刊工業新聞社（1998）
19) 稲田重男，川喜多隆，本荘恭夫：機械工学基礎講座14，改訂新版 機械設計法，朝倉書店（1988）
20) 大西　清：機械設計入門，理工学社（1994）
21) 宮本義一，白石明男：機械設計，コロナ社（1997）
22) 和田稲苗：機械要素設計，実教出版（1987）
23) 須藤亘啓：機械の設計考え方・解き方Ⅰ，Ⅱ，東京電機大学出版会（1995）
24) 塚田忠夫，舟橋宏明，他8名：文部省検定教科書，新機械設計1・2，実教出版（1995）

引用・参考文献　*225*

25) 成瀬長太郎：歯車の基礎と設計，養賢堂（1988）
26) 中里為成：歯車のおはなし，日本規格協会（1997）
27) 石川二郎：新版機械要素（2），標準機械工学講座2，コロナ社（1990）
28) 瀬口靖幸，他2名：機械設計工学1，要素と設計，培風館（1986）
29) ベルト伝動の実用設計，ベルト伝動技術懇話会，養賢堂（1996）
30) 佃　勉：新編機械工学講座11，機構学，コロナ社（1991）
31) 小川　潔，加藤　功：機構学，森北出版（1995）
32) 森　政弘編，多々良陽一，小川鑛一：機構学，共立出版（1977）
33) （社）日本油空圧工業会：実用空気圧第3版，日本工業新聞社（1998）
34) 油空圧アクチュエータの選定・活用マニュアル，機械設計，1998年4月別冊，日本工業新聞社（1998）
35) JISハンドブック1-1，1-2，2，鉄鋼Ⅰ，Ⅱ及び非鉄，日本規格協会（1998）
36) JIS G 4051：JIS機械構造用炭素鋼鋼材，日本規格協会（1998）
37) JIS G 4801：JISばね鋼鋼材，日本規格協会（1999）
38) JIS B 0102：JIS歯車用語-幾何学的定義，日本規格協会（1993および1999）
39) JIS B 1701：JISインボリュート歯車の歯形および寸法，日本規格協会（1973制定，1998）
40) JIS用語辞典 機械要素編，日本規格協会（1993）
41) JISハンドブック7，機械要素（ねじを除く），日本規格協会（2019）
42) JISハンドブック3，ねじ，日本規格協会（2015）
43) 日本歯車工業会規格（JGMA），1101-01：2000（中心距離の許容値），401-01：1974（曲げ強さ），402-01：1975（歯面強さ），6101-02：2007（2016年11月改正版）（曲げ強さ計算式），6102-02：2009（歯面強さ計算式），日本歯車工業会
44) 日本機械学会編：新版機械工学便覧 A 4，材料力学，丸善（1997）
45) 日本機械学会編：機械工学便覧デザイン編 β 4，機械要素設計・トライボロジー，丸善（2005）
46) 日本機械学会編：新版機械工学便覧 B 4，材料学・工業材料，丸善（1998）
47) 機械システム設計便覧編集委員会編：JISに基づく機械システム設計便覧，日本規格協会（1986）
48) 機械設計便覧編集委員会編：第3版機械設計便覧，丸善（1992）
49) 木内　右：機械設計便覧，日刊工業新聞社（1974）
50) 大西　清：JISに基づく機械設計製図便覧（第5版），理工学社（1998）
51) 日本機械学会編：JSMEテキストシリーズ，機械要素設計，丸善出版（2017）
52) 日本機械学会編：機械工学便覧・DVD-ROM版，丸善出版（2014）

演習問題解答

1 章

【1】（1） $\sqrt[10]{10}$ を公比とする数列。

加工法＼粗さの範囲 Ry(μm)	0.1以下	0.2以下	0.4以下	0.8以下	1.5以下	3以下	6以下	12以下	18以下	25以下	35以下	50以下	70以下	100以下	140以下	200以下	280以下	400以下	560以下
正面フライス削り							←---	←――	――	――	――	――	――→						
平　削　り								←――	――	――	――	――→							
形削り(立削り含む)								←――	――	――	――	――→							
フライス削り								←――	――	――	――	――→							
精密中ぐり				←---	---	---→													
やすり仕上げ							←――	――	――	――	――→								
丸　削　り			←---	---→		←――	――	――	――	――	――	――	――	――	――	――→			
中　ぐ　り						←---	---→	←――	――	――	――	――→							
きりもみ								←――	――	――	――	――	――→						
リーマ通し				←---	---→	←――	――→												
ブローチ削り				←---	---→	←――	――→												
シェービング					←――	――	――→												
研　　削			←-→		←――	――	――	――→											
ホーン仕上げ			←---	---	---→														
超仕上げ	←--	-→																	
バフ仕上げ		←--	---	---	---→														
ペーパ仕上げ		←--	---	---	---→														
ラップ仕上げ	←--	-→																	
液体ホーニング		←--	---	---→															
バニシ仕上げ			←――	――	――→														
ローラ仕上げ			←――	――→															
化学研磨				←---	---	---→													
電解研磨		←--	---	---	---→														

←--→：精密加工　　←――→：普通加工

（2） R 10 の標準数で，ある数値から三つ目ずつとった数列。

（3） R 10 の標準数で，50 を含めて三つ目ずつとった数列。

【2】 すきまばめ

最大すきま $= A - b = 0.075\,\mathrm{mm}$

最小すきま $= B - a = 0.025\,\mathrm{mm}$

【3】 JIS の表（前ページ）参照

【4】 略

【5】 AD (automatic design) はあらかじめコンピュータに処理プロセスをプログラムしておき，設計者は仕様をインプットすることでバッチ処理で結果を出力するものである。設計処理手順が明確になっている製品にのみ適用できる方法で，効率のうえでは最も進んでいる。これに対して，CAD は設計者とコンピュータが対話処理を介してさまざまな設計モデルを構築していくものである。

2 章

【1】 断面積 $A = \pi d^2/4 = 100\pi\,\mathrm{mm}^2$。式 (2.1), (2.2), (2.5) より，$\lambda_l = Wl/(AE) = 0.773\,\mathrm{mm}$。式 (2.2) より，$\varepsilon = \lambda_l/l = 0.773\,\mathrm{mm}/1\,000\,\mathrm{mm} = 0.773 \times 10^{-3}$。式 (2.4) より，$\varepsilon' = \nu\varepsilon = 0.257 \times 10^{-3}$。式 (2.3) より，$\delta = \varepsilon' d = 5.14 \times 10^{-3}\,\mathrm{mm}$。

【2】 d_1 の断面積 A_1 は $A_1 = \pi d_1^2/4 = 2\,827\,\mathrm{mm}^2$。$d_2$ の断面積 A_2 は $A_2 = \pi d_2^2/4 = 1\,257\,\mathrm{mm}^2$。$l_1$ と l_2 の縮み量を λ_{l1} と λ_{l2} とすると，式 (2.1), (2.2), (2.5) より，$\lambda_{l1} = Wl_1/(A_1E_1) = 0.068\,7\,\mathrm{mm}$，$\lambda_{l2} = Wl_2/(A_2E_2) = 0.156\,0\,\mathrm{mm}$。全体の縮み量 λ_l は，$\lambda_l = \lambda_{l1} + \lambda_{l2} = 0.225\,\mathrm{mm}$。

【3】 せん断面積 A は $A = \pi dt$。式 (2.6) より，$W = \tau A = \tau \pi dt = 5.03 \times 10^4\,\mathrm{N} = 50.3\,\mathrm{kN}$。

【4】 表 2.2 より，最大曲げモーメント $M_{\max}$ は固定端のところで発生するから，$M_{\max} = Wl = 10^5\,\mathrm{N \cdot mm}$。断面係数 Z は，表 2.3 より，$Z = \pi d^3/32$。この式と式 (2.21) より，$d^3 \geqq 32 M_{\max}/(\pi \sigma_a) = 12.73 \times 10^3\,\mathrm{mm}^3$。$\therefore d \geqq 23.4\,\mathrm{mm}$。

【5】 はりの曲げモーメントの式から，W_C と W_D のところの曲げモーメント M_C と M_D を計算すると，$M_C = 0.48 \times 10^6\,\mathrm{N \cdot mm}$，$M_D = 0.72 \times 10^6\,\mathrm{N \cdot mm}$ となる。したがって，この場合のはりにおける最大曲げモーメント $M_{\max}$ は M_D となり，$M_{\max} = 0.72 \times 10^6\,\mathrm{N \cdot mm}$。断面係数 Z は表 2.3 より，$Z = bh^2/6$。この式に $b/h = 3/5$ を代入して，$Z = h^3/10$。この式と式 (2.21) より，$h^3 \geqq M_{\max}/\sigma_a = 72 \times 10^3\,\mathrm{mm}^3$。$\therefore h \geqq 41.6\,\mathrm{mm}$。$b = 3\,h/5 \geqq 25.0\,\mathrm{mm}$。

【6】解析例を参考にして求める。たわみ y の解答は**表 2.2** の（2）を参照。たわみ角 i は $i = dy/dx = \{w/(6EI)\}(x^3 - l^3)$。

【7】**表 2.4** より、極断面係数 Z_p は $Z_p = \pi(d_2^4 - d_1^4)/(16 d_2) = 2.14 \times 10^4 \, \text{mm}^3$。式 (2.30) より、$\tau_2 = T/Z_p = 18.7 \, \text{MPa}$。

【8】**表 2.4** より、$Z_p = \pi d^3/16$。この式と式 (2.30) より、$d^3 = 16 T/(\pi \tau_2) = 109 \times 10^3 \, \text{mm}^3$。$\therefore d = 47.8 \, \text{mm}$。

【9】$\theta \leq 0.5° = 8.73 \times 10^{-3} \, \text{rad}$。式 (2.31) より、断面二次極モーメントは $I_p = Tl/G\theta$。**表 2.4** より、$I_p = \pi d^4/32$。この 2 式より、$d^4 \geq 32 Tl/(\pi G \theta) = 4.431 \times 10^6 \, \text{mm}^4$。$\therefore d \geq 45.9 \, \text{mm}$。

【10】平均応力 σ_m は $\sigma_m = W/A_{\min} = W/\{t(b-d)\} = 70.6 \, \text{MPa}$。形状係数 α_k は、**図 2.15** より、$d/b = 0.15$ のとき、$\alpha_k = 2.63$。式 (2.32) より、$\sigma_{\max} = \alpha_k \cdot \sigma_m = 186 \, \text{MPa}$。

【11】平均応力 σ_m は $\sigma_m = W/A_{\min} = W/(\pi d^2/4) = 10.2 \, \text{MPa}$。形状係数 α_k は**図 2.16** より、$D/d = 1.2$、$r/d = 0.1$ のとき、$\alpha_k = 1.69$。式 (2.32) より、$\sigma_{\max} = \alpha_k \cdot \sigma_m = 17.3 \, \text{MPa}$。

【12】基準強さ＝降伏点＝$300 \, \text{MPa}$。式 (2.33) より、許容応力 $\sigma_a = 100 \, \text{MPa}$、$W/A = W/(\pi d^2/4) \leq \sigma_a$。これより、$d^2 \geq 4W/(\pi \sigma_a) = 152.8 \, \text{mm}^2$。$\therefore d \geq 12.4 \, \text{mm}$。

3 章

【1】角速度：$\omega = 2\pi \times \dfrac{1\,500}{60} = 1.57 \times 10^2 \, \text{rad/s}$

トルク：$T = \dfrac{P}{\omega} = \dfrac{50}{157} = 3.18 \times 10^{-1} \, \text{N·m}$

【2】$\dfrac{1\,000}{360/1.8} \times 60 = 300 \, \text{min}^{-1}$

【3】ゆっくり持ち上げるとき　　　重力：$10 \times 9.8 = 98 \, \text{N}$
加速しながら持ち上げるとき　$10 \times 9.8 + \; 10 \times 2 \; = 118 \, \text{N}$
　　　　　　　　　　　　　　　（重力）　（慣性力）

【4】　（摩擦力）　＋ 慣性力 ＝ 74 N
$0.1 \times 50 \times 9.8 \quad 50 \times 0.5$

【5】アルミニウムの密度：$2.7 \, \text{g/cm}^3$
円板の体積：$353 \, \text{cm}^3$　　円板の質量：$953 \, \text{g} = 9.53 \times 10^{-1} \, \text{kg}$
円板の慣性モーメント：$J = \dfrac{9.53 \times 10^{-1} \times (0.30/2)^2}{2} = 1.07 \times 10^{-2} \, \text{kg·m}^2$

角加速度：$\alpha = \dfrac{6.28 \times 60/60}{0.5} = 12.6 \, \text{rad/s}^2$

トルク：$T = 1.07 \times 10^{-2} \times 12.6 = 1.35 \times 10^{-1} \, \text{N·m}$

【6】 $\dfrac{19}{12 \times 2} \times 100 = 79 \, \%$

【7】 $\dfrac{50 \times 9.8 \times 0.1}{0.9 \times 5} = 10.9 \, \text{N·m}$

【8】 摩擦に抗して負荷を動かすのに必要なモータのトルク：$T_L = \dfrac{1}{0.9} \times \dfrac{0.5}{3} = 0.185 \, \text{N·m}$

モータの回転速度：$n_m = 3 \times 60 = 180 \, \text{min}^{-1}$

モータの角速度：$\omega_m = \dfrac{2\pi \times 180}{60} = 18.84 \, \text{rad/s}$

モータの角加速度：$\dfrac{d\omega_m}{dt} = \dfrac{18.84}{0.5} = 37.7 \, \text{rad/s}^2$

負荷を加速するのに必要なモータのトルク：$T_{acc} = 0.001 \times \dfrac{1}{3^2} \times 37.7 = 0.0419 \, \text{N·m}$

加速しながら動かすのに必要なモータのトルク：$T_a = 0.185 + 0.0419 = 0.227 \, \text{N·m}$

4 章

【1】 粉末のミルクの缶容器のふたのねじ
　　　カメラのズームレンズの駆動ねじ，など
【2】 左ねじ（注意：不用意に扇風機を分解しないこと）
【3】 リード $l = nP = 3 \times 4 = 12 \, \text{mm}$
【4】 表 *4.2* より約 4.2 mm
【5】 M 10：有効径　$d_2 = 9.026 \, \text{mm}$

$\tan\theta = \dfrac{1.5}{\pi \times 9.026} = 0.0529$，リード角 $\theta = 3.03°$

M 20：有効径　$d_2 = 18.376 \, \text{mm}$

$\tan\theta = \dfrac{2.5}{\pi \times 18.376} = 0.0433$，リード角 $\theta = 2.48°$

【6】 リード角 θ　　$\tan\theta = \dfrac{4}{\pi \times 18}$，$\theta = 4.05°$

摩擦角 α　　$\tan\alpha = 0.2$，$\alpha = 11.3°$

$10 \times 1\,000 = \dfrac{18}{2} \times W \times \tan(4.05 + 11.3)$

締付け力　$W = 4\,040 \, \text{N}$

【7】 有効径 18.376 mm，ピッチ 2.5 mm

$$\tan\theta = \frac{2.5}{\pi \times 18.376}, \quad \theta = 2.48°$$

摩擦係数 $\mu = \dfrac{0.2}{\cos 30°} = 0.231 = \tan\alpha, \quad \alpha = 13.0°$

$$10 \times 1\,000 = \frac{18.376}{2} \times W \times \tan(13.0° + 2.48°)$$

締付け力　$W = 3\,930\,\text{N}$

【8】締付けトルク　$50 \times 100\,\text{N·mm} = 0.2 \times W \times 10\,\text{N·mm}$

　　　締付け力　　$W = 2\,500\,\text{N}$

【9】リード角 θ　　$\tan\theta = \dfrac{4}{\pi \times 18}, \quad \theta = 4.05°$

　　摩擦角 α　　$\tan\alpha = 0.2, \quad \alpha = 11.3°$

　　効　率　　　$\eta = \dfrac{\tan\theta}{\tan(\theta+\alpha)} = 0.258 = 25.8\,\%$

【10】摩擦係数 $\mu = \dfrac{0.2}{\cos 30°} = 0.23$　　摩擦角 $\tan\alpha = 0.23, \quad \alpha = 13°$

　　M 20 の有効径 $d_2 = 18.376$，ピッチ $P = 2.5\,\text{mm}$

　　リード角　　$\tan\theta = \dfrac{2.5}{3.14 \times 18.4} = 0.043, \quad \theta = 2.5°$

　　ねじの効率　$\eta = \dfrac{\tan 2.5°}{\tan(2.5°+13°)} = 0.16 = 16\,\%$

【11】引張強さ　$500\,\text{N/mm}^2\ (500\,\text{MPa})$，耐力，降伏点 $400\,\text{N/mm}^2\ (400\,\text{MPa})$

【12】$A_s = \dfrac{20 \times 10^3}{60} = 333\,\text{mm}^2$

　　表 4.2 より，使用する一般用メートルねじ（並目）は M 24

【13】ボルトの径　$d = \sqrt{\dfrac{4 \times 20 \times 10^3}{3.14 \times 30}} = 29.1\,\text{mm}$，したがって，30 mm に決定する。

【14】表 4.4 より，許容接触面圧力 $q = 15\,\text{MPa}$

　　荷　重　　$W = \dfrac{15 \times 5 \times 3.14 \times (20^2 - 16^2)}{4} = 8\,480\,\text{N}$

【15】M 10 の $P = 1.5\,\text{mm}, \quad d = 10\,\text{mm}, \quad d_2 = 9.026\,\text{mm}, \quad d_1 = 8.376\,\text{mm}$，

　　$A_s = 58\,\text{mm}^2$

　　かみあっているねじ山数　$\dfrac{8}{1.5} \fallingdotseq 5$

　　引張強さから，$40 \times 58 = 2\,320\,\text{N}$

　　ねじ山のせん断強さから，$3.14 \times 8.376 \times 8 \times 20 = 4\,210\,\text{N}$

ねじ面の接触面圧力から，$\dfrac{30 \times 5 \times 3.14 \times (10^2 - 8.376^2)}{4} = 3\,510\,\text{N}$

したがって，引張強さから $2\,300\,\text{N}$ となる。

【16】 モータの最大回転速度 $\dfrac{6\,000\,\text{mm/min}}{4\,\text{mm}} = 1\,500\,\text{min}^{-1} = 25\,\text{s}^{-1}$

モータの最大角速度 $6.28 \times 25 = 157\,\text{rad/s}$

モータの角加速度 $\dfrac{157\,\text{rad/s}}{0.1\,\text{s}} = 1\,570\,\text{rad/s}^2$

ねじの慣性モーメント $\dfrac{3.14 \times 7.8 \times 20 \times 1^4}{32} = 15.3\,\text{g}\cdot\text{cm}^2$

$\qquad\qquad\qquad\qquad\qquad\qquad = 1.53 \times 10^{-6}\,\text{kg}\cdot\text{m}^2$

テーブルとワークの慣性モーメント $(2+1) \times \left(\dfrac{4}{6.28}\right)^2 = 1.22\,\text{kg}\cdot\text{mm}^2$

$\qquad\qquad\qquad\qquad\qquad\qquad = 1.22 \times 10^{-6}\,\text{kg}\cdot\text{m}^2$

加速トルク $(1.53 + 1.22) \times 10^{-6} \times 1\,570 = 4.32 \times 10^{-3}\,\text{N}\cdot\text{m}$

負荷トルク $\dfrac{(20 + 0.1 \times 3 \times 9.8) \times 6}{6.28 \times 1\,500 \times 0.9} = 16.3 \times 10^{-3}\,\text{N}\cdot\text{m}$

加速しながら駆動するのに必要なトルク

$\qquad 4.32 \times 10^{-3} + 16.3 \times 10^{-3} = 2.06 \times 10^{-2}\,\text{N}\cdot\text{m}$

5章

【1】 $T = \dfrac{9.55 P}{n} = \dfrac{9.55 \times 5 \times 10^3}{500} = 95.5\,\text{N}\cdot\text{m}$

【2】 $P = 0.105\,Tn = 0.105 \times 10^3 \times 250 \fallingdotseq 26.3\,\text{kW}$

【3】 $d = 3.65\sqrt[3]{\dfrac{P}{\tau n}} = 3.65\sqrt[3]{\dfrac{5 \times 10^3}{40 \times 10^6 \times 800}} \fallingdotseq 1.97 \times 10^{-2}\,\text{m} = 19.7\,\text{mm}$

表 5.1 より，$d = 20$ または $22\,\text{mm}$ とする。

【4】 $k = \sqrt[4]{1 - \left(\dfrac{d}{d_2}\right)^3} \fallingdotseq 0.58$ よって，$d_1 = k d_2 \fallingdotseq 60\,\text{mm}$

$\dfrac{A_1}{A} = \dfrac{\pi}{4}(d_2{}^2 \times d_1{}^2) \Big/ \left(\dfrac{\pi}{4} d^2\right) = \dfrac{(d_2{}^2 - d_1{}^2)}{d^2} = 0.72 = 72\,\%$

【5】 $T_e = \sqrt{T^2 + M^2} \fallingdotseq 223.6\,\text{N}\cdot\text{m}$, $M_e = \dfrac{M + T_e}{2} = 161.8\,\text{N}\cdot\text{m}$

$d_T = 1.72\sqrt[3]{\dfrac{223.6}{35 \times 10^6}} = 31.9\,\text{mm}$

$d_M = 2.17\sqrt[3]{\dfrac{161.8}{60 \times 10^6}} = 30.2\,\text{mm}$

以上の結果と**表5.1**より，$d = 32$ または $35\,\text{mm}$

【6】 $d = \sqrt[4]{\dfrac{306lP}{\pi n\theta G}\dfrac{180}{\pi}} = 36.3\,\text{mm}$，**表5.1**より $d = 40\,\text{mm}$

【7】 $I = \dfrac{\pi d^4}{64} \fallingdotseq 4.91 \times 10^{-10}\,\text{m}^4$，$n_c = \dfrac{60}{2\pi}\sqrt{\dfrac{3lEI}{ma^2b^2}} \fallingdotseq 277\,\text{min}^{-1}$

【8】 $\tau_B = \dfrac{8 \times 9.55 \times 5 \times 10^3}{4 \times \pi \times (0.01)^2 \times 75 \times 10^{-3} \times 800} \fallingdotseq 5.1\,\text{MPa}$

$\tau_F = \dfrac{2 \times 9.55 \times 5 \times 10^3}{\pi \times (0.05)^2 \times 16 \times 10^{-3} \times 800} \fallingdotseq 0.95\,\text{MPa}$

となり，いずれも許容せん断応力より小さく安全である。

【9】 $N_{2\max} = 800/\cos 20° \fallingdotseq 851\,\text{min}^{-1}$，$N_{2\min} = 800 \times \cos 20° \fallingdotseq 752\,\text{min}^{-1}$

$T_{2\max} = 9.55 \times \dfrac{5 \times 10^3}{752} \fallingdotseq 63.5\,\text{N·m}$，$d_2 = 1.72 \times \sqrt[3]{\dfrac{63.5}{40 \times 10^6}} = 20.1\,\text{mm}$

表5.1より，$d = 22\,\text{mm}$ とする。

【10】 $T = \dfrac{9.55 \times 5 \times 10^3}{200} \fallingdotseq 239\,\text{N·m}$，$F_t = \dfrac{4 \times 239}{60 \times 10^{-3} + 85 \times 10^{-3}} \fallingdotseq 6.59 \times 10^3\,\text{N}$

$B = \dfrac{85 - 60}{2} = 12.5\,\text{mm}$

$\sigma_p = \dfrac{6.59 \times 10^3}{3 \times 12.5 \times 10^{-3} \times 10 \times 10^{-3}} = 17.6\,\text{MPa}$

$\sigma_b = \dfrac{6 \times 6.59 \times 10^3 \times 10 \times 10^{-3} \times 3^2}{12.5 \times 10^{-3}(\pi \times 36.25 \times 10^{-3})^2} = 21.96\,\text{MPa}$

これらの値は**表2.6**にある鋼の許容応力に比べて安全である。

【11】 $T = \dfrac{\mu\pi p(D_2^2 - D_1^2)(D_1 + D_2)}{16} \fallingdotseq 0.356 \times 10^3\,\text{N·m}$

$P = \dfrac{Tn}{9.55} = \dfrac{0.356 \times 10^3 \times 1\,000}{9.55} \fallingdotseq 37.3 \times 10^3\,\text{W} = 37.3\,\text{kW}$

【12】 $T = \dfrac{9.55P}{n} = \dfrac{9.55 \times 6 \times 10^3}{200} \fallingdotseq 0.287 \times 10^3\,\text{N·m}$

$D_2 = \sqrt[3]{\dfrac{16T}{\mu\pi p(1-\nu^2)(1+\nu)}} = 283\,\text{mm}$，$D_1 = \dfrac{283}{1.5} \fallingdotseq 189\,\text{mm}$

【13】 $T = \dfrac{9.55P_w}{n} \fallingdotseq 76.4\,\text{N·m}$

$D_m = D_1 + B\sin\alpha \fallingdotseq 0.210\,\text{m}$

$F = \dfrac{2T(\sin\alpha + \mu\cos\alpha)}{\mu D_m} \fallingdotseq 1.32\,\text{kN}$

$p = \dfrac{2T}{\pi\mu D_m^2 B} = \dfrac{2 \times 76.4}{\pi \times 0.25 \times 0.21^2 \times 0.05} \fallingdotseq 8.82 \times 10^4\,\text{Pa} = 0.088\,2\,\text{MPa}$

【14】 $T = \dfrac{9.55P}{n} = \dfrac{9.55 \times 4 \times 10^3}{300} ≒ 127\,\text{N·m}$

$l = \dfrac{2T}{\tau_a bd} ≒ 0.030\,2\,\text{m} = 30.2\,\text{mm},\quad l = \dfrac{4T}{\sigma_a dh} ≒ 0.025\,9\,\text{m} = 25.9\,\text{mm}$

以上から有効長さ 30.2 mm 以上となる。

また，簡易計算では $l ≧ 1.3\,d = 45.5\,\text{mm}$

【15】 $d = \sqrt{\dfrac{2F}{\pi \tau}} = 17.8\,\text{mm},\quad d = \sqrt[3]{\dfrac{4Fl}{\pi \sigma_b}} = 24.3\,\text{mm}$

したがって，JIS B 1354 より $d = 25\,\text{mm}$ とする。

【16】 JIS B 1601 より，$D = 40$，$d = 36$，$g = k = 0.4$ であるから式 (5.36) より

$T = \eta n \left(\dfrac{D-d}{2} - g - k\right) l\sigma_a \dfrac{D+d}{4} ≒ 342\,\text{N·m}$

$P = \dfrac{nT}{9.55} = \dfrac{342 \times 800}{9.55} ≒ 28.6 \times 10^3\,\text{W} = 28.6\,\text{kW}$

【17】 $pv = \dfrac{W}{dl} \cdot \dfrac{\pi dn}{60} = \dfrac{\pi Wn}{60l}$ より $l = \dfrac{\pi Wn}{60 pv} ≒ 98.2\,\text{mm}$

$d ≒ 1.72\sqrt{\dfrac{Wl}{\sigma_b}} ≒ 57.2\,\text{mm}$

表 5.1 より $d = 60\,\text{mm}$ とし，$l = 100\,\text{mm}$ とすると

$p = \dfrac{W}{dl} ≒ 2.5\,\text{MPa}$

となり，表 5.2 を参照すると安全な値である。

【18】 $\sigma_b = \dfrac{5.09Wl}{d^3} ≒ 28.3\,\text{MPa},\quad p = \dfrac{W}{dl} ≒ 1.67\,\text{MPa}$

$v = \dfrac{\pi dn}{60} ≒ 0.785\,\text{m/s}$ より $pv ≒ 1.3\,\text{MPa·m/s}$

以上の結果から，曲げ応力，軸受面圧，pv 値とも許容値以下であり問題ない。
損失動力 P_f は $P_f = \mu W v ≒ 0.157\,\text{kW}$

【19】 $d_2 = \dfrac{Wn}{30mpv} + d_1 ≒ 43.3\,\text{mm}$，$d_2 = 45\,\text{mm}$ としたときの軸受面圧は，式 (5.42) より

$p = \dfrac{4W}{m\pi(d_2^2 - d_1^2)} ≒ 4.53\,\text{MPa}$

【20】 表 5.7 より，$C_1 = 29.1\,\text{kN}$，また $P = F_r = 2.5\,\text{kN}$，玉軸受より $m = 3$ であるから
$L = (29.1/2.5)^3 \times 10^6 = 1.58 \times 10^9\,\text{rev}$，$L_h = L/60n = 1.58 \times 10^9/(60 \times 900) = 2.93 \times 10^4\,\text{hr}$ となる。

同時に $F_a = 1\,\text{kN}$ のアキシアル荷重が加わった場合は表 5.7 より，$C_{01} = 17.9\,\text{kN}$，$f_0 = 14.0$ であるから $f_0 F_a/C_{01} = 14 \times 1/17.9 = 0.78$，$F_a/F_1 = 1/2.5 = 0.4$

したがって，表 5.8 より $X=0.56$，Y の値は比例補間法より 1.67 となり動等価荷重 P は，$P=XFr+YFa=0.56\times2.5+1.67\times1=3.07\,\text{kN}$ となり，$C_r/P=29.1/3.07=9.48$，$L_h=(C_r/P)^3\times10^6/60n=(9.48)^3\times10^6/(60\times900)=1.58\times10^4\,\text{hr}$ が求められる。

【21】式 (5.44) において，$P=F_r=1\,\text{kN}$
$L=L_h\times60n=300\times10^6\,\text{rev}$ であるから
$C_r=1\times\sqrt[3]{300}\fallingdotseq6.7\,\text{kN}$
以上が必要。したがって表 5.7 より，6201（内径 $\phi\,12$）または 6300（内径 $\phi\,10$）以上の軸受を選定。

6 章

【1】式 (6.6) より，ピッチは $p=\pi m=3.14\times2=6.28\,\text{mm}$。式 (6.5) より，基準円直径は $d=mz=2\times24=48\,\text{mm}$。

【2】式 (6.7) より，$z_2=iz_1=3\,z_1$。式 (6.8) より，$a=m(z_1+z_2)/2=2(z_1+3z_1)/2=4z_1=80$。$\therefore z_1=20$，$z_2=3\,z_1=3\times20=60$。

【3】式 (6.7) より，$z_2=iz_1=3\times18=54$。式 (6.8) より，$a=m(z_1+z_2)/2=m\times(18+54)/2=72$。$\therefore m=2\,\text{mm}$，$d_1=mz_1=2\times18=36\,\text{mm}$，$d_2=mz_2=2\times54=108\,\text{mm}$。

【4】式 (6.7) より，$i=z_2/z_1=3$。$\therefore z_2=3\,z_1=3\times18=54$。式 (6.8) より，$a=m(z_1+z_2)/2=4\times(18+54)/2=144\,\text{mm}$，表 6.3 より，$d_{a1}=(z_1+2)m=(18+2)\times4=80\,\text{mm}$，$d_{b1}=z_1m\cos\alpha=18\times4\times\cos20°=67.66\,\text{mm}$，$d_{a2}=(z_2+2)m=(54+2)\times4=224\,\text{mm}$，$d_{b2}=z_2m\cos\alpha=54\times4\times\cos20°=202.97\,\text{mm}$，$\alpha_w=\alpha=20°$，$p_b=\pi m\cos\alpha=\pi\times4\times\cos20°=11.81\,\text{mm}$。$\therefore\sqrt{d_{a1}^2-d_{b1}^2}=42.69\,\text{mm}$，$\sqrt{d_{a2}^2-d_{b2}^2}=94.76\,\text{mm}$，$2a\sin\alpha_w=2\times144\times\sin20°=98.50\,\text{mm}$。したがって，式 (6.9) より $\varepsilon=1.65$。

【5】表 6.4 の計算式において，$x_1+x_2=0$ より $\alpha_w=\alpha=20°$，$y=0$，$a=81.00=\{(z_1+z_2)/2+y\}m=\{\{(z_1+z_2)/2\}+0\}\times3$，$\therefore z_1+z_2=54$。速度伝達比の式より，$i=z_2/z_1=2$，$\therefore z_2=2\,z_1$。これら 2 式より，$z_1=18$，$z_2=36$。

【6】速度伝達比の式より，$i=z_2/z_1=2$，$\therefore z_2=2\,z_1$。表 6.4 の計算式において，中心距離の式から，$87.00=\{(z_1+z_2)/2+y\}\times3$，$\therefore58=z_1+z_2+2y$。この式に上記の $z_2=2\,z_1$ を代入すれば，$58=3\,z_1+2y$，$\therefore z_1=19+\{(1-2y)/3\}$。一般に，$(1-2y)/3$ は端数と見なせるので，$z_1=19$ となる。$\therefore y=0.5$，$z_2=$

38 となる。
中心距離増加係数の式に上記の数値と $a_c = a = 20°$ を代入すれば，$\cos a_w =$ $(57/58) \times \cos 20° = 0.9235$．∴ $a_w = 22.56°$．図 **6.10** の計算図表より B $(a_w) = 0.019$ となるから，$2 \times \{(x_1 + x_2)/(z_1 + z_2)\} = 0.019$ より，$x_1 = 0.54$ となる。これらの数値を，表 **6.4** と式 (6.9) の計算式に代入して，$d_{a1} = 66.24$ mm，$d_{b1} = 53.56$ mm，$d_{a2} = 120$ mm，$d_{b2} = 107.12$ mm，$p_b = 8.86$ mm，$\varepsilon = 1.48$。

【7】小歯車の基準円上の周速度 v は，$v = \pi m z_1 n_1/60 = 2262$ mm/s $= 2.26$ m/s。
歯の曲げ強さ：図 **6.13**，表 **6.5**，表 **6.6**，表 **6.7** から，$Y = 2.90$，$K_A = 1.00$，$K_V = 1.2$，$\sigma_{F1\lim} = 186$ MPa を選出して，これらの数値と $b = 40$ mm，$m = 4$ mm，$S_F = 1.2$ を式 (6.18) に代入して計算すると，$F \leq 7126$ N となる。大歯車の場合も同様にして，$Y = 2.31$，$K_A = 1.00$，$K_V = 1.2$，$\sigma_{F1\lim} = 82.4$ MPa，$b = 40$ mm，$m = 4$ mm，$S_F = 1.2$ で，$F \leq 3963$ N。したがって，歯の曲げ強さにおいては，$F \leq 3963$ N となる。

歯の歯面強さ：表 **6.7** から，小歯車では $\sigma_{H1\lim} = 480$ MPa，大歯車では $\sigma_{H1\lim} = 345$ MPa となるので，小さい値を選んで $\sigma_{H1\lim} = 345$ MPa とする。表 **6.9** から $Z_E = 188.9\sqrt{\text{MPa}}$，$Z_H = 2.49$，$K_A = 1.00$，$K_V = 1.2$，$S_H = 1.1$，$i = z_2/z_1 = 55/18 = 3.06$，$d_1 = mz_1 = 4 \times 18 = 72$ mm，$b = 40$ mm。これらの数値を式 (6.20) に代入して，$F \leq 804$ N となる。

上記 $F \leq 3963$ N と $F \leq 804$ N から，F の値の満足する範囲は，$F \leq 804$ N となる。したがって，$P = Fv \leq 804 \times 2.26 = 1817$ W $= 1.817$ kW となり，伝達できる動力は 1.81 kW までである。

【8】(1) 全体を一体化して，全体を $+n_2$ 回転させると，歯車② = 歯車箱 B，軸 C = 歯車④′，軸 D = 歯車④のいずれも $+n_2$ 回転する。(2) アーム（歯車② = 歯車箱 B）を固定して，軸 C = 歯車④′を $(n_C - n_2)$ 回転させると，軸 D = 歯車④は $-(n_C - n_2)$ 回転する。マイナス符号は回転方向がプラス符号の場合と逆になることを示している。(3) 歯車②が n_2 回転しているとき，軸 C が n_C 回転すると，軸 D が $n_D = (2n_2 - n_C)$ 回転する結果は，(1) と (2) を加えることにより得られる。以上を表にすると，つぎのようになる。

	② = B	C = ④′	D = ④
(1) 全体一体化	$+n_2$	$+n_2$	$+n_2$
(2) ② = B 固定	0	$n_C - n_2$	$-(n_C - n_2)$
(3) 正味回転速度	n_2	n_C	$n_D = 2n_2 - n_C$

7章

【1】式（7.2）にそれぞれの値を代入して

$$l = 2 \times 4\,000 + \frac{\pi}{2}(800+500) + \frac{(800-500)^2}{4 \times 4\,000} = 10\,046.6\,\text{mm}$$

式（7.4）に数値を代入して

$$l = 2 \times 4\,000 + \frac{\pi}{2}(800+500) + \frac{(800+500)^2}{4 \times 4\,000} = 10\,146.6\,\text{mm}$$

【2】設計動力 Pd は**例題 7.2** と同様に 4.32 kW。

Vベルトの種類は，設計動力 4.32 kW，小プーリ回転速度 1 500 min^{-1} であるから**図 7.5** よりA形とする。

大プーリの呼び径 $D_2 = 100 \times 1\,500/600 = 250$ mm

Vベルトの長さ l を求めるために，$D_1 = 100$ mm，$D_2 = 250$ mm，$a = 500$ mm を式（7.2）に代入して計算すると，約 1 561 mm となる。そこで規格表から 1 575 mm（呼び番号 62）を選定する。

中心間距離は式（7.22）であらためて計算すると 507.2 mm となる。

【3】ベルト本数を**例題 7.1** に沿って求める。

周速度 $v = \dfrac{\pi D_1 n_1}{1\,000 \times 60} = \dfrac{\pi \times 100 \times 1\,500}{1\,000 \times 60} = 7.85$ m/s

巻掛け角 θ は**図 7.3**(a)の幾何学的関係から，ϕ が小さければ $\sin\phi \fallingdotseq \phi = (D_2-D_1)/(2\,l) = 0.148$ rad であるから，$\theta = \pi - 0.148 \times 2 = 2.84$ rad となる。

μ'，T_t は例題と変わらないので，ベルト1本の伝達動力 P は

$$P = 7.85 \times (200 - 0.12 \times 7.85^2) \times \frac{e^{0.52\theta}-1}{e^{0.52\theta}}$$

$$= 1\,164.2\,\text{W}$$

したがってベルト本数 $N = 4.32/1.16 = 3.72$ となるから，4本が必要本数である。

【4】大プーリのピッチ円直径は $72.8 \times 1\,500/600 = 182$ mm であるからこの値を D_2，小プーリのピッチ円直径を $D_1 = 72.8$ mm，また $a = 300$ mm を式（7.2）に代入して

$$l = 2 \times 300 + \frac{\pi}{2}(72.8+182) + \frac{(182-72.8)^2}{4 \times 300} = 1\,009.97\,\text{mm}$$

JIS K 6372 の歯付きベルト長さの規格から，1 066.80 mm の長さである呼び長さ 420 のベルトが選択される。ベルト長さが変わったので，当然軸間距離 a は式（7.22）で計算し直さなければならない。

【5】呼び番号 40 のチェーンのピッチ p は，**表 7.12** より 12.7 mm であるから，

演習問題解答　237

ベルトの速度 v は式（7.25）によって以下のように求まる。
$$v = \frac{znp}{60 \times 1\,000} = \frac{25 \times 300 \times 12.7}{60 \times 1\,000} = 1.6\,\text{m/s}$$
呼び番号40の場合の最小破断負荷荷重は，表7.14から13.9kNであることがわかる。この1/10を張力 T として式（7.27）より，伝達動力 P はつぎのように求まる。
$$P = Tv = 1.39 \times 1.6 = 2.22\,\text{kW}$$

8章

【1】式（8.1）よりブロックの押付け力 $F = T/(\mu r) = 50/(0.5 \times 0.25) = 400\,\text{N}$ となる。
式（8.4）よりブレーキレバーに加える力 F' は
$$F' = \frac{b}{a}F = \frac{100}{500} \times 400 = 80\,\text{N}$$

【2】式（8.1）よりブロックの押付け力 $F = T/(\mu r) = 40/(0.2 \times 0.2) = 1\,000\,\text{N}$ となる。
式（8.2）よりブレーキレバーの長さ a は
$$a = \frac{F}{F'}(b + \mu c) = \frac{1\,000}{100}(0.3 + 0.2 \times 0.05) = 3.1\,\text{m}$$

【3】ブロックに作用する力 F は式（8.10）より
$$F = \frac{a}{b}F' = \frac{1\,000}{200} \times 100 = 500\,\text{N}$$
ブレーキトルク T は式（8.9）より
$$T = 2\mu Fr = 2 \times 0.2 \times 500 \times 0.15 = 30\,\text{N·m}$$

【4】制動力（ブレーキ力）$f = T/r = 400/0.2 = 2\,000\,\text{N}$ となる。
式（8.14）よりブレーキレバーの長さ a は
$$a = \frac{f}{F}\frac{b}{e^{\mu\theta}-1} = \frac{2\,000}{100}\frac{0.1}{e^{0.2 \times 1.5\pi}-1} = 20 \times \frac{0.1}{2.565-1} = 1.28\,\text{m}$$

9章

【1】式（9.7）より，$c = D/d = 45/10 = 4.5$ として
$$\kappa = \frac{4 \times 4.5 - 1}{4 \times 4.5 - 4} + \frac{0.615}{4.5} \fallingdotseq 1.35$$
式（9.6）より
$$\tau = \kappa \frac{8\,WD}{\pi d^3} = 1.35 \times \frac{8 \times 2\,000 \times 45}{\pi \times 10^3} = 310\,\text{N/mm}^2$$

図 **9.3** の SUP の許容ねじり応力の 80 % 以下であるので問題はない。

有効巻き数 N_a は，式 (9.10) から $D = 4.5\,d$，$G = 78\,\mathrm{GPa} = 78 \times 10^3\,\mathrm{N/mm^2}$ として

$$N_a = \frac{\delta G d^4}{8\,W\,(4.5\,d)^3} = \frac{\delta G d}{8 \times 4.5^3 \times W} = \frac{30 \times 78 \times 10^3 \times 10}{8 \times 4.5^3 \times 2\,000} = 16\,\text{巻き}$$

【2】 式 (9.11) において，$d = 4\,\mathrm{mm}$，$D = 40\,\mathrm{mm}$，$N_a = 10$，$G = 78\,\mathrm{GPa} = 78 \times 10^3\,\mathrm{N/mm^2}$ を代入して

$$k = \frac{W}{\delta} = \frac{G d^4}{8\,N_a D^3} = \frac{78 \times 10^3 \times 4^4}{8 \times 10 \times 40^3} = 3.9\,\mathrm{N/mm}$$

【3】 式 (9.15) において $W = 10/2\,\mathrm{kN} = 5 \times 10^3\,\mathrm{N}$，$l = 0.5\,\mathrm{m}$，$n = 4$，$h = 0.012\,\mathrm{m}$，$b = 0.1\,\mathrm{m}$ を代入して

$$\sigma = \frac{6\,Wl}{b_0 h^2} = \frac{6\,Wl}{nbh^2} = \frac{6 \times 5 \times 10^3 \times 0.5}{4 \times 0.1 \times 0.012^2} = 260\,\mathrm{MPa}$$

式 (9.16) より

$$\delta = \frac{6\,W}{b_0 E}\left(\frac{l}{h}\right)^3 = \frac{6\,Wl^3}{nbEh^3} = \frac{6 \times 5 \times 10^3 \times 0.5^3}{4 \times 0.1 \times 210 \times 10^9 \times 0.012^3}$$
$$= 0.026\,\mathrm{m} = 26\,\mathrm{mm}$$

【4】 式 (9.18) において，$d = 0.02\,\mathrm{m}$，$l = 0.2\,\mathrm{m}$，$G = 78\,\mathrm{GPa} = 78 \times 10^9\,\mathrm{Pa}$ を代入して

$$k_t = \frac{I_p G}{l} = \frac{\pi d^4 G}{32\,l} = \frac{\pi \times 0.02^4 \times 78 \times 10^9}{32 \times 0.2} = 6\,123\,\mathrm{N \cdot m/rad}$$

$$\theta = \frac{T}{k_t} = \frac{500}{6\,123} = 0.081\,7\,\mathrm{rad} = 4.68°$$

10 章

【1】 $r_g = \dfrac{l\,\tan\phi_m}{2\pi\,\tan\alpha_m} - h_0 \geqq \dfrac{200 \times \tan 45°}{2 \times \pi \times \tan 30°} - 15 \fallingdotseq 40.1\,\mathrm{mm}$

【2】 $P = F(r_g + h_0)\tan\alpha_m \dfrac{2\,n\pi}{60} \fallingdotseq 2.00\,\mathrm{W}$

【3】 式 (10.9) より

$$\theta = \cos^{-1}\frac{22^2 + 40^2 - (10+35)^2}{2 \times 22 \times 40} - \cos^{-1}\frac{22^2 + 40^2 - (35-10)^2}{2 \times 22 \times 40} = 54°$$

【4】 $v = r\omega\left(\sin\theta + \dfrac{\lambda \sin 2\theta}{2}\right)$，$a = r\omega^2(\cos\theta + \lambda \cos 2\theta)$

ここに，$a = 0$ より $\theta = \cos^{-1}\dfrac{-1 + \sqrt{1 + 8\lambda^2}}{4\lambda}$ のとき速度 v は最大となる。

$$\theta = \cos^{-1}\frac{-1+\sqrt{1+8\times 0.25^2}}{4\times 0.25} \fallingdotseq 77°$$

$$v = 0.1\times 8\pi\left((\sin 77° + \frac{0.25\times\sin 154°}{2}\right) \fallingdotseq 2.59\,\mathrm{m/s}$$

【5】 $F = \dfrac{O_0Q\cos\theta}{O_0P}f$ において

$O_0P = O_0O_2\sin\theta = 2\,O_0Q\sin\theta$ であるから

$$F = \frac{f}{2\tan\theta} = \frac{10}{2\tan 5°} \fallingdotseq 57.2\,\mathrm{N}$$

【6】 式 (10.17) より

$$\begin{cases} -L_1\cos 20° + L_2\cos 0° + L_3 = \cos 20° \\ -L_1\cos 40° + L_2\cos 30° + L_3 = \cos 10° \\ -L_1\cos 60° + L_2\cos 60° + L_3 = \cos 0° \end{cases}$$

これらの三つの式より, $L_1 = 0.506$, $L_2 = 0.326$, $Ln_3 = 1.09$。

$d = 1.0$ とおくと, $a = 3.07$, $b = 1.10$, $c = 1.98$ となる。

【7】 余弦定理より

$$\begin{cases} (a+b)^2 = c^2 + d^2 - 2\,cd\cos(180-\phi_{\min}) \\ (a-b)^2 = c^2 + d^2 - 2\,cd\cos(180-\phi_{\max}) \end{cases}$$

$a = 1$, $d = 3$, $\phi_{\min} = 60$, $\phi_{\max} = 150$ を代入すると

$$\begin{cases} (b+1)^2 = c^2 + 9 + 3\,c \\ (b-1)^2 = c^2 + 9 - 5.196\,c \end{cases}$$

となり, 連立方程式を解いて, $b = 2.91$, $c = 1.42$ となる。

11 章

【1】 $F = \dfrac{p\pi D^2}{4} = \dfrac{0.5\times 10^6\times\pi\times 0.02^2}{4} \fallingdotseq 157\,\mathrm{N}$

【2】 $F_1 = \dfrac{k_1 p\pi D_1{}^2}{4} = \dfrac{0.8\times 0.5\times 10^6\times\pi\times(16\times 10^{-3})^2}{4} \fallingdotseq 80.4\,\mathrm{N}$

$F_2 = \dfrac{k_2 p\pi(D_1{}^2 - D_2{}^2)}{4} \fallingdotseq 68.0\,\mathrm{N}$

【3】 $a = \dfrac{F}{F_1} = \dfrac{30}{80.4} \fallingdotseq 0.373$, 式 (11.4) より

$$V = \frac{2\times 5\times 4}{\pi\times 16^2\times(1 + 2\times 0.373)} \fallingdotseq 28.5\,\mathrm{mm/s}$$

索　引

【あ】

圧縮応力	30
圧縮荷重	29
圧縮強さ	33
圧力角	125, 197
圧力制御弁	208
圧力比例制御弁	208
穴基準はめあい方式	11
粗さ曲線	13
粗さパラメータ	13
安全率	24, 50, 80

【い】

一条ねじ	67
一般用メートルねじ	70
インボリュート関数	124
インボリュート曲線	122
インボリュートねじ面	143
インボリュート歯形	124
インボリュート平歯車	130

【う】

上降伏点	33
植込みボルト	72
上の許容差	9
ウォーム	144
ウォームギヤ	144
ウォームホイール	144
渦巻ばね	184
内歯車	123
内歯歯車	148
うねり	13

【え】

永久継手	96
永久ひずみ	33
円周方向バックラッシ	134
円すいクラッチ	102
円筒歯車	142
円板カム	194

【お】

オイルシール	118
応力	30
応力集中	48
応力集中係数	48
応力-ひずみ線図	32
押えボルト	72
おねじ	67
帯ブレーキ	179

【か】

外径	67
回転速度	55
概念設計	4
角加速度	58
角速度	56
角ねじ	71
重ね板ばね	185
かさ歯車	144
荷重	29
加速度	56
加速度線図	194
片持ばり	42
かみ合い圧力角	131
かみあいクラッチ	99
かみ合い長さ	130
かみ合いピッチ円	133
かみ合い率	130
カム	193
カム線図	195
カム輪郭曲線の作図	197
慣性モーメント	58
慣性力	56
冠歯車	144
緩和曲線	195

【き】

キー	90, 103
機械効率	59
機械設計	3
機械要素	3
幾何公差	13
幾何特性仕様	13
危険速度	95
危険断面	136
機構の設計	202
基準円	126
基準円直径	126
基準歯すじ	142
基準ラック	127
基礎円	123
基礎円直径	125
基礎円半径	124
基礎円ピッチ	128, 130
機能設計	3
基本サイズ公差	8
基本静定格荷重	117
基本設計	4
基本動定格荷重	114
キャリヤ	148

極限強さ	33	工具圧力角	129	しまりばめ	10
極断面係数	45	構想設計	4	しめしろ	10
許容応力	41	降伏点	33	締付けトルク	78
許容限界サイズ	9	効率	59	車軸	89
許容接触応力	141	故障率	23	ジャーナル軸受	107
許容接触面圧力	84	小ねじ	73	十字掛け（クロスベルト）	
許容引張応力	80	こま形自在継手	98		152
許容曲げ応力	138	ゴム軸継手	97	集中応力	48
切欠き	48	転がり軸受	107	集中荷重	35
切下げ	131	こわさ	90	重力	56

【く】　　　　　　　　**【さ】**

				出力トルク	55
				潤滑	118
くいちがい軸歯車対	129	サイクロイド曲線	122	ジョイント	198
空気圧機器	206	最小基礎円半径	197	仕様	3
空気圧縮機	207	サイズ許容区間	9	使用応力	49
空気タンク	207	サイズ公差	7	使用係数	138
偶力のモーメント	43	再利用	22	衝撃荷重	30
管用テーパねじ	71	材料定数係数	141	詳細設計	4
管用ねじ	70,71	材料の基準強さ	50	正面圧力角	143
駆動歯車	129	サイレントチェーン	172	正面モジュール	143
組立性	22	座金	74	触針式粗さ計	17
クーラ	207	先割りテーパピン	105	信頼性	23
クラッチ	90,96,99	差動歯車装置	149	信頼度	23
クランク	199	サーボモータ	53		
クランク軸	90	作用線	125	**【す】**	
繰返し応力	47	皿ばね	186	垂直応力	30
繰返し回数	47	三角ねじ	70	スカラ形ロボット	1
繰返し荷重	30	3次元CAD	26	すきま	10
クリープ	49	三条ねじ	67	すきまばめ	10
クリープ限度	49			すぐばかさ歯車	144
クリープひずみ	49	**【し】**		図示サイズ	8
		磁気軸受	107	ステッピングモータ	54
【け】		軸	43,89	スピンドル	90
形状係数	48	軸受	90,106	スプライン	103,148
形状精度	12	軸基準はめあい方式	11	スプリングピン	105
減圧弁	208	軸端ジャーナル	107	スプロケット	169
限界転位係数	133	軸直角方式	143	滑りキー	148
減速装置	60	軸継手	90	滑り軸受	107
減速歯車装置	147	シーケンス制御	219	スラスト軸受	107
減速比	147	下降伏点	33		
		下の許容差	9	**【せ】**	
【こ】		下の許容サイズ	8	静荷重	30
コイルばね	184	実表面の断面曲線	13	生産性	18

生産設計	3	中間ばめ	10	トルク	44
製造性	19	中心距離	129		
製造物責任法	23	中立軸	40	【な，に】	
接触応力	140	中立面	38	内径	67
セレーション	103			内力	29
せん断応力	34	【つ】		ナット	72
せん断荷重	29	筒形軸継手	96	並目ねじ	70
せん断ひずみ	34	強さ	90	日本産業規格	5
せん断力	35	つるまき線	66		
				【ね】	
【そ】		【て】		ねじ	65
相当平歯車	144	定格回転速度	55	——のはめあい長さ	82
速度線図	194	定格出力	55	ねじり応力	44
速度伝達比	129	定格寿命	114	ねじり荷重	29
速度比	153	定格トルク	55	ねじり剛性	46
塑性	33	抵抗曲げモーメント	38	ねじりこわさ	46
		ディスククラッチ	101	ねじりモーメント	44
【た】		ディスクブレーキ	180	ねじれ角	43, 142
台形ねじ	71	てこ	199		
タイミングベルト	163	データム	13	【は】	
タイムチャート	219	データム線	129	歯	122
太陽歯車	148	テーパねじ	71	歯厚	127
耐力	33	テーパピン	105	配管	214
多条ねじ	67	転位	132	配置設計	26
タッピングねじ	73	転位係数	132	歯形	124
縦弾性係数	34	転位平歯車	132	歯形曲線	122
縦ひずみ	31	転位量	132	歯形係数	137
谷の径	67	電磁クラッチ	103	歯車	122
ダブルナット	75	伝達動力	159	歯車形軸継手	97
たわみ	42	伝動軸	89	歯車対	126
たわみ角	42			歯車伝動装置	147
たわみ曲線	42	【と】		歯車列	126
たわみ軸	90	動荷重	30	歯先	131
たわみ軸継手	97	動荷重係数	138	歯先円	129
弾性	32	等分布荷重	52	歯先円直径	130
弾性限度	32	通しボルト	72	歯先干渉	131
断面曲線	13	とがり	132	歯数	126
断面係数	40	トグル機構	201	歯数比	129
断面二次極モーメント	45	トーションバー	186	はすばかさ歯車	144
断面二次モーメント	40	止めナット	75	はすば歯車	142
		止めねじ	73	歯たけ	127
【ち】		ドライヤ	207	歯直角圧力角	143
チェーン伝動	167	ドラムブレーキ	177	歯直角方式	143

索　　　引　　243

歯直角モジュール	143
歯付き座金	74
歯付きベルト	163
バックラッシ	132, 133
ば　ね	182
ばね座金	74
ばね指数	187
ばね定数	182
歯　幅	136
歯幅係数	140
はめあい	10
歯　面	140
歯面強さ	136
歯面疲労	140
歯面疲労限度	141
歯　元	131
は　り	35
パルスレート	55
パワー	55
反　力	36

【ひ】

被削性	19
ひずみ	31
左ねじ	68
ピッチ	67, 126
ピッチ円	125, 197
ピッチ円直径	125
ピッチ線	197
ピッチ点	125
引張応力	30
引張荷重	29
引張強さ	33, 80
非転位平歯車	126
被動歯車	129
標準化	5
標準基準ラック歯形	126
標準数	7
表面粗さ	13
表面性状	13
平プーリ	151
平ベルト	151
比例限度	32

疲　労	47
疲労限度	47
疲労破壊	47
ピン	103

【ふ】

フィルタ	207
負荷補正係数	159
縁応力	39
フックの法則	33
部品中心生産	21
フランジ形固定軸継手	96
フランジ形たわみ軸継手	98
ブレーキ容量	176
フレーム	199
プログラマブルコントローラ	219
ブロックブレーキ	174
プロペラ軸	90
分解性	22

【へ】

平行掛け（オープンベルト）	151
平行軸歯車対	129
平行ねじ	71
平行ピン	105
変位線図	194
変　形	29
編集設計	26
変速歯車装置	147

【ほ】

ポアソン比	32
方向制御弁	210
法線方向バックラッシ	134
細幅 V ベルト	156
細目ねじ	70
ボルト	72
――の強度区分	80
ボールねじ	71

【ま】

マイタ歯車	144
まがりばかさ歯車	144
巻掛け角	157
巻掛け伝動装置	151
曲げ応力	39
曲げ荷重	29
曲げ剛性	43
曲げこわさ	43
曲げ強さ	136
曲げ疲労限度	140
曲げモーメント	35
摩擦クラッチ	101
摩擦係数	57
摩擦ブレーキ	174

【み】

右ねじ	68
密封装置	118

【め】

メカニックアニマル	204
メータアウト回路	211
メータイン回路	211
めねじ	67

【も】

木ねじ	73
モジュール	126

【や】

やまば歯車	143

【ゆ】

油圧機器	206
油圧ポンプ	207
有限要素法	27
有効径	67
有効張力	157
有効巻き数	188
遊星歯車	148
遊星歯車装置	148
ユニファイねじ	70
ゆるみ止め	74

【よ】

要素	202
横弾性係数	35
横ひずみ	31
呼び径	70
四節リンク機構	199

【ら】

ライフサイクル	23
ラダー図	219
ラック	127
ラックカッタ	127
ラック工具	126

【り】

リサイクリング	23
リサイクル	24
リード	66
リード角	66
リフト	194
リーマボルト	82
流体クラッチ	103
流量制御弁	209
領域係数	141
両端支持ばり	35
理論限界歯数	131
リンク	193
リンク機構	198

【ろ】

六角穴付きボルト	72
六角ナット	72
六角ボルト	72
ローラチェーン	167

【わ】

割りピン	105

【A】

ACサーボモータ	54
ACモータ	53
acceleration diagram	194
AC servo-motor	54
after cooler	207
air compressor	207
air dryer	207
air filter	207
air tank	207
allowable bending stress	138
alternating current motor	53
angular acceleration	59
angular velocity	56
annulus gear	148
axle	89

【B】

backlash	132
ball screw	71
base circle	123
base diameter	125
base pitch	130
base radius	124
basic dynamic load rating	114
basic rack	127
basic static load rating	116
bearing	90, 106
bending strength	135
bevel gear	144
bolt	72

【C】

CAD	24
CAD/CAM	28
CAE	28
cam	193
cam diagram	195
cam profile	197
carrier	148
center distance	129
circular disc cam	194
circumferential backlash	133
clutch	90, 96, 99
coarse thread	70
cone clutch	102
contact pitch circle	133
contact ratio	130
coupling	90
crank	199
crank shaft	90
critical speed	95
crossed gears	129
crown gear	144
crown wheel	144
cycloid curve	122
cylindrical gear	142

【D】

datum line	129
DCサーボモータ	54
DCモータ	53
DC servo-motor	54
dedendum	131
design of mechanism	202
DFA	21
DFM	19
differential gears	149
direct current motor	53
directional-control valve	210
disc clutch	101
displacement diagram	194
double helical gear	143
driven gear	129
driving gear	129

【E】

easement curve	195
efficiency	59
electromagnetic clutch	103
element	202

索引 245

equivalent spur gear	144	
external thread	67	

【F】

facewidth	136
face width factor	140
FEM	27
fine pitch thread	70
flank line	122
flat-belt	151
flat-pulley	151
flexible joint	97
flexible flanged shaft coupling	98
flexible shaft	90
flexible shaft coupling	97
flexural rigidity	43
fluid clutch	103
four-bar linkage	199
frame	199
friction clutch	101

【G】

gear	122
gear pair	126
gear ratio	129
gear tooth	122
gear train	126
general purpose metric screw thread	70
GPS	13

【H】

helical bevel gear	144
helical gear	142
helix	66
helix angle	142
hexagon headed bolt	72
hexagon nut	72
hexagon socket head bolt	72
hydraulic components	206
hydraulic pump	207

【I】

internal gear	123
internal thread	67
involute curve	122
involute function	124
involute helicoid	143
involute spur gear	130
involute tooth profile	124
ISO	5
ISO はめあい方式	11
IT	8

【J】

JIS	5
joint	198
journal	107
journal bearing	107

【K】

key	90, 103

【L】

ladder diagram	219
lead	66
lead angle	66
left-hand thread	68
length of path of contact	130
lever	199
lift	194
line of action	125
link	193
linkage	198
lock nut	75
lubrication	118

【M】

machine screw	73
magnetic bearing	107
major diameter of external thread	67
major diameter of internal thread	67

mechanical efficiency	59
mechanic animal	204
minor diameter of external thread	67
minor diameter of internal thread	67
miter gear	144
module	126
momentum of inertia	58
muff coupling	96
multi-start screw thread	67

【N】

natural undercut	131
nominal pressure angle	129
non-profile shifted spur gear	126
normal backlash	134
normal module	143
normal pressure angle	143
number of teeth	126
nut	72

【O】

O リング	118
oil seal	118
operating pressure angle	131
O ring	118

【P】

parallel gears	129
parallel pin	105
permanent coupling	96
pin	103
pipe	214
pipe thread	71
pitch	67, 126
pitch circle	125, 197
pitch diameter	125
pitch diameter of thread	67
pitch line	197

pitch point	125	
PL法	23	
plain bearing	107	
planetary gears	148	
planet gear	148	
pneumatic components	206	
positive clutch	99	
power	55	
pressure angle	125, 197	
pressure control valve	208	
pressure regulator	208	
profile shift	131	
profile shift coefficient	132	
profile shifted spur gear	132	
programmable controller	219	
propeller shaft	90	
proportional control valve	208	
pulse rate	55	

【R】

rack	127
rack-type cutter	126, 127
rated life	114
reamer bolt	82
reduction gear	60
reference circle	126
reference diameter	126
right-hand thread	68
rigid flanged shaft coupling	96
rolling bearing	107
rubber shaft coupling	97

【S】

screw locking	74
screw thread	66
sealing equipment	118
sequence control	219
serration	103
servo-motor	53
set screw	73
single-start thread	67
skew bevel gear	123
sliding key	148
S-N curve	47
speed change gears	147
speed control valve	209
speed reducing gears	147
speed reducing ratio	147
spindle	90
spiral bevel gear	144
spline	103, 148
split pin	105
spring pin	105
square thread	71
standard basic rack tooth profile	126
stepping motor	54
stiffness	90
straight bevel gear	144
strength	90
stud bolt	72
sun gear	148

【T】

tap bolt	72
taper pin	105
taper pin with split	105
tappinng screw	73
through bolt	72
thrust bearing	107
time chart	219
tip circle	130
tip diameter	130
tip interference	131
toggle joint mechanism	201
tooth	122
tooth depth	127
toothed gear	122
tooth flank	140
tooth flank fatigue	140
tooth flank strength	136
tooth profile	124
tooth profile curve	122
tooth profile factor	137
tooth thickness	127
tooth tip	131
tooth trace	142
torque	55
train of gears	126
transmission gears	147
transmission ratio	129
transmission shaft	89
transverse module	143
transverse pressure angle	143
trapezoidal screw thread	71
triangle screw thread	70
triple screw thread	67

【U】

universal ball joint	98

【V】

Vプーリ	154
Vベルト	154
velocity diagram	194

【W】

washer	74
wood screw	73
worm	144
worm gear pair	145
worm wheel	144

【X】

x-0 spur gear	126

―― 著者略歴 ――

三田　純義（みた　すみよし）
- 1973 年　群馬大学工学部機械工学科卒業
- 1975 年　群馬大学大学院工学研究科修士課程修了（機械工学専攻）
- 1975 年
- ～95 年　東京工業大学工学部附属工業高等学校教諭
- 1995 年　小山工業高等専門学校助教授
- 2002 年　東京工業大学大学院社会理工学研究科博士課程修了（人間行動システム専攻）
- 2002 年　博士（学術）（東京工業大学）：工業技術教育
- 2003 年　小山工業高等専門学校教授
- 2006 年　群馬大学教授
- 2015 年　群馬大学名誉教授
　　　　　足利工業大学教授
- 2016 年　放送大学特任教授（群馬学習センター所長）
- ～17 年

朝比奈奎一（あさひな　けいいち）
- 1970 年　早稲田大学理工学部機械工学科卒業
- 1971 年
- ～90 年　東京都立工業技術センター（現都立産業技術研究センター）勤務
- 1982 年　技術士（機械部門）登録
- 1990 年　東京都立工業高等専門学校助教授
- 1996 年　博士（工学）（東京都立大学）
- 1997 年　東京都立工業高等専門学校教授
- 2006 年　東京都立産業技術高等専門学校教授
- 2012 年　東京都立産業技術高等専門学校名誉教授，客員教授
- 2013 年　朝比奈技術士事務所経営
　　　　　現在に至る

黒田　孝春（くろだ　たかはる）
- 1977 年　東京都立大学大学院工学研究科修士課程修了（機械工学専攻）
- 1988 年　木更津工業高等専門学校助教授
- 1998 年　木更津工業高等専門学校教授
- 2006 年　博士（学術）（千葉大学）
- 2012 年　長野工業高等専門学校校長
- 2012 年　木更津工業高等専門学校名誉教授
- 2014 年　独立行政法人国立高等専門学校機構理事（兼務）
- ～16 年
- 2016 年　長野工業高等専門学校名誉教授
- 2017 年　独立行政法人大学改革支援・学位授与機構客員教授
- 2020 年　長岡技術科学大学特任教授
　　　　　現在に至る

山口　健二（やまぐち　けんじ）
- 1966 年　静岡大学工学部機械工学科卒業
- 1968 年　静岡大学大学院修士課程修了（機械工学専攻）
- 1974 年　豊田工業高等専門学校助教授
- 1975 年　工学博士（名古屋大学）
- 1984 年　豊田工業高等専門学校教授
- 2007 年　豊田工業高等専門学校名誉教授
- 2007 年　豊田工業高等専門学校嘱託教授
- 2009 年
- ～11 年　豊田工業高等専門学校特命教授

機 械 設 計 法
Machine Design　　　　　　　　　　© Mita, Asahina, Kuroda, Yamaguchi 2000

2000年 4月10日　初版第 1 刷発行
2021年12月30日　初版第22刷発行

検印省略	著　者	三　田　純　義
		朝　比　奈　奎　一
		黒　田　孝　春
		山　口　健　二
	発行者	株式会社　コロナ社
	代表者	牛来真也
	印刷所	新日本印刷株式会社
	製本所	有限会社　愛千製本所

112-0011　東京都文京区千石 4-46-10
発行所　株式会社　コロナ社
CORONA PUBLISHING CO., LTD.
Tokyo Japan
振替00140-8-14844・電話(03)3941-3131(代)
ホームページ　https://www.coronasha.co.jp

ISBN 978-4-339-04454-6　C3353　Printed in Japan　　　　　　　　（青田）

<出版者著作権管理機構 委託出版物>
本書の無断複製は著作権法上での例外を除き禁じられています。複製される場合は、そのつど事前に、
出版者著作権管理機構（電話 03-5244-5088, FAX 03-5244-5089, e-mail: info@jcopy.or.jp）の許諾を
得てください。

本書のコピー、スキャン、デジタル化等の無断複製・転載は著作権法上での例外を除き禁じられています。
購入者以外の第三者による本書の電子データ化及び電子書籍化は、いかなる場合も認めていません。
落丁・乱丁はお取替えいたします。

機械系コアテキストシリーズ

(各巻A5判)

■編集委員長　金子　成彦
■編集委員　大森　浩充・鹿園　直毅・渋谷　陽二・新野　秀憲・村上　存（五十音順）

	配本順		著者	頁	本体
		材料と構造分野			
A-1	(第1回)	材料力学	渋谷 陽二／中谷 彰宏 共著	348	3900円
		運動と振動分野			
B-1		機械力学	吉村 卓也／松村 雄一 共著		
B-2		振動波動学	金子 成彦／姫野 武洋 共著		
		エネルギーと流れ分野			
C-1	(第2回)	熱力学	片岡 勲／吉田 憲司 共著	180	2300円
C-2	(第4回)	流体力学	鈴木 康康／関谷 直國／彭 義樹／松島 浩／沖田 均平 共著	222	2900円
C-3		エネルギー変換工学	鹿園 直毅 著		
		情報と計測・制御分野			
D-1		メカトロニクスのための計測システム	中澤 和夫 著		
D-2		ダイナミカルシステムのモデリングと制御	髙橋 正樹 著		
		設計と生産・管理分野			
E-1	(第3回)	機械加工学基礎	松村 隆／笹原 弘之 共著	168	2200円
E-2	(第5回)	機械設計工学	村上 存／柳澤 秀吉 共著	166	2200円

定価は本体価格＋税です。
定価は変更されることがありますのでご了承下さい。

図書目録進呈◆

機械系教科書シリーズ

(各巻A5判, 欠番は品切です)

- ■編集委員長　木本恭司
- ■幹　事　平井三友
- ■編集委員　青木　繁・阪部俊也・丸茂榮佑

配本順		書名	著者	頁	本体
1.	(12回)	機械工学概論	木本恭司 編著	236	2800円
2.	(1回)	機械系の電気工学	深野あづさ 著	188	2400円
3.	(20回)	機械工作法(増補)	平井三友・和田任弘・塚田忠夫 共著	208	2500円
4.	(3回)	機械設計法	三田純義・朝比奈奎一・黒田孝春・山口健二・古荒誠一 共著	264	3400円
5.	(4回)	システム工学	吉川浩一 著	216	2700円
6.	(5回)	材料学	久保井徳洋・樫原恵藏 共著	218	2600円
7.	(6回)	問題解決のための Cプログラミング	佐藤次男・中村理一郎 共著	218	2600円
8.	(32回)	計測工学(改訂版) —新SI対応—	前田良昭・木村一郎・押田至啓 共著	220	2700円
9.	(8回)	機械系の工業英語	牧野州秀・水野雅之 共著	210	2500円
10.	(10回)	機械系の電子回路	髙橋晴雄・阪部俊也 共著	184	2300円
11.	(9回)	工業熱力学	丸茂榮佑・木本恭司 共著	254	3000円
12.	(11回)	数値計算法	藪　忠司・伊藤惇司 共著	170	2200円
13.	(13回)	熱エネルギー・環境保全の工学	井田民男・木本恭司・山﨑友紀・岩崎雄彦 共著	240	2900円
15.	(15回)	流体の力学	坂本雅彦・坂田光雄 共著	208	2500円
16.	(16回)	精密加工学	田口紘一・明石剛二 共著	200	2400円
17.	(30回)	工業力学(改訂版)	吉村　靖・米内山誠 共著	240	2800円
18.	(31回)	機械力学(増補)	青木　繁 著	204	2400円
19.	(29回)	材料力学(改訂版)	中島正貴 著	216	2700円
20.	(21回)	熱機関工学	越智敏明・吉田光一 共著	206	2600円
21.	(22回)	自動制御	阪部俊也・飯田賢一 共著	176	2300円
22.	(23回)	ロボット工学	早川恭弘・奈良弘明 共著	208	2600円
23.	(24回)	機構学	重松洋一・大高敏男 共著	202	2600円
24.	(25回)	流体機械工学	小池　勝 著	172	2300円
25.	(26回)	伝熱工学	丸茂榮佑・矢尾匡永・牧野州秀 共著	232	3000円
26.	(27回)	材料強度学	境田彰芳 編著	200	2600円
27.	(28回)	生産工学 —ものづくりマネジメント工学—	本位田光重・皆川健多郎 共著	176	2300円
28.	(33回)	CAD／CAM	望月達也 著	224	2900円

定価は本体価格+税です。
定価は変更されることがありますのでご了承下さい。

◆図書目録進呈◆